变化环境下疏勒河流域水文气象要素演变规律及模拟研究

孙栋元 等 著

中国水利水电出版社
www.waterpub.com.cn
·北京·

内 容 提 要

本书以疏勒河流域为研究区域，系统分析了流域气温、降水、径流、水面蒸发、输沙率等水文气象要素的变化规律。采用数理统计、累积距平、气候倾向率、M－K检验法、小波分析、BP神经网络、GM（1，1）模型等研究方法，分析了水文气象要素的年代、年际、季节、空间变化特征与规律以及水文气象要素的突变性、趋势性、周期性、持续性、集中度与不均匀性，并模拟预测了相关水文气象变化规律和特征，揭示了变化环境下疏勒河流域水文气象要素时空演变规律，以期为区域生态保护、水生态修复、河流健康发展、水资源综合利用与调控管理发挥积极推动和指导作用，为促进干旱内陆河流域水文学发展提供技术支撑。

本书可供从事水文水资源、水利水电、农业、环保、生态等相关专业的科研人员、管理人员、技术人员、高等院校师生参考阅读。

图书在版编目（CIP）数据

变化环境下疏勒河流域水文气象要素演变规律及模拟研究 / 孙栋元等著. -- 北京 ： 中国水利水电出版社，2023.8
ISBN 978-7-5226-1532-5

Ⅰ．①变… Ⅱ．①孙… Ⅲ．①疏勒河－流域－水文气象学－研究 Ⅳ．①P339

中国国家版本馆CIP数据核字(2023)第097784号

书　　　名	变化环境下疏勒河流域水文气象要素演变规律及模拟研究 BIANHUA HUANJING XIA SHULE HE LIUYU SHUIWEN QIXIANG YAOSU YANBIAN GUILÜ JI MONI YANJIU
作　　　者	孙栋元　等著
出 版 发 行	中国水利水电出版社 （北京市海淀区玉渊潭南路1号D座　100038） 网址：www.waterpub.com.cn E-mail：sales@mwr.gov.cn 电话：(010) 68545888 （营销中心）
经　　　售	北京科水图书销售有限公司 电话：(010) 68545874、63202643 全国各地新华书店和相关出版物销售网点
排　　　版	中国水利水电出版社微机排版中心
印　　　刷	北京印匠彩色印刷有限公司
规　　　格	184mm×260mm　16开本　18.25印张　444千字
版　　　次	2023年8月第1版　2023年8月第1次印刷
定　　　价	120.00元

前　言

　　水文气象系统作为自然界中一种复杂的、动态变化的非线性巨系统，受到气候、地形、地貌等自然因素以及人类活动等众多复杂因素的综合作用和影响，而且各种要素相互作用、相互影响，不论在时间还是空间上都表现出强烈的非线性、非平稳性和强烈的随机特征。水文气象要素的演变在供水、地下水补给、水力发电、农业活动和灌溉等人类活动中发挥着举足轻重的作用，许多相关研究领域越来越受到诸多学者和政府的高度重视。水文气象要素动态的影响力主要分为两个方面：一方面是其对社会经济系统的重要性；另一方面则是其对生态系统的重要性。水文循环是生态系统的重要功能之一，同时水文循环系统中包含着复杂的能量传输和物质流动关系，水文气象要素的动态变化会直接或间接影响到动植物生长，不仅影响植物的生长状况、生态多样性，还影响动物栖息地以及繁衍与生息等方面。因此，研究区域水文气象要素变化特征和演变规律对促进区域社会经济发展和保护生态系统良性健康发展具有举足轻重的作用。

　　在全球变化和人类活动影响背景下，全球范围的流域、陆面、海洋等水循环系统发生了显著变化，导致流域水文序列发生不同程度的时空变异，造成各种极端水文事件发生，并引发一系列衍生问题，直接威胁到全球水安全，并会对人类的生存和发展造成严重影响，其重要性日益突出。许多区域的天然水循环过程受到了强烈的破坏，各主要水文气象要素的周期和趋势等特性也发生了难以预测的变异，降水和径流的响应关系也明显发生了改变，洪涝灾害、森林火灾等极端水文气象事件频发，并且未来这些极端现象发生的不确定性和风险也在逐渐增加。这种影响和变化导致旱涝、极端气温和极端降雨等极端水文事件发生频率增加，直接影响了流域水资源的合理配置、开发与利用。气候变化早已经成为人们的共识，当前人类面临的水问题，如洪涝灾害、水资源短缺和与水相关的生态系统退化等，均与气候变化和人类活动引起的陆地水循环变化相关，进而影响水文气象要素发生相应变化。认识变化环境下水文情势演变、陆面过程响应和水循环要素的变化归因是当前研究的关键问题，可以为水循环过程的驱动机理提供参考和借鉴。如何应对变化环境则是全球各国政府、公众的共同问题，而不断加强对变化环境的认知，是我们应对问题的基础。因此，开展变化环境下水文气象要素演变规律研究，是适应我国气候变化和水资源变化的对策，是保障水资源的战略需求，也是推动水科学发展的核心问题。变化环境下水文气象要素、水循环与水安全研究成为热点问题，是当今水文学及工程水文学面临的极具挑战性的问题，也是国际水文研究的热点及难点。

疏勒河流域位于河西走廊最西端，是甘肃省三大内陆河流域之一，是我国西部生态安全与稳定的桥头堡，战略地位十分重要。随着气候的明显变化和人类活动加剧，流域已出现了地下水水位降低、土壤盐渍化、湿地湖泊萎缩等生态环境问题和相关的社会经济问题。在全球气候变化、经济社会快速发展的背景下，流域内水资源短缺矛盾越发严重。探究变化环境下疏勒河流域水文、气象要素演变规律，深化对流域气候变化的认知，有利于水资源的持续开发和利用、生态环境的保护，从而为流域水资源综合管理和灾害防治提供理论依据。因此，开展变化环境下疏勒河流域水文气象要素演变规律及模拟研究，对加强流域水资源保护、提高水资源利用效率、制定流域水资源规划、建立水资源安全保障体系，具有重要科学指导和现实意义，以期为变化环境下干旱内陆区水文水资源研究和干旱区流域水文学研究提供重要支撑。

全书共9章，由孙栋元统稿。除第8章内容由马亚丽撰写外，其余均为孙栋元撰写。研究生周敏、张文睿、季宗虎、王亦可、王士维参加了数据整理与分析、图表绘制等工作。本书由甘肃省教育科技创新青年博士基金项目"疏勒河流域社会生态水文演变过程研究"（2022QB-070）、甘肃农业大学学科团队"寒旱区水文及水资源综合调控利用研究团队"（GAU-XKTD-2022-08）、甘肃农业大学科技创新基金——青年导师扶持基金项目"基于不同来水情景的疏勒河流域水资源优化配置研究"（GAU-QDFC-2021-16）、甘肃省水利科学试验研究及技术推广计划项目"河西走廊水资源-生态-经济系统耦合协调研究"（23GSLK092）和甘肃省青年科技基金项目"西北内陆干旱区水资源动态承载力研究——以疏勒河流域为例"（21JR7RA854）共同资助。在本书撰写过程中，得到了多位专家、同仁等的帮助与支持，在此一并表示衷心的感谢。

由于作者水平有限，书中不足之处在所难免，恳请广大读者批评指正。

作者

2023 年 2 月

目 录

第1章

绪 论

1.1 研 究 背 景

气候变化早已经成为人们的共识，当前人类面临的水问题，如洪涝灾害、水资源短缺和与水相关的生态系统退化等，均与气候变化和人类活动引起的陆地水循环变化相关，进而影响水文气象要素发生相应变化（田磊，2019；刘纯，2021）。近百年来，受人类生产生活和大气环流等自然因素的双重影响，世界经历着以全球变暖为显著特征的气候变化趋势，除了极端天气造成的更多自然灾害，也对人类的生存和发展带来深刻的影响与挑战。气候变暖是当前全球气候变化中最明显并起主导作用的因素（王亚迪，2020）。联合国政府间气候变化专门委员会（IPCC）的第五次评估报告指出，全球气候系统变暖现象显著，而且对人类社会和自然系统影响颇为广泛，温室气体的持续排放，将使全球变暖加剧，对自然生态系统和人类社会造成了广泛影响，持续排放温室气体将使全球进一步变暖，对人类社会和自然系统造成很大的风险（王亚迪，2020）。气候变暖已经成为不可逆转的事实，IPCC 第四次（2007 年）和第五次（2013 年）发布的气候变化评估报告指出，过去的 130 年间，全球平均气温上升了 0.85℃。据预测，到 21 世纪末全球平均表面温度可能上升 0.3～4.8℃（刘朋，2019）。根据《第三次气候变化国家评估报告》，近 100 年来，中国陆地区域平均气温升高了 0.9～1.5℃，变暖速率略高于全球平均值。全球气候发生明显变化，流域水循环表现出了不同程度的变化。全球范围蒸发皿蒸发量的实际观测值基本表现出下降趋势，而实际蒸散发量却呈现出增加的趋势（樊晶晶，2016）。气候呈现出变暖的显著变化特征，对降水和蒸发起着决定性的作用，而降水和蒸发的变化，则对流域内的水循环变化起着重要作用。人类活动在近年来呈现出急剧增长的趋势，大型水利工程（如大坝、水库、发电站、灌区）建设、农田水利建设、人口增长、经济发展、城市化建设以及各种水土保持工程的展开，对流域的下垫面和流域的水循环系统产生了显著影响（樊晶晶，2016）。在全球性变化背景下，全球范围的流域、陆面、海洋等水循环系统发生了显著变化，导致流域水文序列发生不同程度的时空变异，造成各种极端水文事件发生，并引发一系列衍生问题，直接威胁到全球水安全，并会对人类的生存和发展造成严重影响，其重要性日益突出。气候变化的影响不仅涉及人类生存环境，也涉及经济的发展和社会的进步，甚至国家政治安全。以全球气候变暖为主要特征的气候变化是全人类共同面临的挑战，关系到人类的生存与发展，具有全球性、累积性和复杂性等特点。

水文气象系统作为自然界中复杂的巨系统，受到众多复杂因素的综合作用和影响。在人类活动和全球气候变化的大背景下，许多区域的天然水循环过程受到了强烈的破坏，各主要水文气象要素的周期和趋势等特性也发生了难以预测的变异，降水和径流的响应关系也明显发生了改变，洪涝灾害、森林火灾等极端水文气象事件频发，并且未来这些极端现象发生的不确定性和风险也在逐渐增加。同时我国的降水时空变化特征和水文循环过程也发生了显著变化，其对区域内水资源的形成、水文气象要素的循环变化及演变规律，特别是河川径流的影响日益剧烈。相关研究表明，中国各流域径流都出现了不同程度的增加或减少趋势，河川径流的年内分配和年际变化也发生相应的改变，导致旱涝、极端气温和极端降雨等极端水文事件发生频率增加，直接影响了流域水资源的合理配置、开发与利用（陈钟望，2017）。随着社会经济和科学技术的飞速发展，水利工程设施和城市化建设对区域自然环境产生着潜移默化的影响，从而直接或间接改变了流域下垫面条件。而气候变化将直接或间接影响原来与水循环相关的气候因素，如降水、气温、蒸发和径流等，进而造成水资源的时空分配和数量的改变，同时气候变化将加快区域水文循环过程，导致区域性极端气候事件呈现增加态势（周莹，2016）。水循环是地球系统中大气圈、生物圈和地圈之间的联系纽带，是全球气候变化的核心问题，水循环的变化将会影响水资源形成和环境演变。气候变化改变了水循环过程，对水资源系统结构及其功能有着显著影响，是人类开发利用水资源的全新挑战。变化环境的影响在水资源、冰冻圈、生态系统、人类健康等方面逐渐明显，预计未来的影响将日趋严重。如何应对变化环境则是全球各国政府、公众的共同问题，而不断加强对变化环境认知是我们应对问题的基础。变化环境下，水文气象序列发生明显变异，呈现出径流量显著减少、洪水洪峰极值增大、气温显著升高等方面的变化特征。水文气象序列为应对气候变化、水利工程规划与建设等提供基本资料，应具有可靠性、一致性和代表性。因此，开展变化环境下水文气象要素演变规律研究，是适应我国气候变化和水资源变化的对策，是保障水资源的战略需求，也是推动水科学发展的核心问题。变化环境下水文气象要素、水循环与水安全研究成为热点问题，是当今水文学及工程水文学面临的极具挑战性的问题，也是国际水文研究的热点及难点。

1.2 研究目的与意义

水文气象要素的许多相关研究领域如今越来越受到高度的重视，并且在某些方面已经取得了不少的重要进展（丁海舟，2020）。究其原因，是人们在研究水文气象要素时，逐渐发现并意识到水文气象要素动态在诸多方面都有着举足轻重的影响地位，很多看似毫不相关的大事件与其密不可分。水文气象要素动态的影响力主要分为两个方面：一方面是其对社会经济系统的重要性；另一方面则是其对生态系统的重要性。城市生活用水、工业用水以及农业灌溉等水资源问题，这些必需的水资源稳定供给是人们过上安稳有序生活的保障下限；而水力发电、水利工程建设则是对人们所拥有水资源的合理配置与开发；面对危害社会的极端气候变化时，所采取的防洪抗旱措施、水土保持措施都是应对水资源危机的有效手段。以上内容都与国民经济可持续发展有着紧密联系，对维持社会经济系统发展也至关重要，而这些问题的本质就是关于水文气象要素动态变化研究与利用，所以只有向水文气象要素研究中投入更多的精力，进行更精确的研究，才能为人民安居乐业、经济长久发展做出重要贡献。水文循环是生态系统的重要功能之一，地球上的大气、地表以及地壳内的水元素的分布、运动和变化规律就是水的循环。水文循环系统中包含着复杂的能量传输和物质流动关系，水文气象要素的动态变化会直接或间接影响到动植物生长，不仅影响植物的生长状况、生态多样性，还影响动物栖息地以及繁衍与生息等方面。因此，研究区域水文气象要素变化特征和演变规律对促进区域社会经济发展和保护生态系统良性健康发展具有举足轻重的作用。

人类生存环境受到气候变化的影响，它影响着水资源、粮食、能源、交通等方面，与人类生活密切相关。气候系统中降水是影响水循环的直接因素，此外还可以通过陆面过程中的水分、动量和热量的交换过程对水循环产生间接影响。观测气候变化，可以使人们更加清楚地了解地球气候系统的内在变异性，及其对人类和自然影响的可能响应（王亚迪，2020）。气候变化对环境和社会的影响不仅取决于地球系统对辐射强迫变化的反应，而且取决于人类如何通过技术、经济、生活方式和政策的变化做出反应。气候变化和人类活动导致的下垫面变化使全球洪、旱灾害频频出现，远高于以往任何时期，直接威胁着人类社会的经济发展和生存环境。在气候变化中，全球正经历着以变暖为主要特征的显著变化，气候变化引起的地表热量平衡的改变、大气环流的异常等，使水循环要素如降水、蒸散发、地表地下径流等发生剧烈变化，进而改变了水循环规律，引起了水资源在时空上的重新分配。在人类活动中，大规模水利工程、农田水利建设、城市化进程和水土保持工程等，改变了水文过程的下垫面条件和水循环速度。在此背景下，流域水文要素发生了变异，表现为径流减少、洪水极值增大等，致使极端水文事件与洪、旱灾害时有发生，同时水文要素变异危及社会经济发展和生态环境良性循环，影响人类正常生产、生活（樊晶晶，2016）。认识变化环境下水文情势演变、陆面过程响应和水循环要素的变化归因是当前的关键问题，可以为水循环过程的驱动机理提供参考和借鉴。各个流域的气温、降水、径流量呈现不同的发展趋势，如增大或减小，与此相应的以径流作为载体的社会、环境和经济随之发生变化。水文循环过程对社会的发展极为重要，掌握其演变规律可以促进人类文明和经济发展。气候敏感区的水文演变过程，是水科学发展的前沿问题，也是制定区域可持续发展策略所面临的现实问题。因此，揭示变化环境下水文要素演变规律，解析未来变化环境下气候的演变规律以及流域来需水情况，对于提高流域水资源的认知、合理开发流域水资源、保护生态平衡、建设节水型社会、维持社会经济可持续发展具有重要现实意义和战略意义。

疏勒河流域位于河西走廊最西端，是甘肃省三大内陆河流域之一，是我国西部生态安全与稳定的桥头堡，战略地位十分重要。随着气候的明显变化和人类活动加剧，疏勒河流域已出现了森林草场退化、土地荒漠化加剧、地下水水位降低、土壤盐渍化、湿地湖泊萎缩等生态环境和相关的社会经济问题。疏勒河流域在全球气候变化、经济社会快速发展的背景下，水资源短缺严重（孙栋元等，2017）。探究变化环境下疏勒河流域水文、气象要素演变、深化对流域气候变化的认知，有利于水资源的持续开发和利用、生态环境的保护，从而为流域水资源综合管理和灾害防治提供理论依据。因此，开展变化环境下疏勒河流域水文气象要素演变规律及模拟研究，对加强流域水资源保护、提高水资源利用效率、制定流域水资源规划、建立水资源安全保障体系，具有重要的科学指导和现实意义，可为变化环境下干旱内陆区水文水资源研究和干旱区流域水文学研究提供重要支撑。

1.3 国内外研究现状

1.3.1 径流演变研究进展

河川径流源于降水和冰雪融水。降水、蒸发、气温和植被覆盖等直接影响流域地表水资源状况。气候变化和人类活动影响径流的变化，气候变化会直接影响降水、土壤含水量和蒸散发，人类活动造成的下垫面变化和大型水利工程的修建都会影响下渗和产汇流，而大型水利工程的修建，最终影响径流的形成过程和格局演变。气候变化和人类活动为径流变化的驱动力，定量分解它们的影响作用是径流变化研究的核心问题。受全球气候变化和人类活动影响，全球水文循环系统加速，改变了降水和蒸发的空间分布状况，使全球许多河流的径流量有明显下降趋势，导致区域水资源分布发生改变，严重威胁用水安全，引发全球水危机。国内外围绕气候变化和人类活动对径流变化特征的研究处于发展阶段。国外研究方面，不同学者利用 Budyko 水热耦合平衡模型等多种方法，研究影响径流变化的因子以及各因子的贡献率，结果显示径流变化受气候变化和人类活动交互影响。气候变化主要影响径流的多时间尺度和未来持续性变化，而主导因素是人类活动，其主要改变了径流年内分配特征。Milliman 等（2008）对全球 137 条小流域径流变化趋势进行了研究，结果表明：1950 年后有约 1/3 的流域累计径流量变化超过 30%，全球有 59% 大河流的年径流年内、年际特征发生显著变化。Chiew 等（2006）运用径流弹性系数概念，评估了在不同气候模式下澳大利亚降水等要素变化对径流变化的影响程度。Donohue 等（2011）研究发现澳大利亚干旱地区径流量的 66% 由占流域面积 12% 的区域降水产汇流补给，空间上径流对降水的响应有差异性。Mehmetumit 等（2011）基于环境模型预测了气候变化对湖泊的潜在影响，研究表明，随着极端降水量的增加，将会引起洪峰流量增加，流域营养盐输出随之增加，这个现象与蒸散发增加导致年流量的减少同时发生。Kezer 等（2006）利用长期水文气象资料，对中亚巴尔喀什湖流域径流减少的原因进行了研究，发现流域上游地区径流的减少是由于自然变化造成的，而中下游地区径流的减少是由于气候变化和人类活动的综合影响。Misir 等（2013）基于三个流域的月径流资料，采用相关分析法和方差分析法研究了 ENSO 指数对径流的影响机制。Islam 等（2012）利用降雨径流模型，通过改变降水和温度的变化幅度研究了径流对气候要素的响应。Vaze 等（2011）比较了四种降水径流关系模型，指出基于长时间历史序列率定的降水径流关系模型仅能对未来降水变化幅度在 −20%～10% 之内的气候情景做出预测。Teng 等（2012）利用 15 个 GCMs 输出驱动 Budyko 模型和分布式水文模型对澳大利亚范围内的径流进行预测，结果表明 Budyko 模型能取得与分布式水文模型相似的预测结果。Roderick 等（2011）在对比分析 Budyko 型和复杂水文模型模拟结果的基础上，对澳大利亚 Murray - Darlin 流域未来径流变化进行了预测，其研究说明 Budyko 模型能够简单有效地对未来径流变化做出清晰的预测，且未来降水变化为 ±30% 能引起该流域径流变化 ±80%。

国内研究方面，许多学者对我国大江、大河径流变化特征了进行研究。Sun 等（2022）对汉江上游的径流变化及其驱动因素进行了定量分析，结果显示年径流量明显下降，分别表明气候变化是导致径流减少的主要原因，贡献率约为 65%，人类活动贡献率为 35%。秦年秀等（2005）研究发现，长江流域年降水量和年径流量均呈增加趋势，其中径流冬季增加，秋季减少。宁怡楠等（2021）采用 M-K 趋势检验分析了 1960—2015 年黄河中游窟野河、皇甫川、延河和无定河径流变化，结果表明，四个典型流域径流量均显著下降。张国宏等（2013）利用降水量、NCEP/NCAR 地表径流资料研究发现，近年来黄河流域绝大部分地区地表径流呈减少趋势，部分地区如黄河源区和河套北部有上升的趋势。张建云等（2020）对 1956—2018 年中国大江、大河径流演变趋势的研究发现，我国主要河流代表性水文站年径流量均呈下降趋势。张利茹等（2017）基于半分布式 TOP-MODEL 流域水文模型，分析了海河流域径流变化特征及影响因素，发现人类活动对海河径流量减少的影响率在 62%～74%。冯家豪等（2020）采用水文情势突变指标及双累积曲线法对黄河中游区间干支流径流变化特征与归因进行分析，结果表明，黄河中游径流主要受大坝、水库、引水灌溉等水利工程的影响，人类活动对黄河中游龙门—潼关区间径流量变化的贡献率高达 79.85%。郭爱军等（2014）采用累积距平法和 M-K 法对渭河流域径流变化原因进行了分析，结果表明，气候变化对 1972—1991 年和 1992—2005 年径流减少的贡献率分别为 14.60% 和 30.37%，而人类活动平均贡献率将近 80%，说明影响渭河流域径流变化的决定性因素是人类活动。李二辉等（2014）研究表明，1985 年以来人类活动对黄河流域上游和中游年径流量影响的贡献率分别为 88.1% 和 84.9%。陈忠升（2016）基于 Budyko 水热平衡耦合框架研究了中国西北干旱区河流径流变化及归因，结果表明，气候变化对径流的影响大于人类活动对径流的影响。王兆礼等（2010）采用相关分析法研究了气象要素对径流的影响程度，同时探讨了厄尔尼诺和植被覆盖对径流变化的影响机制；郭爱军等（2014）利用双累积曲线定量分析了人类活动对径流变化的贡献率；莫崇勋等（2018）基于永定河流域的水文气象资料，采用弹性系数法定量分析了气候变化和人类活动对径流变化的贡献率；杨大文等（2015）基于 Budyko 水热耦合平衡模型，定量区分了气候变化和下垫面变化对黄河流域天然径流减少的影响程度；张调风等（2014）利用累积量斜率变化率比较法对湟水河流域径流量的变化进行了定量评估，结果发现人类活动加剧对流域径流减少起着决定性作用，其改变了流域部分水循环的路径。王岚等（2015）对呼图壁河石门水文站 1978—2011 年实测日径流进行了变差系数法、距平累积法及 Morlet 连续复小波变换等分析，结果表明该流域 34 年来径流量呈增加趋势，且呈现显著的周期性。刘剑宇等（2015）对鄱阳湖流域水文状况的变异性进行了综合诊断，阐述了水文变异的原因，在变化环境下为鄱阳湖流域合理开发水资源提供了科学依据。

对于气候变化以及人类活动对径流的影响分析，以往研究多采用统计分析法、对比试验法、分项调查法、弹性分析法及水文模拟等方法。其中，统计分析法是通过比较长序列水文观测资料的变化，揭示气候变化与人类活动对径流的影响，原理相对简单，但对水文气象观测资料的要求较高，近几年应用较少。张建兴（2008）利用统计分析的方法，分别建立了昕水河流域降水、气温、蒸发量、人为因素与年径流量的相关关系，从定性与定量的角度全面评估了气候因素及人为因素对该流域径流的影响，结果显示人为因素对径流的影响高于气候因素。郭爱军等（2015）统计了 1960—2010 年泾河流域内 10 个气象站点的降雨与潜在蒸发资料以及控制站张家山水文站的月径流资料，并结合累积量斜率变化率比较法，定量估算出该流域人类活动对径流减少的贡献率为 80.96%，而气候变化的贡献率为 19.04%。对比试验法指在某一区域内选取两个自然、气候条件相似，且地理位置相近的流域，其中一个作为对照流域，保持其各项属性不变，以人类活动为变量作用于另一个流域，即试验流域，通过对比两个流域的水文要素的变化情况，探究人类活动对径流的影响。该方法原理简单，但试验周期过长，成本较高，仅限于小流域应用。段亮亮等（2017）采用对比试验法探究大兴安岭森林小流域水文过程对植被干扰的响应，研究发现小面积的森林植被干扰对该类流域的枯水期径流影响十分显著。弹性系数法基于弹性系数来描述径流对多个气象要素变化的敏感性，包括降水、气温、相对湿度等，进而计算气候变化对径流的影响关系，然后利用水量平衡分析确定人类活动对径流的贡献量。张爱静（2012）在东北地区应用弹性系数法计算出人类活动和气候变化对流域径流的影响。李斌等（2011）利用弹性系数法证实了人类活动对洮儿河流域水文过程具有显著影响。张丽梅等（2018）结合基于 Budyko 水热耦合平衡理论和气候弹性系数法定量评估河川径流量的变化特征，结果表明，降水、蒸发和下垫面变化是渭河流域径流量减少的影响因素，尤其是下垫面因子，贡献率超过 60%，是该流域径流变化的关键原因。此方法忽略了空间上的异质性与连续性，因此会产生一定的不确定性。水文模型模拟法基于物理过程定量解析影响因子的贡献率，分析精度较高，物理机制强，在国内外被广泛采用。目前应用较为广泛的水文模型包括 SWAT（Soil and Water Assessment Tool）模型、VIC（Variable Infiltration Capacity）模型、TOPMODEL 模型、SWMM（Storm Water Management Model）模型、GBHM（Geomorphology-Based Hydrological Model）模型、SIMHYD 模型、新安江模型等。王国庆等（2006）利用 SIMHYD 模型评价了气候波动和人为因素对黄河中游汾河水资源的影响。屈吉鸿等（2015）应用 SWAT 水文模型得出降水变化是影响青龙河流域水资源变化的主要因素。陈宏等（2017）通过构建大尺度分布式 VIC 水文模型，定量评估了滦河流域径流对气候波动以及人类活动的响应情况。Yin 等（2017）利用分布式水文模型对泾河流域径流变化的研究表明，下垫面变化是该流域径流变化的主导因素，其贡献为 71%。郭生练等（2015）结合 GCMs 输出和 Budyko 模型对长江流域未来径流量变化进行了研究，在分析验证该方法可靠性的基础上，表明长江流域各支流径流变化增减不一，最大变幅在 10% 左右。祁晓凡等（2017）基于 CMIPS 中 CNRM-CMS 模式，以黑河流域为研究对象，探究干旱内陆河流域未来气候变化趋势，结果表明未来流域降水分布的不均匀性增强，流域未来气温增温幅度较小。刘晓清（2019）利用 HEC-HMS 对碧流河流域径流过程进行模拟，并将 CMIPS 模式中三种不同排放情景下的输出结果与水文模型耦合，结果表明三种情景下的径流深都呈现增加的趋势。田晶等（2020）利用全球气候模式和 CA-Markov 模型预测的 LUCC 情景，设置不同气候和不同 LUCC 情景，采用 SWAT 模型模拟汉江流域未来径流过程，结果表明气候与土地利用的共同变化对流域径流变化的影响幅度最大。

1.3.2　气温演变研究进展

20 世纪以来，随着全球气候变暖，尤其是近年来，由于人类活动及自然因素综合影响造成的全球范围内的气候异常现象，对社会经济、人类生活及自然生物造成了严重的损失和影响。众多学者开始探索和气候相关的指数变化、气候极端值及极端事件的发生和发展规律。气温是反映气候变化的一项重要指标，过去一个世纪，全球范围的增温被大多数科学家认可。近百年来，地球表面气温正在经历一次显著的变暖过程。气温和降水是研究水文气候的两个基本要素，其变化对该地区生态环境的变迁起着决定性作用。地表气温升高使得水面蒸发加强、水循环加快，这将使更多降水在更短时间内完成，增加大暴雨和极端降水事件以及局部洪涝出现的频率；极端高温的不断加剧，会出现高温热害，引发灾害干旱，有利于作物病虫生长，导致作物减产。极端低温引发冰冻冷寒，在一定程度上抑制了作物生长。一些地区遭受频繁、持久或严重的干旱，将对全球经济、社会发展与自然生态系统带来严重的影响。国外研究方面，对气温的研究相对较早并且成果丰富。Karl 等（1993）通过分析全球最高、最低温度的发展变化，指出在全球变暖的过程中，最高、最低温度表现出明显的日夜温度变化的不对称性，并使得日较差逐渐减小。Frich（2002）的研究结果表明，近半个世纪极端最高温度和极端最低温度的差值呈显著减小的趋势。Easterling 等（1997）、Plummer 等（1999）分别对美国东北部和澳大利亚、新西兰的研究也发现极端最低温度日数是不断减少的。Gruza 等（1999）研究指出，在俄罗斯极端高温的天数呈现显著增加的趋势，最低温度天数减小的幅度大于最高温度天数增加的幅度。Angell（1999）对全球大气资料的分析表明，1979 年以来，对流层 850～300hPa 温度平均升高 0.1℃，而平流层低层 100～50hPa 的温度却以－0.34℃/10 年的趋势在下降。Manton 等（2001）利用 1961—1998 年东南亚及南太平洋地区的站点资料进行研究时发现，该地区暖日和暖夜发生的频次显著增多，而冷日和冷夜却在减少。Brabson（2002）、Najjar（1999）、Griffiths（2005）及 Peterson 等（1995）等分别对英国中部地区、北大西洋地区、亚太地区及加勒比地区的极端气温事件、发生频数进行了分析，并得出了全球增暖的结论，而增暖主要表现在日较差的减小，冷日、冷夜的减少和暖日、暖夜的增加。Mann 等（1996）重建了 1400 年以来北半球和全球年平均温度，认为 20 世纪是最暖的百年。Pollack 等（1998）用北美、中欧、南非和澳大利亚 4 个地区共 358 个地下钻孔剖面材料，得到综合温度剖面估计，得出与 Mann 等（1996）一样的结论。Nozawa 等（2005）分别和联合考虑自然因子如海温、温室气体、太阳活动等，模拟 20 世纪全年平均气温变化。当考虑所有因子时，模拟不出来 20 世纪的全球变暖。当只考虑人类活动时，基本上可以模拟出 20 世纪全球变暖的趋势来。Barnett（1999）用 EOF 方法分析了 11 个耦合模式的气温模拟结果，发现所有的模式都不能很好再现观测值的特征值功率谱。Grotch（1991）的分析表明，全球平均模拟气温与观测值之差小于 0.9℃，但在不同的大陆上冬夏季模拟气温与实测值差异较大。Almazroui 等（2017）通过对降水和气温预测得出：南亚西北部地区，包括巴基斯坦和印度、尼泊尔和喜马拉雅山脉西部的邻近地区，预计到 21 世纪末气温将上升更多，在 SSP1-2.6、SSP2-4.5 和 SSP5-8.5 情景下，南亚的年平均气温预计将分别上升 1.2℃、2.1℃和 4.3℃；到 21 世纪末，孟加拉国、不丹、印度、尼泊尔、巴基斯坦和斯里兰卡的年平均气温在 SSP5-8.5 下预计将分别增加 4.0℃、4.5℃、4.2℃、4.5℃、4.9℃和 3.2℃，在所有情况下，南亚北部地区，包括巴基斯坦以及印度西北部和尼泊尔的邻近地区，预计在 21 世纪将比南部地区变暖。Hansen 等

（2010）对全球气温变化分析得出，2021 年全球表面温度相对于 1880—1920 年的平均温度上升 1.12℃，陆地的变暖速度大约是海洋的 2.5 倍。不规则的厄尔尼诺现象和拉尼娜现象周期主导着年际温度变化，表明 2022 年不会比 2021 年暖和多少，但 2023 年可能会创造新的纪录。

　　国内研究方面，由于全球气温变暖显著，我国致力于气温变化、极端气温变化研究的学者们也取得了不小的成果，不论是大到全国范围及各大地理区域，还是小到省级单位或单个气象台站，都有学者研究。任福民等（1998）通过对 1951—1990 年极端温度资料的分析，研究极端温度的变率和变化趋势的区域分布以及季变化特征，发现我国季极端最低温度的变率以春、秋为最大，季极端温度的变化趋势存在较大的季节性、地域性差异。程炳岩等（2003）通过概率分布模式对冬夏极端气温出现概率对全球气候变暖的敏感率进行研究，发现气温方差变化的影响大于气温均值变化的影响。刘学华等（2006）用 1961—2000 年逐日气温数据进行研究时发现近 40 年气温极端冷指数整体呈下降趋势、极端暖指数呈上升趋势，说明全国气温变暖，与全球变暖一致，北方地区极端气温指数变化最大。刘吉峰等（2006）将我国最高和最低气温年际变化型态，进行聚类统计检验分析和旋转主分量分析相结合的方法，确定中国极端高温和低温年际变化分别可划为 12 个和 11 个不同类型的区域的合理性。向旬等（2008）用全国 550 个台站的逐日最高、最低气温资料算出热浪指数和暖夜指数，全国表现为增加和减少趋势的一致性，在时间上有明显年际和年代际变化。王冀等（2008）研究表明，随着全球变暖，中国区域极端气温指数的变化呈现增加（减少）趋势，变化基本上是由北向南变化率逐渐增大，西北的极端指数变化率高于东北。张宁等（2008）通过 1955—2005 年中国 234 站逐日气温数据发现全国年和四季的极端低温呈稳定增温趋势，黄河下游地区在年、春季和夏季极端高温有明显降温趋势，华南地区极端低温的增温幅度大于极端高温的增幅，极端气温在冬季增温最明显。赵军等（2012）研究指出近 50 年来，极端最低气温的升幅大于极端最高气温的升幅，极端气温差趋于缓和。王春红等（2009）通过对漠河的气温变化分析得出，年平均气温的升高是由年持续暖日频数的增加和年持续冷夜频数的减少共同影响造成的。郑祚芳等（2012）运用格兰杰检验法对北京气候变暖及主要极端气温指数进行了归因分析，结果表明北京年均温增速约为 0.39℃/10 年，霜冻指数和气温年较差呈下降趋势，生长季指数、暖夜指数、热浪指数呈上升趋势。郑景云等（2019）综合利用发表的长度超过千年的中国 4 个区域（东北、西北、东中、青藏高原）高分辨率气候变化重建结果，结合历史文献的冷暖记载，采用集合经验模态分解的方法，对中世纪气候异常期间中国温度的年代—多年代—百年尺度波动特征及其区域差异进行了分析。金凯等（2020）基于中国 603 个气象站的地表气温和降水观测资料以及 GIMMS NDVI3g 数据，采用变化趋势分析和多元回归残差分析等方法，研究了 1982—2015 年中国植被 NDVI 的变化特征及其主要驱动因素（即气候变化和人类活动）的相应贡献率，结果表明气候变化和人类活动的共同作用是 1982—2015 年来中国植被 NDVI 变化的主要驱动因素，气候变化和人类活动对中国植被 NDVI 变化的相应贡献均存在很大的空间异质性。孙秀宝（2018）利用 CMA-LSATv1.0 数据集、全球日值整合数据集、中国历史气温数据集、CRU 和 GHCN 全球月值气温数据集等台站观测资料，分析了近百年全球陆地表面气温变化特征。杜勤勤等（2018）基于中国 622 个气象站的气温数据，研究了全国及三大自然区气温变化对全球变暖停滞的响应。

1.3.3 降水演变研究进展

国外研究方面，Powell 等（2015）研究了美国东南部 1948—2012 年气温和降水极值的时空变化特征，结果表明，在极端最低气温下区域性升温，在极端最高气温下区域性降温，大多数地区的极端白天和夜间温度的不均衡变化正在缩小白天的温度范围，东部地区和南卡罗来纳州极端降水事件的强度和量级总体上有所增加。Simpson 等（2014）基于英国国家网格日降水量和月降水量数据，分析了各时段平均降水总量和极值的变化情况，结果显示，苏格兰一些地区冬季、春季和秋季的平均和极端降水量有显著的上升趋势，但英格兰和威尔士的趋势大多不显著，先前对夏季干燥和冬季潮湿趋势的观察，因最近连续的夏季潮湿和冬季干燥而变得复杂，观测到的季节性降水总量变化很可能与北大西洋涛动的变化有关。Abolverdi 等（2015）利用降水指数、降水周期和降水强度研究了伊朗西南部法尔斯省的降水量的时空变化特征，根据 CI 值、PCP 值和 PCD 值推断，47 个台站中有 19 个台站出现 5% 的显著性上升趋势。Coscarelli 等（2012）利用均匀日降水量数据集，对意大利南部卡拉布里亚地区日、月降水量的时空格局进行了研究，结果表明，该地区东部日降水量的时间分布非常不稳定，其中 1/4 的降水日数几乎占总降水量的 3/4，而西部地区降水的时间分布则很均匀，且降水分布的季节性明显变弱。Caloiero 等（2014）采用日降水数据集，分析了新西兰日降水量的时空格局，研究发现，具有最临界降水量的北岛和南岛东面的降水量相当，而西面降水浓度值最低；在季节尺度上，夏季和秋季的空间梯度与年尺度相似，在北岛东部，特别是在冬季和秋季，发现了一个总体的下降趋势；在南岛，特别是在冬季和夏季，发现了一个东西差异趋势。Vyshkvarkova 等（2018）基于俄罗斯南部地区 42 个气象站的日降水数据，采用降水浓度指数发现，与东部（里海海岸和里海凹陷）相比，西部、北部和南部地区的日降水分布更为规则，克里米亚半岛北部 CI 值较低，东部 CI 值较高。Agarwal 等（2014）利用 GCMs 未来排放情景对尼泊尔 Koshi 河流域的降水进行了预测，结果发现，大多数 GCMs 和每个情景下所有 GCMs 的平均值表明夏季、秋季和年度降水量为正变化，而春季降水量为负变化，GCM 预测在未来三个时期都存在差异，并且差异随着时间的推移而增加。Yadav 等（2012）研究发现印度西北部地区在冬季有大量降水，约占全年降水量的 15% 左右，降水主要与被称为"西部扰动"的天气有关，且具有较大的时空变异性；最大降水量出现在北部丘陵区，南部影响较小，季节性降水是均匀的，呈正态分布，没有持续性，随着时间推移，降水量的变异性有所增加。Cheong 等（2018）评估了一系列极端气候指数的时空变化趋势，结果表明极端降水的数量与降水区域都呈显著增加趋势，还发现区域降水极值与厄尔尼诺、南方涛动和印度洋偶极子等气候因子之间存在巨大相关性。Alexander 等（2017）通过对澳大利亚 1911—2010 年 24 个极端气温和极端降水指数的研究发现，与变暖有关的温度极值呈显著增加趋势，而降水极值的显著趋势却很少，同时基于 CMIPS 模型预测了整个澳大利亚的温度和降水极值的变化，到 21 世纪末，低温极值的数量大幅减少，而高温极值的数量大幅增加，在热带地区，极端温度的变化最大，极端降水量的变化并不明显。

国内研究方面，2020 年《中国气候变化蓝皮书》指出受全球气候变化影响，全球变暖趋势仍在持续，中国年均地表温度呈显著上升趋势，平均年降水量呈微弱上升趋势，且中国各区域年降水量变化趋势差异化显著。陈华等（2006）基于汉江流域月气温和月降水资料，运用 M-K 非参数检验方法分析了该流域年和四季降水及气温的时空变化特征，结果表明近50年来汉江流域大部分地区降水没有明显的变化趋势，而气温呈上升趋势，并且发现上游流域气温及降水与北半球气温上升有关。吴维臻等（2013）采用多种数理统计方法对黑河上游水文气象要素的演变规律进行分析，发现黑河上游水文气象要素均呈上升趋势，秋冬季温度升高和夏季降水增加对径流量的增加具有重要作用。李夫星等（2015）研究了黄河流域水文气象要素变化规律，并揭示出各要素与东亚夏季风之间的潜在关系。黎清霞等（2018）基于澜沧江流域的水文气象资料，通过线性回归、相关分析法和随机森林重要性评分法分析了澜沧江中下游的水文气象要素月变化规律及其相关性。刘衍君等（2010）采用 Butterwarth 滤波器和小波变换法，对黄河上游唐乃亥、兰州两站1956—2000年的月均径流量进行了小波变换，结果表明黄河上游月均径流量存在1年的短周期演变，同时也存在18.5年、7.8年和3.9年的长周期演变。葛朝霞等（2009）采用多因子逐步回归周期分析法预报了长江宜昌站长期年平均流量，预报结果表明平均流量普遍都具有22年和25年的变化周期，预报与拟合合格率达到了100%。张秉文（2010）根据水文实测观测资料，对河北省径流、降雨、水面蒸发等水文要素进行研究，结果表明径流、降雨、水面蒸发有逐年减小的趋势。穆兴民等（2011）运用小波分析法研究了哈尔滨站降雨、径流、输沙的演变周期，研究结果表明，哈尔滨站输沙量、径流和降雨时间序列的主周期基本保持一致，输沙量、径流和降雨三个水文要素的第一主周期为24~26年，第二主周期为17~18年，第三主周期为6~7年。鲍振鑫等（2014）采用 M-K 趋势分析方法研究了海河流域水文要素演变规律，研究结果表明，在人类活动与气候变化等要素的共同作用下，海河流域的水文要素特征具有显著的变化趋势。许晓艳（2015）采用滑动 t 检验、线性趋势法与滑动平均法等方法，研究了辽河径流、降雨和洪水等水文要素的演变，结果表明水文要素径流、降雨和洪水有递减的趋势。齐天杰等（2022）利用1960—2020年的逐日降水数据，用 M-K 突变检验法和 Morlet 小波分析法对研究区多年降水突变及周期变化规律进行分析。俞金彪等（2022）利用1967—2016年徐州3个国家基本气象站徐州站、睢宁站、邳州站的日降水观测数据，得出在降水天数变化中，徐州地区年降水天数均减少，但年极端降水天数除徐州站外，其余两站点均呈增加趋势。薛筝筝等（2022）研究了近38年宁夏六盘山和周边地区降水量和降水日的变化特征，结果表明小雨日有明显的减少趋势，在1988年发生突变后持续减少。张静雯等（2023）以武汉市1951—2017年的逐日降水资料为分析基础，利用了 Mann-Kendall 检验法、线性回归法、5年滑动平均、累积距平法、Morlet 小波分析法、经验模态分解法等分析方法进行计算，表明降水量在1954年、1980年、1998年、2010年前后多个时间段均发生明显突变，近67年降水序列中出现了50年和10年两个降水量变化的主周期。杨俊等（2022）采用线性倾向拟合法、累积距平法、滑动平均法、Mann-Kendall 突变检验法等分析了黄土高原典型小流域降水量年际变化、年内变化、年代变化和突变特征。秦小康等（2022）利用线性趋势分析、反距离权重插值法（IDW）、非参数 Mann-Kenddall 突变检验、相关性分析等方法对忻州市多年气温、降水变化及干旱特征进行了研究。张志高等（2022）基于

1960—2019 年河南省 17 个气象站点逐日降水数据，运用数理统计、GIS 及 Mann - Kendall 等方法对河南省不同降水历时和降水等级时空变化特征及其变化趋势进行了分析。何萍等（2022）利用云南省楚雄市 1971—2020 年的气温和降水数据进行小波分析，结果表明有 32 年的主周期变化，主周期内降水量经历了 5 个阶段的增减交替变化。万浩等（2022）利用 1960—2018 年雅砻江流域 9 个气象站点的年季平均降水量，采用 Mann - Kendall 检验和小波分析对降水时间序列进行分析，表明年降水序列突变点出现在 1980 年，流域的降水变化周期一般为 4～8 年、10～15 年、26～28 年。李云溪等（2022）运用小波分析法研究礼泉秋季降水周期变化特征，结果表明降水周期序列存在 3～7 年、8～11 年、12～18 年、22～32 年共 4 个时间尺度。刘艳丽等（2022）基于《中国近五百年旱涝分布图集》和 1959 年以来实测降水资料，并通过 CMIP6 中等分辨率气候系统模式下的 4 种情景降水数据预估未来降水变化趋势。温煜华等（2021）利用祁连山 24 个气象台站 1961—2017 年逐日降水资料，选用 12 个极端降水指数，采用线性趋势法、Pearson 相关性分析法等，分析了祁连山极端降水指数的时空变化特征，并分析了海拔、大气环流指数对祁连山极端降水指数时空变化的影响机制。任丽莹（2021）利用 CMIP6 模式对青藏高原地区降水模拟效果较好的 5 个模式的降水数据，来预估西藏东南地区到 21 世纪末的降水可能变化，表明各个情景模式下在海拔 5000～5200m 带降水增加趋势最小，在海拔 3000m 附近降水增加趋势最大。

1.3.4 潜在蒸散发演变研究进展

蒸散发是十分重要的水文过程，能够联系气候、水、热和碳循环并且对水循环和水量平衡有重要影响（Gao et al.，2016；刘宁等，2012）。下垫面供水充足时的蒸散发称为潜在蒸散发（potential evapotranspiration，PET），是蒸散发的理论上限，能够对流域干湿情况起决定性作用（尹云鹤等，2010）。潜在蒸散发的研究始于 17 世纪末 Edmond Halley 的研究，距今已有 400 余年的历史，在此期间，众多学者不断完善着潜在蒸散发的概念和计算方法。1802 年道尔顿提出蒸发定律，该理论阐述蒸发面的蒸发速率与风速、湿度和气温等气象要素的关系，蒸散发首次界定了明确的物理意义，该定律认为水汽压对蒸散发有重要的影响，是近代蒸发理论研究的基础（张薇，2008；王婷婷，2022）。而后一个多世纪，国外学者依据不同的原理提出了众多蒸散发计算公式。最初主要的蒸散发计算方法是水量平衡法和水热平衡法，其中水量平衡法适用于流域长年蒸发量计算，不足之处在于无法区分陆面蒸发和水面蒸发，以及该法只能计算流域多年平均的蒸散量，不能反映各区域及各时间段的蒸散发特征（李云凤，2021）。1904—1911 年斯拉伯和奥里杰科普在水量平衡的基础上，增加了对热量迁移机制的讨论，创立了水热平衡法，首次定义了蒸发力的概念，蒸发力即为潜在蒸散发概念的前身，但是当时的概念还仅局限于辐射部分，并未完整考虑土壤、植被和大气交互的过程。之后布德科在此基础上以年辐射差额代表蒸发力。1948 年 Thornthwaite（1948）在气候分类学中引入潜在蒸散发一词，将其定义为在土壤根部有充足水分供应的情况下，从植被覆盖的陆地表面蒸发和蒸腾的水量，并创立了 Thornthwaite 公式，该公式的计算仅需纬度和温度资料。同年，Penman（1948）提出了蒸发正比假设，即实际蒸散发与潜在蒸散发成正比，该假设首次将实际蒸散发与潜在蒸散发联系起来，得到广泛的应用。1950 年，Blaney（1950）在 Thornthwaite 公式的基础上增加了昼长、风速和灌溉数据，得到了适用性更高的经验公式。至此关于潜在蒸散发的研究尚停留在饱和下垫面的阶段，直到 Swinbank（1963）引入湍流相关理论，潜在蒸散发研究才转向非饱和下垫面，但由于实验装置较为复杂昂贵，未能得到广泛应用。随后 Penman 和 Long 将空气动力学中的阻抗概念引入潜在蒸散发的计算当中，将大气、植被和土壤看作一个连续体，提出了描述连续体中水热运移的经验公式，填补了前人研究的空白。同年 Bouchet（1963）提出著名的蒸发互补理论，该理论在 Penman 蒸发正比假设的基础上，创造性地提出了实际蒸散发与潜在蒸散发呈互补关系，其后 Morton（1983）、Priestley（1972）和 Taylor、Brutsaerl 和 Stricker 在此基础上，完善了蒸发互补理论，其中的"平流-干旱模型"得到了广泛应用。

1962 年 Bowen 融合边际扩散和能量平衡理论提出了波文比-能量平衡法。之后基于能量平衡法的潜在蒸散发计算方法被广泛应用于各种研究中，同时其局限性也逐渐显露出来，即该类方法需要陆面均匀且无平流影响，不能很好地描述不同气温和风速条件下潜在蒸散发的时空变化趋势。于是在 1965 年，Monteith 进一步引入水汽扩散理论，提出非饱和下垫面蒸散发计算公式，即 Penman - Monteith 方法，该方法不需要专门率定参数及分函数，完善了非饱和下垫面水热迁移机制，于 1998 年被联合国粮农组织（Food and Agriculture Organization of the United Nations，FAO）列为潜在蒸散发计算的首选方法。进入 21 世纪以来，国外学者愈加注重野外实验结果，布设了大量小型气象站点和原位试验场地，将基于下垫面温度、湿度和风廓线解析、考虑植被和土壤含水率变化的微气象引入潜在蒸散发研究中，这种方法的优点是物理意义强，实现了气象学、土力学、渗流理论等多学科交叉，不足之处在于只是结合土壤蒸发和植物蒸腾的单层模型。

20 世纪 50 年代，我国的研究人员开始了蒸散发的研究。最初的工作内容是引入已有的蒸散发经验模型，分析研究区的蒸发能力，随着众多研究的开展，蒸散发方面的研究主要集中在估算结果的对比、气象因子对估算结果的影响和蒸散发的时空变化及敏感因子分析。傅抱璞（1981）指出，潜在蒸散发与水分供应条件和蒸发面湿润程度同为制约陆面蒸发的主要因素，并在水量平衡法和水热平衡法的基础上推导了各阶段的陆面蒸散发，即傅抱璞公式。虽然受限于当时没有可靠的实测资料，但傅抱璞公式的出现标志着国内蒸散发研究进入新阶段。1998 年气象站点和气象卫星的出现，使得获取实时观测资料成为可能。周国良等（1998）利用实时气象资料改进了计算多年平均蒸发能力的 Penman 公式，对全国蒸发能力进行了估算，并结合雨量输入模型，研究了全国实时旱情分级。陈乾等（1993）基于卫星地表覆盖数据和地形资料，提出了适用于西北地区复杂下垫面条件下潜在蒸散发的计算公式，经验证，该种方法对于大流域的月尺度潜在蒸散发误差较小，但仍存在对于小流域误差较大的问题。刘晓英等（2003）选取华北地区 6 个气象站点，探讨了 Priestly - Taylor 法在干旱气候条件下小流域的适用性问题，其研究发现辐射项占比越高，Priestly - Taylor 法与 PM 法吻合程度越高，并指出应对 Piestley - Taylor 法进行适当修正。随后研究人员引入不同方法，根据区域特性校准了简易模型的原始参数。如 Bormann（2011）发现不同估算方法之间存在显著的线性关系，采用线性修正方法能够提高替代方法与 PM 法的拟合程度。范文波等（2012）和贾悦等（2016）则基于贝叶斯原理，分别在玛纳斯河流域及川中丘陵区，对 Hargreaves - Samani 法（即 HS 法）原始系数进行修正，校准后的模型平均误差显著降低，优化了干旱和湿润两种气象条件下 HS 法的应用效果。20 世纪 70 年代，随着卫星遥感技术的快速发展以及应用，将卫星遥感技术与地面微气象学信息的结合，为大面积蒸发量估算提供了新的途径。进入 21 世纪以后，Li 等（2017）等以陕北黄土高原为研究区，利用 Penman - Monteith 公式对研究区内 10 个站点潜在蒸散量进行量化，通过分析气候因子对潜在蒸散量的贡献率和敏感性，评价了气候因子对 ET_0 的影响。Han 等（2018）等计算了京津冀地区 1961—2015 年潜在蒸散量的变化趋势，并采用偏相关分析和多元线性回归的方法确定了影响蒸散发的主要气候驱动因子。钟巧等（2019）等选取博斯腾湖流域作为研究区，结合了 Penman - Monteith 公式和敏感性分析的方法，将流域分为山区和平原区，分别对两个区域的潜在蒸散发时空变化进行分析，并研究了不同气象因子对蒸散量的贡献率。王玉洁等（2021）运用 Penman - Monteith 公式，结合主成分分析及皮尔逊相关检验的方法对元江干热河谷林地内外潜在蒸散发量变化及驱动因素进行了分析。阴晓伟等（2021）通过 Penman - Monteith 公式分析了西北旱区潜在蒸散发的时空分布特征，并对影响研究区潜在蒸散发的气象因子采用 Sobol 全局敏感性方法进行了归因分析。李晨等（2021）根据宁夏地区 1962—2017 年 11 个国家级气象站的逐日气象资料，采用 Penman - Monteith 公式计算宁夏地区潜在蒸散发（potential evapotranspiration，ET_0）日值系列，采用气候倾向率、Mann - Kendall 突变检验、ArcGIS 反距离权重空间插值、敏感性分析和贡献率等方法对宁夏地区 ET_0 时空变化特征及影响因素进行了分析。张颖等（2019）基于新疆地区 1960—2017 年 66 个气象站的观测数据，通过一种简单的参数方程，实现了潜在蒸散发（ET_0）的空间化处理。姚天次等（2020）利用 FAO Penman - Monteith 模型和青藏高原及周边地区 274 个气象站逐日常规观测资料，结合中国生态地理分区方案，对 1970—2017 年高原及周边地区潜在蒸散发的空间格局及突变特征进行了分析。冯雅茹等（2020）以 Penman - Monteith 模型为基准，通过参数修正从 7 个温度类模型中优选出适用于黑河流域潜在蒸散发（PET）估算的最优模型，再根据 CMIP5 中 CSIRO - Mk3.6.0 气候模式输出的研究区未来气候情景数据，对黑河流域历史时期（1961—2015 年）和未来 2021—2050 年、2051—2080 年两个时段的 PET 值进行估算，并从时间和空间尺度 2 个方面分析其变化特征。伍海（2020）、伍海等（2021）以 FAO Penman - Monteith 模型为基准，根据湿度将研究区划分为 5 个干湿区，从相关性、多年均值、年内空间分布以及参数特征等 4 个方面，深入分析温度法、质量传输法、辐射法等 3 类 12 种潜在蒸散发估算方法在我国 31 个省（自治区、直辖市）不同气候区的适用性。马亚丽等（2021）基于黄河流域甘肃段 15 个气象站点 1984—2019 年逐日气象资料，分析 ET_0 时空变化规律，利用定性与定量相结合的方法，揭示 ET_0 与气象因素间的内在关系及驱动因子分析。刘文斐等（2022）以 3 个气候情景（Shared Socioeconomic Pathway，SSP）、6 个性能良好的潜在蒸散发模型（Potential Evapotranspiration Model，PETM）以及第六次国际耦合模式比较计划（Coupled Model Intercomparison Project Phase 6，CMIP6）的 6 个全球气候模式（Global Climate Model，GCM）分别表征情景、模型和模式的不确定性，构建了基于多模式、多情景以及多模型的三维 PET 集合预估框架，得到 108 套预估结果组成的大规模数据集合。鞠琴等（2022）为深入探索气候变化背景下更为精确的潜在蒸散发计算方法，在淮北平原五道沟水文水资源实验站开展了 3 组小型蒸渗仪试验，通过结合平流运动动力项并引入地表净辐射修正参数，基于能量平衡原理提出一种新的潜在蒸散发模型。石欣荣等（2022）基于 1960—2019 年三北地区 396 个气象站点数据，通过 K-means 方法将三北地区划分为 5 个子区域，使用 Segmented 方法诊断了三北地区潜在蒸散发变化趋势的转折点，采用偏微分法定量评估了相对湿度、净辐射、温度、风速等气象要素对 PET 趋势变化的贡献。

1.3.5　水面蒸发演变研究进展

国内外学者对蒸发量这个热门研究领域做的众多分析研究，提供了许多可借鉴的成果，对蒸发量的全面认识起到了很好的指导作用。理论上来说，随着全球气温的升高蒸发量也应该加大，但众多的研究表明，事实与理论预测并不一样。世界大部分地区蒸发量呈显著下降趋势，且分析结果显示研究区域不同，研究方法不同，影响蒸发量变化的主要原因也各有差异。Brutsaert 等（1998）发现俄罗斯、美国西部和东部、印度和委内瑞拉等蒸发量都在减少，这很难与以前被充分证明了的全球降水量和云量的增加相协调，认为在非湿润环境中，蒸发皿蒸发量并不能很好地衡量潜在蒸发量，并且蒸发皿蒸发量的减少实际上提供了陆面蒸发量增加的有力证据。Roderick 等（2007）研究发现蒸发皿蒸发量的减少与观测到的由于云量和气溶胶浓度的增加而导致的太阳辐射的减少是一致的，得出太阳辐射的减少是蒸发皿蒸发量下降的主要原因的结论。Ohmura 等（2002）研究了美国 255 个站点 60 年的资料，着重阐明需要密切了解最近 10 年记录到的太阳辐射与蒸发皿蒸发量之间的关系。Peterson 等（1995）分析了 1950—1990 年在美国和苏联观测到的数据，发现在研究期间蒸发量呈下降的趋势，并研究得出蒸发量下降的主要因素是云量的增加使气温日较差减小。Roderick 等（2011）通过对澳大利亚 1975—2004 年 41 个站点的资料调查发现蒸发皿蒸发量的减少主要是由风速的降低和太阳辐照度的降低造成的。Michael 等（2002）对美国和苏联的蒸发量数据资料进行了详细分析，结果表明，太阳总辐射的变化是引起水面蒸发量变化的最主要因子，云量和气溶胶含量的改变直接影响太阳总辐射。Adebayo（2002）对蒸发皿蒸发量的变化进行了详细分析，研究表明温度的改变不是造成水面蒸发量改变的唯一因素。Cohen 等（2002）对以色列中部 1964—1998 年气象资料的研究发现蒸发皿蒸发量呈上升的趋势，其上升的主要原因是饱和水汽压和风速的增加。Rayner（2007）研究了 1970—2002 年澳大利亚蒸发皿蒸发量的变化，发现风速的下降是蒸发皿蒸发趋势的一个重要原因。McVicar 等（2011）对全球范围内水面蒸发资料进行研究总结，结果表明，不同气象因子对水面蒸发损失都有一定影响，其影响大小依次为风速、空气湿度、太阳辐射。Raimundo 等（2014）得出风速、水-空气温差、相对湿度是影响水面蒸发速率的决定因素。Daud 等（2018）从理论和实验两方面研究了影响水面蒸发速率改变的主要因素，通过使用最简单的液体——水滴来模拟液滴的蒸发过程，研究表明，蒸发速率与液滴之间间距呈正相关，与障碍物的大小呈负相关。

任国玉等（2006）详细分析了全国不同流域蒸发皿所测蒸发量的数据变化与气候因素的关系，研究表明，中国水面蒸发量变化与平均风速、日照时间、气温日较差有显著的正相关关系。左洪超等（2006）研究表明水面蒸发量的改变是多种气象因子共同作用引起的，其中大气相对湿度为最主要的影响因子。刘波等（2006）在对中国北方 45 年蒸发变化趋势分析中得出气温日较差、平均风速是导致蒸发量变化的最主要因子，其次是降水量、空气相对湿度及日照时间。王素萍等（2010）对甘肃省不同气候区蒸发量损失程度及其影响因子进行研究，结果表明，不同季节环境下影响水面蒸发程度的因素不同，夏季为最低温度、日照时间、风速；冬季为风速，一年四季中风速是造成蒸发量变化的最主要气象因素。张彦增等（2011）通过分析河北省水面蒸发量变化趋势得出平均风速、相对湿度、日照时间是影响水面蒸发量改变的重要原因。徐继红（2016）对不同季节收集到的太阳辐射、大气温度、空气湿度和风速等气象数据采用最小二乘法分析其与水面蒸发量的定量关系，结果表明，对于不同季节而言，太阳辐射、大气温度是影响水面蒸发量变化的主要气象因素。李宁（2017）利用风洞实验分别模拟了 7 种不同气候因素下和不同水体表观特性改变下蓄水屋面水面蒸发效果的变化情况，研究表明，气候因素影响大小依次为太阳辐射、环境空气温度、相对湿度、风速；水体表观特性影响大小依次为水深、水面污染程度、水面浅色漂浮物覆盖率。赵长龙等（2020）探究环境因素与蒸发皿材料对水面蒸发量的影响，研究表明，环境因素是影响水面蒸发量改变的重要因素，其影响程度为饱和水汽压差、水面温度。谢睿恒等（2020）分析了中国近 50 年接近 1302 个站点蒸发皿所测蒸发量的时空分布特征，并探讨了影响蒸发皿蒸发量变化的主要气候因子。肖曼珍等（2021）对中国南北过渡带水面蒸发的时空变化及其未来变化趋势进行研究，结果表明，水面蒸发量将持续上升，造成此结果的主要原因是近年来全球平均气温的升高。Yang 等（2019）利用全球海洋的月蒸发资料研究了太阳辐射、空气相对湿度、水表面温度等气象因子对水面蒸发的影响，研究表明，太阳辐射、水表面温度是决定蒸发速率的最主要因素。申双和等（2008）利用中国 472 个气象站 1957—2001 年的蒸发皿实测资料，得出我国大部分地区蒸发皿蒸发量呈下降趋势，造成蒸发皿蒸发量下降的主要原因为风速和日照时数的下降。秦年秀等（2009）根据贵州省 18 个气象站 1961—2001 年每日气象观测数据，分析得出太阳净辐射是贵州省蒸发量显著下降的主要影响因素。李岳坦等（2010）对青海湖流域 1961—2007 年蒸发皿蒸发量进行分析，结果表明蒸发皿蒸发量呈下降趋势，日照时数的减少导致了气温日较差变小和空气饱和差的减小，是造成该研究区域蒸发皿蒸发量减小的主要原因。熊玉琳等（2020）通过对 1960—2012 年海河流域 17 个气象站的气象资料的研究，发现日照时数是造成海河流域蒸发量变化的最大原因。闵骞等（2006）对鄱阳湖周围 5 个站点的水面蒸发量进行了分析，认为相对湿度的上升趋势是鄱阳湖水面蒸发量下降的主要原因，还有很多其他的气象因素也影响着蒸发量的变化。贾文雄等（2009）分析了祁连山 20 个气象站 1960—2006 年的气象资料，得出风速是影响祁连山和河西走廊潜在蒸发量变化的主导要素。柳春等（2013）发现黄河流域除河套地区东部呈显著增加、其他地区蒸发皿蒸发量均呈在下降，气温上升是造成地区蒸发量上升的主要原因，而风速减小则是引起地区蒸发量减少的主要原因。张鹏飞等（2019）分析渭河流域内 21 个气象站 1978—2015 年的蒸发量，研究认为气温是影响渭河流域蒸发量的主导因子。王冰等（2015）利用烟台市 1971—2010 年的气象站资料进行了分析，结果表明烟台地区年蒸发皿蒸发量呈下降趋势的主要影响因素是相对湿度的增加和日照时数的减少，而各个季节蒸发皿蒸发量变化的影响因素也各有各的不同。朱晓华等（2019）利用全国 751 个站点 1961—2017 年的逐日气象观测资料进行研究，发现在 1961—1993 年，中国地区存在"蒸发悖论"现象，影响蒸发皿蒸发量的主导气象因素为风速，1994—2017 年"蒸发悖论"现象消失，此时主导因素为饱和水汽压差。赵晓松等（2015）对鄱阳湖夏季水面蒸发量与蒸发皿蒸发量进行对比分析，得出蒸发皿蒸发与净辐射、气温、饱和水汽压差和相对湿度均显著相关。冯钦（2015）在介绍小型蒸发器基本情况及工作原理的基础上，分析了利用小型蒸发器观测水面蒸发量的常见问题，得出用小型蒸发器对水面蒸发量进行观测时，必须首先建立蒸发观测的标准仪器，并将仪器观测与计算方法结合起来，以期获取更高质量、更有价值的水面蒸发数据。杨文瑞（2015）对碧流河流域茧场水文站两种蒸发进行对比分析与计算，得出茧场水文站的水面蒸发折算系数。杨涛（2017）选用新疆奎屯河流域范围内 16 个气象测站 E601 型蒸发器和 ϕ20 型蒸发器的水面蒸发同期观测资料，计算了两种蒸发量的折算系数，并分析了两种蒸发量观测值的相互关系。刘翠善等（2017）利用澜沧江流域典型站点的水面蒸发同步观测资料，得出不同蒸发皿实测水面蒸发量之间的转换关系。曹春号等（2019）研制了一种可以通过手机进行水面蒸发量在线检测的装置，提高了水面蒸发量在线检测的智能化水平。赵长龙等（2020）针对环渤海地区，通过对 ϕ20 型蒸发皿进行漂浮试验与材料对比试验，得出热传导率小的陆面蒸发器比铁、铜等常规蒸发器的测定精度高，饱和水汽压差与水面温度是影响水面蒸发的主要气象因素。张新潮（2020）通过订正水汽压力差，得出更接近于衡水湖水面蒸发量的漂浮 E601 蒸发量。张莉等（2021）就 FFZ-01Z 型数字式水面蒸发器在丹江口水库蒸发站收集的蒸发数据与人工观测数据进行对比分析，得出 FFZ-01Z 型数字式水面蒸发器可以实现自动监测数据，精度满足要求。

1.3.6 泥沙演变研究进展

流域泥沙的输移与沉积等过程是泥沙输移规律的主要研究内容，始终是水科学等研究领域的重点研究方向（钱宁等，1983）。泥沙输移比是衡量流域泥沙输移能力的关键指标。在美国，一些学者通过研究得出结论，某一流域的泥沙输移比与其集水面积的 0.2 次幂成反比。Wolman（1977）认为随着泥沙运动时在河道系统的周期性滞留，侵蚀和搬运是不稳定和不连续的。早在 20 世纪 70 年代中期，Williams（1975）使用泥沙输移时间和泥沙粒径两个变量建立了泥沙输移比方程，且该方程具有一定的物理基础。20 世纪 80 年代，Rose（1983）构建了泥沙沉积和输移以及降雨分散数学模型，该模型是以泥沙输移规律和水文学等理论为基础。

输沙率作为流域内径流的主要来源，控制着地表径流的大小，而气温的变化则会对流域的输沙率特征产生影响，进而对径流产生影响。Collins 等（2008）探究了气候变化对干旱地区泥沙产量的影响，发现干旱半干旱气候下的泥沙产量最高，潮湿气候下的泥沙产量下降。Bussi 等（2016）模拟了气候变化对英国泰晤士河悬浮泥沙输送的影响，结果表明输沙率对泥沙输送的影响大于气温。

水文模型是水文研究的重要方法和手段，模型模拟法的优点是周期短，干扰因素少，可以进行较长时间尺度的研究，且模拟结果可靠。Nilawar 等（2018）研究了印度普尔纳河流域的气候和土地利用变化对河流流量和泥沙浓度的影响。Alibuyog 等（2009）利用 SWAT 模型预测了曼帕帕里河小流域土地利用变化对径流和泥沙产量的影响，结果发现耕地和农业用地的增加会增大流域内的产流产沙量。Simonneaux 等（2015）利用 STREAM 模型模拟了摩洛哥的半干旱山地不同土地利用情景下的土壤侵蚀状况，结果显示荒地面积的增大与土壤侵蚀量的增加成正比。Gessesse 等（2015）的研究表明，在埃塞俄比亚的莫佐流域，植被覆盖的降低导致流域的径流量和土壤流失量分别增加了 14.2%和 37%，导致流域中近 95.2%的地区成为土壤流失率中度甚至严重的区域。

为了有效应对使用传统方法获取泥沙来源的问题和制约因素，20 世纪 70 年代，一些科研工作者开始利用指纹识别技术定量研究细颗粒泥沙来源。泥沙来源"指纹"示踪技术基于流域侵蚀产沙过程划分潜在泥沙源地，根据泥沙源地物源特性筛选出具有诊断能力的"指纹"因子，通过建立出沉积区与各物源区之间的关系模型，定量描述各潜在泥沙源地对沉积区泥沙的相对贡献。泥沙来源"指纹"示踪技术需满足 3 个重要前提：①具有诊断性，指纹因子在流域各潜在泥沙源地间存在显著差异；②具有保存性，指纹因子的性质不随泥沙输移、运动、沉积过程环境变化而变异；③具有判别能力，基于流域侵蚀产沙物理过程的定量模型具备估算流域内部各潜在泥沙源地对流域产沙相对贡献的能力。泥沙来源"指纹"示踪技术可为流域尺度侵蚀产沙的时空分布格局和侵蚀机制研究提供技术手段，为流域侵蚀产沙平衡计算、水土流失现状调查、水土保持效益评价、流域水土流失及面源污染管理等提供科学理论指导。"指纹"示踪技术的最初应用是基于对单一指纹因子的定性解释，这些指纹因子主要包括不同土壤类型所具有的特定的颜色、粒度和矿物形态等基本物理性质。Laceby 等（2017）探讨了地质特征判断和统计分析等复合指纹选择方法，认为指纹因子的选择对研究结果具有显著影响。Laceby 等（2017）的研究中又系统阐述了泥沙粒径效应对指纹因子含量变化以及指纹判别结果的影响。Nosrati 等（2014）采用贝叶斯混合模型对指纹识别结果的不确定性作了定量分析。复合指纹判别方法的假设前提是指标（指纹因子）对源区的辨别能力可以直接反映其对源区贡献率的计算准确性，因此可以用指标（指纹因子）的判别能力筛选最优的指纹因子组合。

21 世纪以来，国内学者从土地利用变化、气候变化，并利用模型进行径流泥沙方面的研究。郝芳华等（2003）发现，森林、农业用地面积的增加会增加洛河上游卢氏水文站以上流域中的泥沙量，而草地面积的增加则会减少泥沙的产量。庞靖鹏等（2010）以 20世纪 90 年代的密云水库流域为研究区，发现耕地状态下的土壤侵蚀强度要大于草地和林地状态下的土壤侵蚀强度，增加草地、林地，减少农田是改善水土流失的重要手段。朱楠等（2016）以 1995 年黄土高原沟壑区典型小流域罗玉沟流域的土地利用类型为基准，通过极端情景设置法改变研究区的土地利用，发现林地、梯田的增加会导致泥沙量减少80%。陈利群等（2006）发现，吉迈水文站以上流域，径流主要受温度的影响，而玛曲到唐乃亥站之间的流域，降雨量的影响为径流变化的主要原因。徐宗学等（2006）分析了黄河源区 1959—1997 年的气象要素变化特征，发现除温度为上升趋势外，研究区的蒸发量、输沙率量都是下降趋势。Hui（2015）则在 IPCC A1B 排放情景下，基于 Reg CM3 对源区未来气候（2010—2098 年）进行了预测，发现未来高海拔地区夏季输沙率的减少量会增加，冬季反而降低，同时高海拔地区冬季变暖比低海拔地区更加明显，强输沙率的频次也会随着时间的增加而增加。孙倩等（2018）选取 Mann - Kendall 趋势检验法，Pettitt 突变点检验法，位置、尺度、形状的广义可加模型以及累积量斜率变化率比较法对黄河中游多沙粗沙区 15 个水文站控制流域 1956—2010 年的年降水量、年径流量以及年输沙量变化特征及其贡献率进行分析，确定了影响黄河中游多沙粗沙区径流量和输沙量变化的主要原因。奚建梅（2020）以黄河源区为研究区，基于 DEM、土地利用、土壤、气象和坡度等数据，构建了基于 SWAT 模型黄河源区径流泥沙模拟模型，结果表明，SWAT 模型在黄河源区径流泥沙的模拟中有很好的适用性，模拟结果发现气候变化和人类活动对泥沙量的贡献率分别为 23.1% 和 76.9%。王小康（2022）选取榆林市沙沟坝典型小流域为研究区，基于小流域历史降雨数据和赋存于淤地坝沉积旋回中的侵蚀产沙信息，利用复合指纹识别技术量化了退耕还林近 20 年来小流域不同泥沙源的相对泥沙贡献率，分析了退耕还林以来小流域侵蚀产沙年际变化规律以及退耕还林不同阶段小流域侵蚀产沙特征，揭示了流域侵蚀产沙对降雨和植被覆盖的响应机制。朱金凤（2021）以黄土高原昕水河流域为研究对象，分析研究区不同阶段（1986 年、1995 年、2005 年、2015 年）土地利用类型时空变化的特征及其驱动因素，并在此基础上通过分析修正的连通性指数（IC）和地形水文响应单元指数（Slope-HRU）与研究区输沙量的关系，反映不同指数表征研究区侵蚀产沙特征的能力，并基于两种指数分析研究区内泥沙连通性的时空变化特征，分析影响泥沙连通性的潜在控制过程的因素及其贡献率，对比分析两种指数在揭示昕水河流域侵蚀产沙的作用。李志强等（2018）利用 1980 年、2000 年、2015 年 3 期土地利用数据，结合 SWAT 模型模拟桃江流域 1981—2013 年的径流与泥沙，分析土地利用方式对土壤侵蚀的影响，并定量评价居龙滩水电站的拦沙效应。梅嘉洺等（2020）以旬河流域为研究区，选取旬河上游、中游、下游 12 个典型流域，借助 SWAT 模型对各支流泥沙进行了模拟分析，在此基础上，通过 1995 年和 2015 年遥感影像解译及景观指数分析，探究了流域内部景观格局变化及其与河流输沙量的关系。何灼伦（2020）选取青海湖流域主要河流水文站观测资料，采用特征值统计法、时间序列趋势法、累积距平分析法、Mann-Kendall 非参数检验法对河流泥沙影响因素进行了分析。叶军（2021）基于近 50 年新疆玛纳斯河流域肯斯瓦特、红山嘴两个水文站的实测数据，对流域径流特征进行分析，对洪水、泥沙的特性和成因进行总结，并计算得到洪峰和泥沙总量。吴协保等（2021）基于 2018 年发布的第 3 次石漠化监测成果数据和《中国河流泥沙公报》数据，运用数理统计、图表功能和相关性分析，研究了珠江流域石漠化土地与河流泥沙含量动态变化关系。袁静等（2021）基于小流域平行对比观测法，以南小河沟流域中杨家沟、董庄沟小流域为主要研究对象，采用统计学、双累积曲线、统计模拟、综合归因等方法研究了小流域深度治理对流域地表径流、泥沙的作用和影响。李新杰等（2021）从水利枢纽的调沙潜力、输沙潜力和泥沙资源利用潜力的各特征指标出发，结合水利枢纽的共性指标，建立骨干枢纽群的泥沙调控利用潜力评价指标体系，提出了基于多目标灰靶理论-累积前景理论的水利枢纽泥沙调控利用潜力量化方法。张田田等（2022）基于 SWAT 模型，结合了丹江流域 2000 年、2008 年和 2018 年三期土地利用数据和 2008—2018 年气象数据，定量分析了流域径流量和泥沙量在不同土地利用情景下的变化。李梦楠等（2022）以黄河中游无定河流域为研究对象，从量级、时间、强度和频次四方面，构建最大 1 日含沙量、最大 5 日含沙量、年最大 1 日含沙发生时间、年最大 5 日含沙发生时间、年均含沙量、强含沙量、极强含沙量、高含沙水流日数共 8 个极端泥沙指标，采用 Mann-Kendall 趋势检验、圆分布统计法分析极端泥沙指标的变化趋势及时间分布特征，基于 Pettitt 检验判定指标变异时间，并应用 RVA 法定量评价各指标的变化程度，最后探讨降雨侵蚀力和生态建设措施对极端泥沙变化的影响以及造成极端泥沙变化的主要因素。

1.3.7 疏勒河流域水文气象要素研究进展

关于疏勒河流域水文气象要素研究方面，不同学者针对不同要素采用不同方法开展了相关研究，取得了一定成果。径流研究方面，杨春利等（2017）利用1958—2015年疏勒河出山口昌马堡水文站径流资料以及同期流域气象资料，揭示了疏勒河出山径流及其对流域气候变化的响应。李培都等（2018）根据1972—2011年疏勒河年径流量的实测数据，应用倾斜趋势分析、Mann-Kendall突变趋势检验等方法分析了疏勒河年径流量的变化特征，并利用BP神经网络和粒子群-神经网络对其进行了模拟预测。张文春（2019）通过对疏勒河干流出山口昌马堡水文站多年年平均流量资料的分析研究，揭示了疏勒河出山口控制站径流量变化的基本规律。周嘉欣等（2019）基于疏勒河上游昌马堡水文站2007—2016年日径流资料，运用单参数数字滤波法、平滑最小值法、递归数字滤波法和HYSEP法（固定步长法、滑动步长法、局部最小值法）对其进行基流分割计算。李洪源等（2019）选取位于青藏高原东北边缘、祁连山西段的疏勒河上游作为研究区，利用包含冰雪消融模块的寒区水文模型分布式SPHY模型（Spatial Processes in Hydrology model）对流域的径流过程进行定量模拟，根据模拟结果分析了疏勒河上游近45年径流组成及径流与各组分的变化特征。孙栋元等（2019）基于疏勒河流域昌马堡站1953—2014年观测资料，采用累积距平、距平百分率和叠加马尔科夫链预测模型，研究了62年流域径流量的变化特征，并对径流变化进行了预测。孙栋元等（2020a，2020b）选取疏勒河干流昌马堡、潘家庄和双塔堡水库站多年实测月、年天然径流作为数据资料，利用线性倾向、Mann-Kendall等方法，研究了疏勒河干流径流量年、年内、年际、季节变化和突变特征。李雅培（2021）以疏勒河流域为研究区，利用趋势分析和突变分析等方法，探究了1981—2015年疏勒河流域降水、气温、径流等要素的变化特征，并选用分布式水文模型PRMS对疏勒河出山径流的变化进行模拟，分析了不同气候变化情景下疏勒河流域气温和降水的未来变化趋势，实现了对疏勒河流域出山径流的预测。孙美平等（2022）基于1954—2016年昌马堡水文站日径流数据、疏勒河流域周边气象站和探空站观测数据和两次冰川编目数据，采用线性趋势、经验模态分解、分层回归等方法系统分析了疏勒河上游径流长时间序列变化特征及可能影响因素。周婷等（2022）利用极限学习机（ELM）模型、支持向量机（SVM）模型、多元自适应回归样条（MARS）等机器学习方法建立了疏勒河上游未来1~7日的径流预测模型，并运用贝叶斯模型平均（BMA）方法对ELM、SVM、MARS模型的预测结果进行组合，构建了径流组合预测模型，以获取更可靠的预测结果，并采用蒙特卡洛抽样方法获取BMA的95%置信区间，对预测结果进行了不确定性分析。贾玲等（2022）采用1956—2020年疏勒河上游昌马堡水文站逐月径流量资料，选取基尼系数、洛伦兹不对称系数等8个径流年内分配特征指标，结合M-K检验、R/S分析等多种统计方法，从年内、年际综合分析疏勒河上游径流演变规律。王学良（2022）等基于1956—2021年疏勒河、石油河和党河出山口水文站的实测径流量和托勒气象站以及再分析气象数据，采用Sen's slope估计法、Mann-Kendall检验法，分析了3条河流径流变化特征及其成因。

泥沙蒸发研究方面，付瑾（2018）通过坎德尔秩次相关法、斯波曼秩次相关法、距平分析法等水文统计方法对疏勒河泥沙演变规律及变化趋势进行分析，采用李-海哈林检验法对疏勒河泥沙进行跳跃性检验分析，并对分析结果用 t 检验、秩和检验、游程检验方法进行验证，计算得到疏勒河泥沙跳跃变化的发生年份及跳跃量。严宇红等（2019）应用疏勒河流域实测长系列水文资料，采用水文统计法、差积曲线法、趋势检验法、突变检验法、非线性复相关模型法等方法，分析了流域泥沙时空分布规律及水沙关系。周妍妍等（2019）以疏勒河流域为例，利用 DEM、MODIS 和气象数据，基于能量平衡原理的土地地表能量平衡算法（Surface Energy Balance Algorithms for Land，SEBAL）模型，运用 ArcGIS 软件在栅格尺度上反演出该流域的地表蒸散量，并探究其时空变化特征。马亚丽等（2022）基于疏勒河流域 10 个气象站点 1984—2019 年逐日资料，采用聚类分析、灰色关联度分析、通径分析、敏感系数法等多种定性定量分析方法，确定主导驱动因素以及 ET_0 变化对主导因子敏感程度及贡献大小。

气温研究方面，程玉菲等（2019）通过对疏勒河流域极端气温、降水事件以及极端水文事件的分析，得出疏勒河流域年际气温升高趋势明显，表征高温的极端气温指数呈现显著上升趋势，表征低温的极端气温指数呈显著下降趋势，说明疏勒河流域气温增幅明显。刘红国（2020）对疏勒河流域水文气象要素进行趋势分析得出，区域内各气象站 1960—2002 年的实测气温变化过程线的总体趋势一直处在升温状态，变化显著。贾玲等（2022b）基于疏勒河流域瓜州站、玉门站和敦煌站 1951—2018 年月气温极值数据，采用线性倾向、滑动平均等方法分析了疏勒河流域气温年、季极值变化特征、突变特征以及周期特征。

降水研究方面，常继青等（2014）对比分析了甘肃黄河流域及内陆河疏勒河流域降水径流的年际变化特性。张丽（2015）基于 1956—2013 年疏勒河流域实测降水资料，通过插补延长形成长系列降水资料，用变差系数 C_v 值和年极值比对降水年际变化的总体特征进行分析，采用坎德尔秩次相关法、斯波曼秩次相关法、线性趋势回归法进行检验，表明山区降水显著性减少。宋阁庆等（2016）基于疏勒河流域水文站和雨量站的观测数据，建立了多年平均降水量和地形因子（包括纬度、经度、地形高程）的关系模型，根据该模型，利用 AcrGIS 及 Suffer 平台绘制了疏勒河流域多年平均降水量等值线，模拟疏勒河流域降水整体空间分布格局。张昌顺（2015）利用疏勒河流域山前代表站党城湾、昌马堡、鱼儿红、玉门市站 1978—2014 年实测逐月降水与气温资料，利用距平分析法、坎德尔秩次相关检验法、皮尔逊Ⅲ型降水量频率曲线、降水量模比系数等相关水文统计方法对流域内山前区降水量、年均气温变化趋势进行分析，结果表明山前区降水量有自东南至西北递减的趋势，降水量年内分布不均匀，年际分布呈周期性增减过程。孙栋元等（2019）利用疏勒河干流 3 个水文站 1956—2016 年逐月、逐年降水数据作为基础资料，采用线性倾向、累积距平、滑动平均、M-K 突变检验等方法，分析疏勒河干流降水量年变化、年内变化、年代际变化、季节变化和突变特征。王静（2022）收集了区域内 6 处雨量站点的雨量数据，采用时序累积法、模比系数差积曲线对系列资料的合理性进行了分析，表明降水量演变呈增加趋势，但趋势不显著，C_v 值在 0.30～0.55 之间，极值比在 3.36～64.00 之间。颜明慧等（2022）基于疏勒河干流雨量站 1956—2015 年近 60 年的降水量观测资料，采用坎德尔秩次相关法、斯波曼秩次相关法、线性趋势回归法进行检验,表明流域前山区降水量增加显著减少。

综上所述,水文气象要素变化不断影响着区域水文气象过程,水文气象要素变化趋势在时空分布上存在一定差异。国内外学者针对水文气象要素从不同区域、不同尺度、不同时间序列,采用不同方法和模型开展了许多研究,取得了许多可喜成果,虽然成果结论有所差异,但对研究水文气象要素方面有极大的促进和推动作用,并丰富了水文气象要素研究方法,增加了水文气象要素变化等方面内容研究的不断深入,然而针对变化环境下干旱内陆河流域水文气象要素方面的研究还有待于进一步加强,以此来了解区域水文气象变化的时空分布差异有助于加深对区域及全球气候变化的认识和理解,为应对气候变化和水资源科学调控与利用循环提供科学合理的决策依据。

1.4 拟解决的关键科学问题

1.4.1 变化环境下干旱内陆河流域径流演变规律

径流作为水资源的重要组成部分和存在形式,是地表水循环的重要环节和水量平衡的基本要素,更是社会经济发展用水的最主要来源,分析其变化特征有助于深入了解地表水资源变化规律,同时为流域水资源综合管理、合理开发和保护生态环境提供科学依据。径流受自然和人为双重因素共同影响,能刻画影响因素对区域水文循环和水资源状况的影响,因此,径流量变化呈现一定周期性和随机性等。针对干旱内陆河流域径流特点,分析其变化规律与特征,揭示流域水资源变化规律,从而为流域水资源高效管理和科学调配提供参考和技术支撑。在气候变暖背景下,我国西北干旱区冰川普遍退缩,其融水补给的内流水系径流变化趋势以及对气候变化的响应规律一直备受关注。疏勒河流域位于祁连山西段,其水资源是维持下游绿洲及城镇稳定和繁荣的重要保障。由于特殊的地理位置,疏勒河流域在我国西部生态安全和经济发展中具有十分重要的战略地位。因不合理的水资源利用,生态环境呈现不同程度恶化,同时受人类活动不断影响,从而限制和影响区域经济社会可持续发展。然而针对疏勒河流域径流系统性方面的研究还相对欠缺,尤其在强人类活动影响下流域径流时序变化特征研究还相对薄弱。因此,开展变化环境下流域径流变化特征研究,揭示流域径流演变规律和变化趋势,掌握流域水资源动态变化规律,为流域水资源综合利用提供基础支撑,更为揭示干旱内陆河流域径流演变规律和干旱区水资源变化研究提供科学依据。

1.4.2 变化环境下干旱内陆河流域气温变化规律

气温作为气候变化研究最主要、最直接的指标,不仅能够综合反映地球表层系统的热量状况,而且是划分自然地域系统界限的关键因子,是气候变化研究的重要对象之一。同时,气温也是地表陆面过程模型、水文模型、气候模型等众多模型必需的重要参数。温度的重要性不言而喻,主要体现在以下几个方面:①气温是检测气候是否发生变化的基础指标,它与降雨、相对湿度等其他反映气候变化的指标关系密切;②气温变化与人类生产和生活以及自然栖息地都有很大的影响,气温变化会对人们的衣、食、住、行产生影响,甚至人类的身体健康、情绪也会受到气温变化的影响,并将对国家的发展产生更深刻的影响；③气温变化将致使生态环境发生变化。已有研究表明气温升高将导致海平面上升、降水重新分布、极端天气频发等后果；④气温变化还影响着经济生产。世界银行和国际货币基金组织研究发现气候变化将使世界经济发展的不平等进一步加剧，收入较低的国家受到的打击最大。气温受地势地貌影响明显，不同地区的自然地理和气候条件有很大差异，因此导致气候变化的原因也不尽相同。全球干旱半干旱区是近百年来增温最显著的地区，特别是北半球中纬度干旱半干旱区年平均增温是全球陆地的 2～3 倍，对全球陆地平均增温的贡献率超过 50％。因此深入分析不同地区气温变化特征，对于科学理解气候变化引起水文气象因素的作用机制和科学应对气候变化具有重要意义。疏勒河流域因其特殊的地理位置和地形对我国西北地区乃至全国气候变化和生态环境有着极其重要的影响，因此，开展变化环境下气温变化特征研究，揭示流域气温演变规律和变化趋势，以此为疏勒河流域自然灾害防治、促进农业生产高质量发展、水资源合理调配等方面提供参考，为区域极端气候、灾旱预测、预警与评估提供可借鉴依据，更为揭示干旱区流域气候变化规律提供科学依据。

1.4.3　变化环境下干旱内陆河流域降水演变规律

降水作为水文循环的重要环节，是决定区域水资源量时空分布特征最重要的因素，也是区域自然地理特征重要表征要素与关键环节。降水量变化特征研究为气候变化、水文预报、区域水资源分布提供了重要依据，不仅直接影响着区域地表及地下水量，乃至全球的水分平衡，还影响着区域干旱、洪涝等自然灾害的形成以及自然生态环境、社会经济活动和农业生产等方面。因此，研究区域降水量变化特征，掌握区域水文气候演变规律，从而为区域水资源综合管理与科学配置提供重要参考和借鉴依据。但由于受地域性、区域性和下垫面因素影响，不同区域降水呈现其独有的变化特性，尤其是干旱内陆河流域，由于其独特地理环境和水文气象特征，其降水量变化特征深刻影响着区域气象过程和水文过程，加之气候变化和强烈的人类活动影响，降水量在区域呈现不同的演变规律和变化态势。目前，针对干旱内陆河流域降水变化方面的研究仍然相对欠缺，特别是有关疏勒河流域降水方面的研究。因此，针对疏勒河流域特殊地理位置和气候状况，开展变化环境下流域降水变化研究，探究流域降水变化规律与差异性，揭示变化环境下流域降水演变规律与变化趋势，从而为指导区域水资源综合管理、促进社会经济发展、保护生态环境等方面提供基础依据与技术支撑，更可为揭示干旱内陆河流域降水演变规律和干旱区气候变化研究提供科学依据。

1.4.4　变化环境下干旱内陆河流域水面蒸发与潜在蒸散发演变规律

蒸发、降水与径流构成了水循环的主体，并称为水量平衡的三要素，所有与水有关的研究都离不开这三者的参与。蒸散发不仅仅指的是水面和陆面的蒸发，还包括植被蒸腾。蒸散发在水分运动过程中占有极为重要的地位，它既是水量平衡也是能量平衡的重要组成部分，同时又与植物的生理活动以及生物产量的形成有着密切的关系。蒸散发作为全球水文循环过程中极其重要的环节以及能量平衡的重要组成部分，是水文学领域的重要研究方向，同时蒸散发作为一个可以直接体现水量变化的变量，成了相关领域研究对象的重点。水面蒸发指的是江、河、湖、海、池塘等水面的水分在充分供水的条件下转化为气态逸出水面的过程。水面蒸发是一个复杂的物理过程，其作为水循环过程中的主导因素之一，是地球上水量平衡的主要组成要素，也是决定大气候及区域气候的重要因素。水面蒸发的研究对于区域气候变化、合理开发利用水资源、旱涝变化趋势研究、土壤盐渍化的防治工作以及农作物的灌溉用水量的估算都具有重要意义。

潜在蒸散发表示在充足的供水条件下的最大可能蒸发，是衡量一个地区蒸散能力的重要指标。潜在蒸散发作为基本的陆地气候变量，是描述一定天气气候条件下蒸散过程的能力，是实际蒸散量的理论上限。潜在蒸散发能够指示区域的蒸发能力，是连接大气与地表水热条件的重要参量，也是指示极端气象事件的重要指标之一。潜在蒸散发是气候系统中能量平衡和水循环的重要部分，与降水的共同作用决定了一个地区的干湿程度，在估算农业灌溉以及生态需水的过程中起到了关键性作用。潜在蒸散发作为解释水文气候变量的关键因子，对于理解陆地表面干旱研究尤为重要。潜在蒸散发是水循环和水系统中重要的气候要素，是一个综合性的气象因子，也是预测气候变化对水资源影响方法或模型中的关键变量，其模拟准确与否直接影响预测的合理性。因此，潜在蒸散发的研究逐渐受到水文水资源、气候变化、农业等的广泛关注。

水面蒸发和潜在蒸散发作为蒸发研究的关键方面，越来越受到众多学者的重视。研究蒸发是了解气候变化规律的前提，农林业和水资源等与蒸发联系密切，研究蒸发对天气预报、干旱预警、防洪防灾等与人类生产和生活休戚相关的其他领域具有十分重大的意义。不仅气候变化与人类活动的变化影响着蒸发量在时间和空间上特征的变化，蒸发量的变化也反作用于气候变化与人类活动，对全球的发展带来间接的影响，例如蒸发将对北半球热带反气旋的形成和变化产生极大的影响，蒸发将通过季风降水的变化对亚热带反气旋产生明显影响从而造成全球大气环流的实质性变化，全球的降水、气温在相当大的程度上依赖于蒸发量的大小。干旱半干旱地区降水量小，蒸发强度大，生态环境脆弱，对气候变化的响应更敏感，因此，开展变化环境下疏勒河流域水面蒸发和潜在蒸散发研究，揭示变化环境下流域水面蒸发和潜在蒸散发时空演变规律和变化趋势，不仅可以丰富水循环理论，应对气候变化带来的风险与挑战，为维护区域生态环境稳定和促进区域生态、农业及社会经济可持续发展等方面提供信息支持，而且可以提高对多时空尺度蒸发演变特征及干旱反馈机理的科学认知水平，更为干旱预警预测研究提供科学依据。

1.4.5　变化环境下干旱内陆河泥沙演变规律

流域作为河川径流泥沙输移的基本单元，水沙变化受降水、植被、土壤性状等自然要素以及人类活动因素的综合影响。泥沙是河道冲淤变化的主要特征，从河流泥沙的大小可以判别出河道冲淤、水土流失治理、水资源及水生态质量，也是河川径流质量的主要评价依据。河流泥沙主要来源于流域地表侵蚀和上游河槽冲刷，包括降水引起的面蚀，重力引起的山崩以及降水和重力共同引起的泥石流等，与流域内的气候、土壤、植被、地形、地貌、人类活动、河道水流挟沙能力等因素有关。河流泥沙是反映流域生态环境状态的一个重要指标，是河流自身演变及气候、流域下垫面、水土流失、人类活动的综合产物。河流的含沙量和输沙量是反映一个地方水土流失的主要指标，同时河流泥沙含量也是水资源质量的指标之一。河流泥沙含量增加是水土流失加剧的直接表现。河流泥沙含量增加，一方面使河流水质变差；另一方面其挟带的泥沙淤积直接造成水库和湖泊容积损失、河道河床（包括渠道）抬高，进而影响防洪、供水、发电、灌溉等效益的正常发挥。因此，开展变化环境下流域泥沙变化研究，揭示变化环境下泥沙演变特征，对促进流域内水资源质量评价、水生态修复、水土保持、耕地开发及植被保护具有一定的指导作用。

1.5 基 本 数 据

1.5.1 水文数据

水文数据主要来源于甘肃省水文部门。疏勒河流域涉及的水文站有昌马堡站、潘家庄站、双塔堡水库站、党城湾站、党河水库站。径流分析采用昌马堡站1956—2020年、潘家庄站1959—2020年、双塔堡水库站1956—2020年、党城湾站1966—2020年和党河水库站1977—2020年的逐月和全年径流量数据作为基础资料。降水分析采用昌马堡站1956—2020年、潘家庄站1959—2020年和双塔堡水库站、党城湾站、党河水库站1960—2020年的逐月和全年降水量数据作为基础资料。水面蒸发分析采用昌马堡站、双塔堡水库站、党城湾站、党河水库站的1980—2020年逐月和全年水面蒸发量数据作为基础资料。泥沙分析采用昌马堡站、潘家庄站1956—2020年和党城湾站1972—2020年的逐月和全年泥沙输沙率数据作为基础资料。疏勒河流域水文气象监测站信息见表1-1。

表1-1 疏勒河流域水文气象监测站信息

站名	编号	类别	监测项目	所在省份	地理位置		地面高程/m	资料系列长度
					东经	北纬		
昌马堡	01420800	水文站	径流、降水、气温、蒸发、泥沙	甘肃	96°51′	39°49′	2112.0	1956—2020年
潘家庄	01421400	水文站	径流、降水、气温、泥沙	甘肃	96°31′	40°33′	1340.0	1956—2020年
双塔堡水库	01421600	水文站	径流、降水、气温、蒸发	甘肃	96°20′	40°33′	1300.0	1956—2020年
党城湾	01423600	水文站	径流、降水、气温、蒸发、泥沙	甘肃	94°53′	39°30′	2176.8	1956—2020年
党河水库	01424000	水文站	径流、降水、气温、蒸发	甘肃	94°20′	39°57′	1375.5	1956—2020年
马鬃山	52323	气象站	气温、降水、蒸发	甘肃	97°2′	41°48′	1770.4	1984—2019年
敦煌	52418	气象站	气温、降水、蒸发	甘肃	94°41′	40°9′	1139.0	1951—2020年
瓜州	52424	气象站	气温、降水、蒸发	甘肃	95°46′	40°32′	1170.9	1951—2020年
玉门	52436	气象站	气温、降水、蒸发	甘肃	97°2′	40°16′	1526.0	1953—2020年
金塔	52447	气象站	气温、降水、蒸发	甘肃	98°54′	40°0′	1270.5	1984—2019年
酒泉	52533	气象站	气温、降水、蒸发	甘肃	98°29′	39°46′	1477.2	1984—2019年
红柳河	52313	气象站	气温、降水、蒸发	新疆	94°40′	41°32′	1573.8	1984—2019年
冷湖	52602	气象站	气温、降水、蒸发	青海	93°20′	38°45′	2770.0	1984—2019年
大柴旦	52713	气象站	气温、降水、蒸发	青海	95°22′	37°51′	3173.2	1984—2019年
托勒	52633	气象站	气温、降水、蒸发	青海	98°25′	38°48′	3367.0	1984—2019年

1.5.2 气象数据

气象数据主要来源于气象部门。气温分析采用敦煌站 1951—2020 年、瓜州站 1951—2020 年、玉门站 1953—2020 年的逐月和全年气温数据作为基础资料。潜在蒸散发分析采用马鬃山、金塔、酒泉、红柳河、冷湖、大柴旦、托勒等站 1984—2019 的逐月和全年数据作为基础资料。

1.6 研究方法与技术路线

1.6.1 研究方法

1.6.1.1 气候倾向率

气象要素的时间序列可用一元线性回归模型拟合，即

$$y = bx + c \tag{1-1}$$

式中：y 为水文气象要素（降水量或气温）；x 为时间尺度；b 为线性趋势项，正值表示降水量或者气温增加，负值表示减少，$10b$ 即为气候倾向率，表示气象要素 10 年的变化值；c 为截距。

1.6.1.2 累积距平

累积距平是一种常用的、由曲线直观判断变化趋势的方法，同时通过对累积距平变化曲线的观察，也可以划分变化的阶段性。对于时间序列 x，其某一时刻 t 的累积距平表示为

$$\hat{x}_t = \sum_{i=1}^{t} (x_i - \overline{x}) \quad (t = 1, 2, \cdots, n) \tag{1-2}$$

其中

$$\overline{x} = \frac{1}{n} \sum_{i=1}^{t} x_i$$

式中：$\hat{x}_t$ 为第 t 年的距平累积值；x_i 为要素的序列值；$\overline{x}$ 为该序列的平均值；其他符号意义同前。

将 n 个时刻的累积距平值全部算出，即可绘制累积距平变化曲线，进行趋势分析。

1.6.1.3 距平百分率

采用《水文情报预报规范》（GB/T 22482—2008）中的距平百分率 P 作为划分径流丰平枯的标准。距平百分率 P =（某年年径流量－年均径流量）/年均径流量×100%，径流丰平枯划分标准见表 1-2。

表 1-2　　　　　　　　　　　　径流丰平枯划分标准

丰平枯级别	特丰水年	偏丰水年	平水年	偏枯水年	特枯水年
划分标准	$P > 20\%$	$10\% < P \leqslant 20\%$	$-10\% < P \leqslant 10\%$	$-20\% < P \leqslant -10\%$	$P \leqslant -20\%$

1.6.1.4 M-K 趋势检验法

M-K 趋势检验法是一种非参数统计检验方法，也称为无分布检验。对于时间序列 $X =$

$(x_1, x_2, x_3, \cdots, x_n)$，$n$ 为变量的个数，M-K 趋势检验法统计量 S 为

$$S = \sum_{i=1}^{n} \sum_{j=i+1}^{n} \mathrm{sgn}(x_j - x_i) \tag{1-3}$$

$$\mathrm{sgn} = \begin{cases} +1, \mathrm{if}(x_j - x_i) > 0 \\ 0, \mathrm{if}(x_j - x_i) = 0 \\ -1, \mathrm{if}(x_j - x_i) < 0 \end{cases} \tag{1-4}$$

S 呈正态分布，$\mathrm{var}(S)$ 为方差，其计算公式为

$$\mathrm{var}(S) = \left[n(n-1)(2n+5) - \sum_{k=1}^{m} t_k(t_k-1)(2t_k+5) \right]/18 \tag{1-5}$$

式中：m 为数据相同的组数；t_k 为与第 k 组的数据相同的个数。

当 $n > 10$ 时，标准化统计量公式为

$$Z = \begin{cases} \dfrac{S-1}{\sqrt{\mathrm{var}(S)}}, \mathrm{if}\ S > 0 \\ 0, \mathrm{if}\ S = 0 \\ \dfrac{S+1}{\sqrt{\mathrm{var}(S)}}, \mathrm{if}\ S < 0 \end{cases} \tag{1-6}$$

在检验过程中，若 Z 大于 0，表明序列上升趋势显著；反之则表明序列下降趋势显著。设定显著性水平 $\alpha = 0.05$，若 $|Z| \geqslant Z_1 - a/2 = 1.96$，则原假设将不成立，表明序列变化趋势是显著的，反之原假设成立，说明序列变化趋势是不显著的。

1.6.1.5 小波分析

小波分析是气象要素与时间的关系转变为气象要素频数和时间关系的一种方法。该方法是根据方差贡献分解不同频率的振动，并选择主频；最后，通过分析周期和频率之间的关系变化，确定序列的周期。

墨西哥帽状小波：

$$\Psi(t) = (1 - t^2) \frac{1}{\sqrt{2\pi}} \mathrm{e}^{\frac{t^2}{2}}, \ -\infty < t < \infty \tag{1-7}$$

函数 $f(t)$ 小波变换的连续形式为

$$\omega_t(a, b) = |a|^{-\frac{1}{2}} \int f(t) \overline{\Psi}\left(\frac{t-b}{a}\right) \mathrm{d}t \tag{1-8}$$

函数 $f(t)$ 的离散形式为

$$\omega_f(a, b) = |a|^{-\frac{1}{2}} \Delta t \sum_{i=1}^{n} f(i \Delta t) \Psi\left(\frac{i \Delta t - b}{a}\right) \tag{1-9}$$

式中：t 为时间；a、b 为实数，a 为伸缩系数且 $a>0$，也叫小波尺度，b 为平移因子；$f(t)$ 为表示水文要素序列与时间的关系函数，在实际问题中水文要素-时间的关系函数通常为离散的点，在长时间序列中可以在宏观上认为水文要素序列是时间的连续函数。

1.6.1.6　R/S 分析法

R/S 分析法是英国著名的水文学家 Hurst 提出的一种通过计算 Hurst 指数来判断序列的持续性的统计方法，其基本原理如下：

列出一个时间序列 $\{\xi(t)\}$，$t=1$，2，…，n，对任意 $\tau \geq 1$ 的正整数，来定义相关统计量。

均值为
$$\xi(t)_\tau = \frac{1}{\tau}\sum_{t=1}^{\tau}\xi_t,\tau=1,2,\cdots,n \tag{1-10}$$

累计离差为
$$x(t,\tau)=\sum_{\mu=1}^{t}(\xi(\mu)-\xi(t)),1\leqslant t\leqslant\tau \tag{1-11}$$

极差为
$$R(\tau)=\max_{1\leqslant t\leqslant\tau}(t,\tau)-\min_{1\leqslant t\leqslant\tau}(t,\tau),\tau=1,2,\cdots,n \tag{1-12}$$

标准差为
$$S(\tau)=\left[\frac{1}{\tau}\sum_{t=1}^{\tau}(\xi(t)-\xi(\tau))^2\right]^{\frac{1}{2}} \tag{1-13}$$

比值 $R(\tau)/S(\tau)=R/S$ 存在关系：
$$\frac{R(\tau)}{S(\tau)}=\frac{\tau^H}{2}+C \tag{1-14}$$

式中：C 为常数。

H 为 Husrt 指数值，对式（1-14）取对数：
$$\ln\frac{R}{S}=H\ln\tau \tag{1-15}$$

式中：H 值等于以双对数坐标系 $\ln(\tau/2)$ 为横轴、$\ln(R/S)$ 为纵轴中应用最小二乘法拟合得到的直线斜率。

Hurst 指数常用来定量表征序列的长期相关性，Hurst 指数性质如下：

（1）当 $H=0.5$ 时，序列呈现随机游走的特点，气象要素与时间序列无必然联系。

（2）当 $0<H<0.5$ 时，时间序列中存在反持续性，未来要素的变化与过去相反。

（3）当 $0.5<H\leqslant1$ 时，时间序列中存在正持续性，未来要素的变化与过去相同。

（4）当 $H>1$ 时，无法刻画要素数据的长相关特性。

1.6.1.7　不均匀系数

采用不均匀系数（C_v）来确定年内水文要素的波动，其公式如下：
$$C_v=\frac{\sigma}{\overline{Q}},\sigma=\sqrt{\frac{1}{12}\sum_{t=1}^{12}(Q(t)-\overline{Q})^2} \tag{1-16}$$

式中：$Q(t)$ 为水文要素的月数据；$\overline{Q}$ 为 $Q(t)$ 的平均值。

1.6.1.8　集中度和集中期

集中度和集中期基本原理是根据向量法定义，将每个月的量看作向量，月量的大小视为该月向量的模，所在的月份视为向量的方向。集中度（CD）是指年内各月的量按月以向量的方式累加，其各分量之和的合成向量占全年的百分数表示；集中期（CP）指各个分向量合成后的方向，其意义是反映全年集中的重心所出现的月份，集中期以 12 个月分量和的比值正切角度表示。

集中度的计算公式为

$$CD = \frac{\sqrt{R_x^2 + R_y^2}}{R_i} \qquad (1-17)$$

集中期的计算公式为

$$CP = \arctan\left(\frac{R_x}{R_y}\right) \qquad (1-18)$$

其中：

$$R_x = \sum_{i=1}^{12} r_i \sin\theta_i, \quad R_y = \sum_{i=1}^{12} r_i \cos\theta_i$$

式中：R_i 为水文要素总量；R_x 为各月水平分量之和；R_y 为各月垂直分量之和；r_i 为 i 月的水文要素量；θ_i 为 i 月向量的方向，i 为月序号（$i = 1, 2, \cdots, 12$）。

在计算集中度和集中期时，对计算过程进行了概化处理，其过程为：实际各月时间有长短差异，但这里不再考虑各月时间细微的长短差异，首先假定每月的时间长度是一致的，用圆周方向来表示向量的方向，即把圆周度数（360°）分配到一年的天数（365 天）中，1 天约等于 0.9863°，则 1 月矢量角度为 0°，其他剩余各月的矢量角度按 30°的等差角度依次叠加推算出来，各月的角度范围及选用角度见表 1-3。

表 1-3　　　　　　　　　　各月角度范围及选用角度

月份	角度范围/(°)	选用角度/(°)
1	345~15	0
2	15~45	30
3	45~75	60
4	75~105	90
5	105~135	120
6	135~165	150
7	165~195	180
8	195~225	210
9	225~255	240
10	255~285	270
11	285~315	300
12	315~345	330

从年内集中度（CD）与集中期（CP）的计算过程可知，CD 能够较清晰地表达年内的不均匀分布特性，0≤CD≤1，当 CD 取极小值 0 时，表明水文要素在年内各个月份是平均分布的，也就是说每个月的量都相等；当 CD 取极大值 1 时，说明全年的水文要素值都集中在某一个月内，此时说明年内分配极不均匀。

1.6.1.9 BP 人工神经网络

BP 人工神经网络（反向传播神经网络）是一个多层的前馈型神经网络模型。BP 人工神经网络可以根据预测误差连续调整网络各层的权重，从而达到预测输出无限接近预期输出的效果。具有三层结构的 BP 人工神经网络由于具有很强的映射能力，所以被广泛应用于各大水文预报领域中。其模型拓扑结构包括输入层、隐层和输出层，如图 1-1 所示。

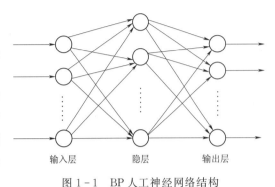

图 1-1 BP 人工神经网络结构

当 BP 人工神经网络模型运行时，隐含的节点（n）的数量在模型的准确性中起决定性的作用，其确定方式如下：

$$n = \sqrt{m+l} + \alpha \tag{1-19}$$

$$n = \ln m \tag{1-20}$$

$$n = \sqrt{ml} \tag{1-21}$$

式中：n 为隐层节点数；m 为输入层节点数；l 为输出层节点数；α 为 [1, 10] 的整数。

在这三种方法中确定隐含层节点数的最大值和最小值，然后从最小值进行试算，直到最大值，n 被选择为输出和预期结果之间具有最小误差的隐层节点的数量。

1.6.1.10 GM(1，1) 模型

GM(1，1) 模型的详细建模步骤如下：

设原始时间序列为 $x^{(0)}(k) = \{x^{(0)}(1), x^{(0)}(2), \cdots, x^{(0)}(n)\}$，其中，$n$ 表示该序列的长度，对 $x^{(0)}(k)$ 做一次累加计算，得到：$x^{(1)}(k) = \{x^{(1)}(1), x^{(1)}(2), \cdots, x^{(1)}(n)\}$，则 GM(1，1) 模型的微分方程式为：$\mathrm{d}x^{(1)}/\mathrm{d}t + ax^{(1)} = u$，也称为 GM(1，1) 模型的白化形式。

令：
$$\boldsymbol{Y} = \begin{bmatrix} x^{(0)}(2) \\ x^{(0)}(3) \\ \vdots \\ x^{(0)}(n) \end{bmatrix} \qquad \boldsymbol{B} = \begin{bmatrix} -x^{(1)}(2) & 1 \\ -x^{(1)}(3) & 1 \\ \vdots & \vdots \\ -x^{(1)}(n) & 1 \end{bmatrix}$$

运用最小二乘法计算得出 GM(1，1) 模型参数 a、u，即 $(a, u)^{\mathrm{T}} = (\boldsymbol{B}^{\mathrm{T}}\boldsymbol{B})^{-1}\boldsymbol{B}^{\mathrm{T}}\boldsymbol{Y}$，离散化所研究时间序列对象函数，进而求解得

$$x^{(1)}(k+1) = \left[x^{(0)}(1) - \frac{u}{a} \right] e^{-ak} + \frac{u}{a} \qquad (1-22)$$

经过类减还原计算可得出原始时间数据序列的估计值：

$$\widehat{x^{(0)}}(1) = x^{(0)}(1) \qquad (1-23)$$

$$\widehat{x^{(0)}}(k+1) = \left[x^{(0)}(1) - \frac{u}{a} \right](1 - e^a) + \frac{u}{a} \qquad (1-24)$$

设径流量实测序列 $x^{(0)}(k) = \{ x^{(0)}(1), x^{(0)}(2), \cdots, x^{(0)}(n) \}$，其对应得预测序列为 $\widehat{x^{(0)}}(k) = \{ \widehat{x^{(0)}}(1), \widehat{x^{(0)}}(2), \cdots, \widehat{x^{(0)}}(n) \}$。

则平均相对残差值为

$$\overline{\delta} = \frac{1}{n} \sum_{k=1}^{n} \frac{x^{(0)}(k) - \widehat{x^{(0)}}(k)}{x^{(0)}(1)} \qquad (1-25)$$

精度为 $P = 1 - \overline{\delta}$，如果精度 $P \geqslant 0.8$，说明模型精度满足要求，反之要对模型进行优化。

1.6.1.11　Penman - Monteith 公式

Penman - Monteith（P - M）公式能够较好地考虑气象要素的综合反应，适用于区域潜在蒸散发的计算，根据联合国粮农组织（FAO）推荐的 Penman - Monteith 公式估算疏勒河流域潜在蒸散发量（ET_0），ET_0 计算公式如下：

$$ET_0 = \frac{0.408\Delta(R_n - G) + r\dfrac{900}{T+273}u_2(e_s - e_a)}{\Delta + r(1 + 0.34u_2)} \qquad (1-26)$$

式中：ET_0 为潜在蒸发量，mm/d；R_n 为净辐射，MJ/（m^2·d）；G 为土壤热通量，MJ/（m^2·d）；T 为平均气温，℃；u_2 为 2m 高处的风速，m/s；e_s 为平均饱和水汽压，kPa；e_a 为实际水汽压，kPa；Δ 为饱和水汽压曲线斜率，kPa/℃；r 为干湿计常数，kPa/℃。

1.6.2　技术路线

本书基于国内水文气象要素研究理论与方法，运用水文学、水资源学、生态学、气象学、地理学、地统计学等多学科方法和原理，结合遥感技术、GIS技术，应用水文时间序列分析技术、小波分析等方法和技术，开展变化环境下疏勒河流域水文气象要素时空变化规律与模拟研究。研究气温、降水、水面蒸发、径流、泥沙和潜在蒸散发时空变化特征及趋势，揭示全球气候变化下流域水文过程演化的内在规律，阐述变化环境下流域水文气象演变规律与变化趋势，为深入认识气候变化背景下疏勒河流域水文气象过程变化机理、实现水资源的可持续利用提供科学依据和理论基础、发展干旱区流域水文学理论，为干旱区水文气象研究提供理论依据和技术支撑。技术路线框图见图 1-2。

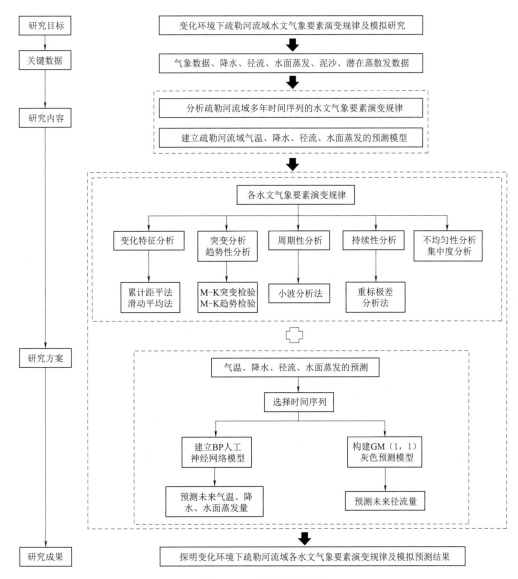

图 1-2　技术路线框图

第 2 章

研 究 区 概 况

2.1 自 然 地 理 特 征

2.1.1 地理位置

疏勒河流域位于甘肃省河西走廊西部，东至嘉峪关—讨赖南山与讨赖河为界，西面与新疆维吾尔自治区塔里木盆地的库穆塔格沙漠毗邻，南起祁连山的疏勒南山、阿尔金山脉的赛什腾山、土尔根达山，与青海的柴达木盆地相隔，北以北山和马鬃山与蒙古国和我国的内蒙古自治区接壤。流域范围在东经 $92°11'\sim99°00'$、北纬 $38°00'\sim42°48'$ 之间。疏勒河流域可分为北部的疏勒河水系与南部的苏干湖水系两部分。流域总面积 16.998 万 km^2，其中：疏勒河水系 14.888 万 km^2，苏干湖水系 2.1100 万 km^2。

2.1.2 地形地貌

疏勒河流域地形可分为南部祁连山地褶皱带、北部马鬃山块断带、中部河西走廊拗陷带三个地貌单元。南部祁连山有多条东西走向的平行山岭，主要山峰海拔一般在 4000m 以上，祁连山雪线以上终年积雪，有现代冰川分布，降水较多，植被良好，是水资源产流区。苏干湖盆地完全位于祁连山内，海拔在 $2500\sim3000m$ 之间。北部马鬃山由数列低山残丘组成，海拔多在 $1400\sim2400m$ 之间，地势北高南低。由于气候干燥，风力剥蚀严重，山麓岩石裸露，植被稀少。中部走廊平原区由于北山山脉的局部隆起，把走廊平原又分为南北两个盆地，按地貌类型划分为中游洪积冲积扇形平原（其中又可分为洪积扇形戈壁平原与扇缘细土平原两个子单元）、下游冲积平原以及北山南麓戈壁平原三个地貌单元。

2.1.3 气候条件

疏勒河流域位于欧亚大陆腹地，远离海洋。东邻巴丹吉林沙漠，西连塔里木盆地的塔克拉玛干沙漠，北为马鬃山低山、丘陵、戈壁，南为祁连山崇山峻岭。太平洋、印度洋的暖湿气流被秦岭、六盘山、华家岭、乌鞘岭、大黄山、祁连山等山脉所阻，北冰洋气流被天山所阻。南方湿润气流虽可到达，但已成强弩之末，并经过广大沙漠、戈壁蒸发，空气中水汽很少，是我国极度干旱地区之一。

南部祁连山区，地势高寒，属高寒半干旱气候区，年降水量 200mm 左右，冰川区年降水量最大可达 400mm。年平均气温低于 2℃，具有四季变化不甚明显、冬春季节长而冷、夏秋季节短而凉的气候特点。

中部河西走廊地区属温带或暖温带干旱区，年平均气温 7～9℃，降水量 36～63.4mm，蒸发量 1500～2500mm（E601 蒸发皿），气候特点是：降水少，蒸发大，日照长，太阳辐射强烈，昼夜温差大，年积温高，干旱多风，冬季寒冷，是"无灌溉就无农业"的地区。在灌溉条件下，适宜种植小麦、玉米、甜菜、胡麻、瓜类、啤酒花等作物，在敦煌和瓜州还适宜种植棉花。该地区灾害性天气主要有干旱、干热风、大风、沙尘暴、低温、霜冻等。

2.1.4 河流水系

疏勒河流域分苏干湖水系和疏勒河水系。苏干湖水系由大哈尔腾河和小哈尔腾河组成；疏勒河水系自东向西有白杨河、石油河（下游称赤金河）、疏勒河干流、榆林河、党河及安南坝河等。

白杨河及石油河发源于祁连山，出山后即供玉门市工农业生产使用，洪水经新民沟、鄱马城沟、火烧沟、赤金河等流入花海盆地。

疏勒河干流发源于祁连山深处讨赖南山与疏勒南山两大山之间的沙果林那穆吉木岭。源头高程 4787m，上游汇集讨赖南山南坡与疏勒南山北坡的诸冰川支流，经疏勒峡、纳柳峡、柳沟峡入昌马堡盆地，左岸有小昌马河汇入，出昌马峡后入走廊区，是河西走廊最大最完整的洪积扇，东起巩昌河，西至锁阳城，形成十余条辐射状沟道，其中一道沟至十道沟和城河向北与西北流入疏勒河，巩昌河向东北经干峡、盐池峡、红山峡流入花海。另外有一部分水沿北截山南麓西流，汇榆林河，入瓜州-敦煌盆地。疏勒河干流全长665km，其中河源至昌马峡的上游段长 346km，昌马峡至双塔水库坝址处的中游段长124km，双塔水库至哈拉湖的下游段长 195km。

榆林河又称踏实河，在石包城以上，河流由泉水补给，北流出上水峡口，至蘑菇台，入南截山峡谷出下水峡口入踏实盆地，再北流过踏实城西流至北截山（属祁连山前山）南，与东来的南北桥子泉水汇流成黄水沟，沿北截山南麓西流出芦草沟峡，入白旗堡滩漫流消失。1973 年榆林河水库修建后，基本无水入黄水沟。

党河全长 490km。上游分为冷水河和大水河两支，均为戈壁河床，河水全部渗入地下，至乌兰瑶洞复以泉水出露，西北流至盐池湾乡，接纳许多小沟，西北流至大别盖，汇入最大支流野马河，在大小别盖附近，有大量泉水出露，形成沼泽地，再西北流出水峡口，水峡口至党河口之间，河床经过深切第三、第四纪峡谷，出党河口后，即流入党河冲积扇，经敦煌市区，北流到黄墩城在土窑洞西汇入疏勒河干流。实际在 20 世纪 50 年代已无水入疏勒河。

与河西走廊各河流一样，疏勒河流域各河流在出祁连山山口以上为上游区，是河川径流的形成区，出山口以后，在走廊中部局部构造隆起处分为流域的中下游，中游为径流的引用处和入渗补给地下水的区域，在局部构造隆起处，地下水受阻而涌出成泉，成为下游的水源。下游的水资源与中游用水状况有着十分密切的关系。

2.1.5 土壤

疏勒河流域地域宽阔，山地、平原对照强烈，自然条件复杂。因此，在土壤形成过程和土壤类型上表现为多种多样，受不同高程、气候、植被的影响，垂直分带性十分明显。祁连山区高程 4000m 以上分布着高山寒漠土及草原土，2700m 以上为山地灌丛草原（栗钙）土和半荒漠棕钙土，2700m以下为山地荒漠灰棕漠土和风沙土。北山区自高至低分布荒漠草原棕钙土和荒漠灰棕漠土。平原区在绿洲内部，土壤发育为灌漠土和棕漠土。扇缘中段为潜水溢出带，地下水位较高，分布有草甸土、沼泽土、草甸盐土，其间的小片农业区为潮土。扇缘下段地下径流因受北山的阻挡而不畅，普遍分布有草甸盐土、干旱盐土。平原北部冲积平原分布有暖温带荒漠棕漠土、草甸土、沼泽土、盐土、风沙土以及人工绿洲中的灌耕土，下游因地下径流不畅，分布有沼泽盐土、草甸盐土、干旱盐土等。

根据甘肃省土壤分布图，疏勒河流域的土壤分区有Ⅳ温带暖湿带荒漠土壤区（走廊平原及北山区）和Ⅴ高寒山地土壤区（祁连山地）两个区，有Ⅳ₂走廊东部荒漠土盐土亚区、Ⅳ₄马鬃山灰棕漠土亚区、Ⅳ₂走廊西部棕漠土风沙土亚区、Ⅴ₄祁连山高山草原土亚区及Ⅴ₅祁连山麓棕钙土亚区等五个亚区。

该区的主要土壤类型在高山地区有高山寒冷荒漠土、低山灰土、棕漠土、山麓棕钙土等。在走廊平原区的耕地土壤主要有灌漠土、潮土及其他土类，包括灌耕棕蓬土、灌耕草甸土、灌耕风沙土。在走廊平原荒地的土壤主要有棕漠土、盐土、草甸土、沼泽土及风沙土等。盐土在荒地土壤中占有大部分，盐土的形成是由于该流域特定的土壤、气候及水文地质条件，成土母质中的可溶盐类被水不断地搬运到下游，汇集于下游低洼地区。同时由于气候干旱，在强烈的蒸发作用下，通过毛细管作用向地表移动、积聚，继而形成盐土，对该区荒地开垦利用十分不利。

2.1.6 植被

疏勒河流域位于新疆荒漠、青藏高原和蒙古高原的过渡地带，生态区域复杂，植被多样。境内由于地形地貌、土壤质地、气候水文等生态因素的分布特点，植被的垂直和水平分带性十分明显。

祁连山区由于降水稀少，气候寒冷，主要分布半灌木高寒荒漠草原植被，并且随高程的增加，植被从山地荒漠植被向山地草原及寒漠稀疏植被过渡。马鬃山地区降水更为稀少，植被为沙生针茅和戈壁针茅荒漠草原植被及稀疏草原化荒漠和荒漠植被。

河西走廊平原区主要分布有由胡杨为主的乔木和以红柳、毛柳为主的灌木组成的森林植被；由耕地中的防护林（杨、榆、沙枣等）、农作物及田间杂草组成农业绿洲植被；成小面积分布在泉眼周围的沼泽植被；广泛分布于绿洲荒地中的草甸植被（其中又可分为盐生草甸和荒漠化草生草甸两个亚型）；以及分布于绿洲周围和沙漠戈壁上的荒漠植被（其中又可分为盐生荒漠植被、土质荒漠植被、半固定和固定沙丘区植被及砾质荒漠植被几种亚型）。平原区降水异常稀少，天然植被主要依靠吸取地下水存活。但一些耐旱性极强的植被依靠十分稀少的降雨有时也能存活，并能阻拦风沙形成小沙包，而这些沙包又能凝结大气水和起保墒作用，反过来为植被生存创造了条件。但此种植被覆盖度很低，仅5%左右。每隔几年发生一场的雨洪有时可使冲沟内的灌木半灌木覆盖度达到40%～50%。而流域内大部分植被则主要因地下水的深浅决定着其生长态势。地下水位较高地区的沼泽植被及盐生沼泽化草甸植被的覆盖度可达到70%～80%，盐生草甸植被覆盖度可达40%～80%，荒漠植被的覆盖度一般均在20%以下，砾质荒漠植被的覆盖度只有5%左右。上述天然胡杨林，由于上游水资源消耗增加，下游地下水补给减少，水位降低，已发生大片退化以至死亡，尤以瓜州的桥子及双塔灌区为甚。该流域由于灌溉农业的迅速发展，农业绿洲植被已成为河西走廊区的重要植被生态系统。

2.2　社会经济概况

2.2.1　人口及其分布

疏勒河流域在行政区划上主要涉及两市一县，即甘肃省酒泉市的玉门市、敦煌市和瓜州县。研究区 2020 年总人口 47.83 万人，城镇人口 28.92 万人，农村人口 18.91 万人。其中玉门市总人口 15.57 万人，城镇人口 7.99 万人，农村人口 7.58 万人；敦煌市总人口 18.07 万人，城镇人口 10.67 万人，农村人口 7.40 万人；瓜州县总人口 14.19 万人，城镇人口 4.51 万人，农村人口 9.68 万人。

2.2.2　国内生产总值

2020 年流域国内生产总值为 391.13 亿元，其中玉门市为 189.29 亿元，敦煌市为 113.72 亿元，瓜州县为 88.12 亿元。

2.2.3　工业生产

2020 年流域工业增加值为 195.33 亿元，其中玉门市为 130.10 亿元，敦煌市为 29.54 亿元，瓜州县为 35.69 亿元。

2.2.4　农牧业生产

疏勒河流域 2020 年总耕地面积 221.91 万亩，粮食作物播种面积 170.29 万亩，粮食总产量 15.39 万 t；农田有效灌溉面积 193.52 万亩，农田实灌面积 193.52 万亩；林草面积 32.10 万亩；存栏大牲畜 8.91 万头。

2.3　水资源利用现状

2.3.1　水利工程建设现状

截至 2020 年年底，全流域共有水库 3 座，其中大（2）型水库 2 座，中型水库 1 座，总库容 4.72 亿 m³；已建成总干、干渠 17 条，总长度 445.86km；支干渠 11 条，总长度 116.77km；支渠 97 条，总长度 1467.53km；斗渠 619 条，总长度 1105.07km；农渠 6247 条，总长度 2950.40km。

2.3.2　现状用水与耗水

（1）现状用水。2020 年流域总用水量 15.51 亿 m³，其中工业用水量 0.65 亿 m³，占总用水的 4.2%；农田灌溉用水量 9.04 亿 m³，占 58.28%；林草渔畜用水量 0.88 亿 m³，占 5.67%；城镇公共用水量 0.07 亿 m³，占 0.45%；居民生活用水量 0.21 亿 m³，占 1.35%；生态环境用水量为 4.66 亿 m³，占 30.05%。疏勒河流域农田灌溉用水明显偏高，导致流域工业及生活用水比例明显偏低。

（2）现状耗水。2020 年流域总耗水量 8.29 亿 m³，其中农田灌溉耗水量 6.60 亿 m³，林牧渔畜耗水量 0.61 亿 m³，工业耗水量 0.23 亿 m³，城镇公共耗水量 0.04 亿 m³，居民生活耗水量 0.12 亿 m³，生态环境耗水量 0.69 亿 m³。

第 3 章

疏勒河流域气温时空演变与模拟研究

本章选取疏勒河流域内敦煌站 1951—2020 年、瓜州站 1951—2020 年、玉门站 1953—2020 年逐月、逐年气温数据作为基础资料，采用气候倾向率、累积距平、滑动平均、M-K 检验法、R/S 分析法、小波分析等方法，分析疏勒河流域气温年变化、年代际变化、季节变化和空间变化特征，并分析气温突变性、趋势性、周期性、持续性、不均匀性和集中度变化，利用 BP 神经网络构建预测模型，模拟预测疏勒河流域气温未来变化趋势。

3.1 气温年变化特征与规律

3.1.1 敦煌站

敦煌站 1951—2020 年多年平均气温为 9.77℃，整体呈现增加趋势，趋势方程为 $y=0.0244x+8.9082$，年气温以 0.244℃/10 年的速率增加，70 年内增加了 1.71℃，增加趋势显著。该站年气温最大值为 2016 年的 11.17℃，最小值为 1984 年的 8.34℃，相差 2.83℃，极值比为 1.34（表 3-1）。从该站年气温变化的 5 年滑动平均曲线（图 3-1）可以看出，年气温呈现缓慢增加—减小—增加波动变化趋势，呈现多段上升—下降—上升变化过程。由图 3-2 累积距平可以看出，敦煌站年气温呈现 2 个时段升降变化过程，1951—1996 年呈现下降趋势，1997—2020 年呈现上升趋势。

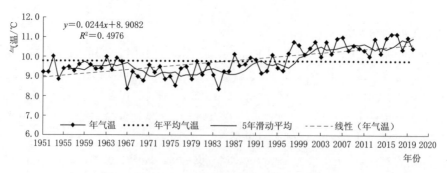

图 3-1 1951—2020 年敦煌站气温年变化曲线

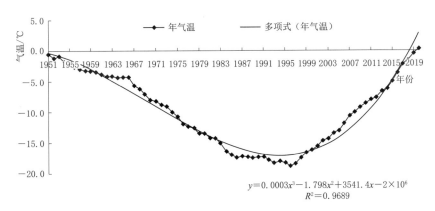

$$y=0.0003x^3-1.798x^2+3541.4x-2\times10^6$$
$$R^2=0.9689$$

图 3-2　1951—2020 年敦煌站气温累积距平变化曲线

3.1.2　瓜州站

瓜州站 1921—2020 年多年平均气温为 9.08℃，趋势方程为 $y=0.0209x+8.3337$，年气温以 0.209℃/10 年的速率增加，70 年内增加了 1.46℃，增加趋势相对显著。该站年气温最大值为 2017 年的 10.42℃，最小值为 1967 年的 7.84℃，两者相差 2.58℃，极值比为 1.33（表 3-2）。从该站年气温变化的 5 年滑动平均曲线（图 3-3）可以看出，年气温呈现缓慢增加—减小—增加波动变化趋势，呈现多段上升—下降—上升变化过程。由图 3-4 累积距平可以看出，瓜州站年气温呈现 2 个时段升降变化过程，1951—1996 年呈现下降趋势，1997—2020 年呈现上升趋势。

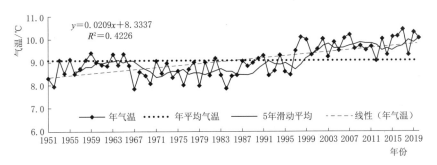

图 3-3　1951—2020 年瓜州站气温年变化曲线

3.1.3　玉门站

疏勒河流域玉门站 1953—2020 年多年平均气温为 7.30℃，趋势方程为 $y=0.0195x+6.5921$，年气温以 0.195℃/10 年的速度增加，68 年内增加了 1.33℃，增加趋势相对显著。该站年气温最大值为 1998 年的 8.60℃，最小值为 1967 年的 5.70℃，两者相差 2.90℃，极值比为 1.51（表 3-3）。从该站年气温变化的 5 年滑动平均曲线（图 3-3）可以看出，年气温呈现缓慢减小—增加—减小波动变化趋势，呈现多段下降—上升—下降变化过程。由图 3-6 累积距平可以看出，玉门站年气温呈现 2 个时段升降变化过程，玉门站 1953—1996 年呈现下降趋势，1997—2020 年呈现上升趋势。

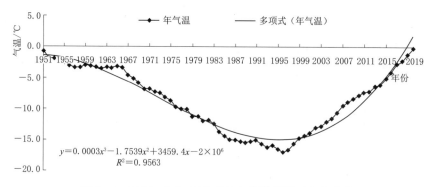

图 3-4 1951—2020 年瓜州站气温累积距平变化曲线

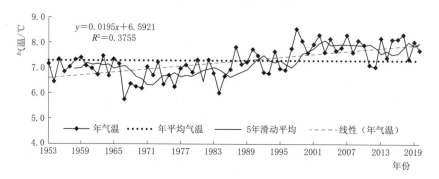

图 3-5 1953—2020 年玉门站气温年变化

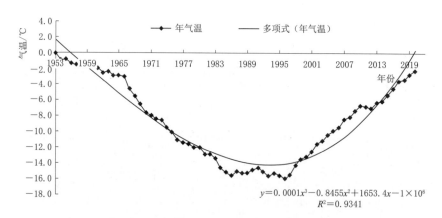

图 3-6 1953—2020 年玉门站气温累积距平变化

3.2 气温年代际变化特征与规律

3.2.1 敦煌站

由表 3-1 可知，疏勒河流域敦煌站 20 世纪 50—80 年代气温较低，分别为 9.41℃、9.39℃、9.12℃、9.37℃，比多年平均气温分别高 0.36℃、0.38℃、0.65℃、0.40℃；

90 年代、21 世纪 00 年代和 10 年代气温较高，分别为 9.86℃、10.50℃、10.66℃，比多年平均气温分别高 0.09℃、0.73℃、0.89℃。

表 3-1　　　　　　　　　　　敦煌站年代际平均气温变化表

时　段	平均值/℃	最　大　值		最　小　值		最大值/最小值
		数值/℃	年份	数值/℃	年份	
1951—1959 年	9.41	9.98	1953	8.84	1954	1.14
1960—1969 年	9.39	9.96	1963	8.37	1967	1.19
1970—1979 年	9.12	9.57	1971	8.54	1976	1.12
1980—1989 年	9.37	10.13	1987	8.34	1984	1.21
1990—1999 年	9.86	10.76	1998	9.16	1992	1.17
2000—2009 年	10.50	10.99	2007	9.99	2003	1.10
2010—2019 年	10.66	11.17	2016	10.03	2012	1.11
1951—2020 年	9.77	11.17	2016	8.34	1984	1.34

该站 20 世纪 50 年代年均气温 9.41℃，最大值为 1953 年的 9.98℃，最小值为 1954 年的 8.84℃，两者相差 1.14℃，最大、最小年气温比值 1.13；20 世纪 60 年代年均气温 9.39℃，最大值为 1963 年的 9.96℃，最小值为 1967 年的 8.37℃，两者相差 1.59，最大、最小年气温比值 1.19；20 世纪 70 年代年均气温 9.12℃，最大值为 1971 年的 9.57℃，最小值为 1976 年的 8.54℃，两者相差 1.03℃，最大年、最小年气温比值 1.12；20 世纪 80 年代年均气温 9.37℃，最大值为 1987 年的 10.13℃，最小值为 1984 年的 8.34℃，两者相差 1.79℃，最大、最小年气温比值 1.21；20 世纪 90 年代年均气温 9.86℃，最大值为 1998 年的 10.76℃，最小值为 1992 年的 9.16℃，两者相差 1.60℃，最大、最小年气温比值 1.17；21 世纪 00 年代年均气温 10.50℃，最大值为 2007 年的 10.99℃，最小值为 2003 年的 9.99℃，两者相差 1.00℃，最大、最小年气温比值 1.10；21 世纪 10 年代年均气温 10.66℃，最大值为 2016 年的 11.17℃，最小值为 2006 年的 10.03℃，两者相差 1.14℃，最大、最小年气温比值 1.11。

3.2.2　瓜州站

由表 3-2 可知，过去 70 年疏勒河流域瓜州站 20 世纪 50—80 年代气温较低，分别为 8.75℃、8.80℃、8.53℃、8.67℃，比多年平均值分别低 0.33℃、0.28℃、0.55℃、0.41℃；20 世纪 90 年代、21 世纪 00 年代和 21 世纪 10 年代气温较高，分别为 9.15℃、9.71℃、9.79℃，比多年平均值分别高 0.07℃、0.63℃、0.71℃。

表 3-2　　　　　　　　　　　瓜州站年代际平均气温变化表

时　段	平均值/℃	最　大　值		最　小　值		最大值/最小值
		数值/℃	年份	数值/℃	年份	
1951—1959 年	8.75	9.41	1959	7.95	1952	1.18
1960—1969 年	8.80	9.38	1965	7.84	1967	1.20
1970—1979 年	8.53	9.06	1971	7.96	1979	1.14

续表

时 段	平均值/℃	最 大 值		最 小 值		最大值/最小值
		数值/℃	年份	数值/℃	年份	
1980—1989 年	8.67	9.18	1982	7.85	1984	1.17
1990—1999 年	9.15	10.09	1998	8.45	1996	1.19
2000—2009 年	9.71	10.21	2007	9.22	2003	1.11
2010—2019 年	9.79	10.42	2017	9.05	2012	1.15
1951—2020 年	9.08	10.42	2017	7.84	1967	1.33

该站 20 世纪 50 年代年均气温 8.75℃，最大值为 1959 年的 9.41℃，最小值为 1952年的 7.95℃，两者相差 1.46℃，最大、最小年气温比值 1.18；20 世纪 60 年代年均气温8.80℃，最大值为 1965 年的 9.38℃，最小值为 1967 年的 7.84℃，两者相差 1.54℃，最大、最小年气温比值 1.20；20 世纪 70 年代年均气温 8.53℃，最大值为 1971 年的9.06℃，最小值为 1979 年的 7.96℃，两者相差 1.10℃，最大、最小年气温比值 1.14；20 世纪 80 年代年均气温 8.67℃，最大值为 1982 年的 9.18℃，最小值为 1984 年的7.85℃，两者相差 1.33℃，最大、最小年气温比值 1.17；20 世纪 90 年代年均气温9.15℃，最大值为 1998 年的 10.09℃，最小值为 1996 年的 8.45℃，两者相差 1.64℃，最大、最小年气温比值 1.19；21 世纪 00 年代年均气温 9.71℃，最大值为 2007 年的10.21℃，最小值为 2003 年的 9.22℃，两者相差 0.99℃，最大、最小年气温比值 1.11；21 世纪 10 年代年均气温 9.79℃，最大值为 2017 年的 10.42℃，最小值为 2012 年的9.05℃，两者相差 1.37℃，最大、最小年气温比值 1.15。

3.2.3 玉门站

由表 3-3 可知，过去 68 年疏勒河流域玉门站 20 世纪 50—80 年代气温较低，分别为7.09℃、6.79℃、6.75℃、6.98℃，比多年平均值分别低 0.21℃、0.51℃、0.55℃、0.32℃；20 世纪 90 年代、21 世纪 00 和 10 年代气温较高，分别为 7.48℃、7.91℃、7.80℃，比多年平均值分别高 0.18℃、0.61℃、0.50℃。

表 3-3 玉门站年代际平均气温变化表

时 段	平均值/℃	最 大 值		最 小 值		最大值/最小值
		数值/℃	年份	数值/℃	年份	
1953—1959 年	7.09	7.40	1955/1959	6.40	1954	1.16
1960—1969 年	6.79	7.50	1963	5.70	1967	1.32
1970—1979 年	6.75	7.30	1973	6.20	1970/1976	1.18
1980—1989 年	6.98	7.80	1987	6.00	1984	1.30
1990—1999 年	7.48	8.60	1998	6.80	1992/1993	1.26
2000—2009 年	7.91	8.30	2002	7.60	2003	1.09
2010—2019 年	7.80	8.30	2013	7.00	2012	1.19
1953—2020 年	7.30	8.60	1998	5.70	1967	1.51

该站 20 世纪 50 年代年均气温 7.09℃，最大值为 1955 年和 1959 年的 7.40℃，最小值为 1954 年的 6.40℃，两者相差 1.00℃，最大、最小年气温比值 1.16；20 世纪 60 年代年均气温 6.79℃，最大值为 1963 年的 7.50℃，最小值为 1967 年的 5.70℃，两者相差 1.80℃，最大、最小年气温比值 1.32；20 世纪 70 年代年均气温 6.75℃，最大值为 1973 年的 7.30℃，最小值为 1970 年和 1976 年的 6.20℃，两者相差 1.10℃，最大、最小年气温比值 1.18；20 世纪 80 年代年均气温 6.98℃，最大值为 1987 年的 7.80℃，最小值为 1984 年的 6.00℃，两者相差 1.80℃，最大、最小年气温比值 1.30；20 世纪 90 年代年均气温 7.48℃，最大值为 1998 年的 8.60℃，最小值为 1992 年和 1993 年的 6.80℃，两者相差 1.80℃，最大、最小年气温比值 1.26；21 世纪 00 年代年均气温 7.91℃，最大值为 2002 年的 8.30℃，最小值为 2003 年的 7.60℃，两者相差 0.70℃，最大、最小年气温比值 1.09；21 世纪 10 年代年均气温 7.80℃，最大值为 2013 年的 8.30℃，最小值为 2012 年的 7.00℃，两者相差 1.30℃，最大、最小年气温比值 1.51。

3.3 气温季节变化特征与规律

3.3.1 敦煌站

敦煌站气温季节距平变化和季节变化见表 3-4 和图 3-7。由表 3-4 和图 3-7 可知，该站春、夏、秋、冬四个季节均表现出气温增加趋势，但各个季节的增加速率略有差异。通过对比分析：该站春季增温速率最高，1951—2020 年春季平均气温升高 2.30℃，线性增温幅度 0.328℃/10 年；冬季和夏季平均气温分别升高 1.88℃ 和 1.34℃，线性增温幅度分别为 0.268℃/10 年 和 0.191℃/10 年；秋季气温升高幅度最小为 1.32℃，线性增温幅度 0.188℃/10 年，表明春季增温对该站平均气温增暖的贡献最大。

表 3-4　　　　　　　　　敦煌站气温季节距平变化表　　　　　　　　单位：℃

年　代	春季	夏季	秋季	冬季
20 世纪 50 年代	−0.75	0.07	−0.16	−0.60
20 世纪 60 年代	−0.15	−0.10	−0.41	−0.86
20 世纪 70 年代	−0.80	−0.83	−0.43	−0.55
20 世纪 80 年代	−0.61	−0.67	−0.32	0.00
20 世纪 90 年代	0.05	−0.26	−0.08	0.75
21 世纪 00 年代	1.05	0.65	0.63	0.59
21 世纪 10 年代	1.17	1.11	0.73	0.53

①春季：平均气温距平值 20 世纪 90 年代、21 世纪 00—10 年代为正，20 世纪 50—80 年代为负；20 世纪 70 年代平均气温最小，比年平均气温低 0.80℃；21 世纪 10 年代最大，比年平均气温高 1.17℃。②夏季：平均气温距平值 20 世纪 50 年代、21 世纪 00—10 年代为正，20 世纪 60—90 年代为负；20 世纪 70 年代平均气温最小，比年平均气温低 0.83℃；21 世纪 10 年代最大，比年平均气温高 1.11℃。③秋季：平均气温距平值 21 世纪 00—10 年代为正，20 世纪 50—90 年代为负；20 世纪 70 年代平均气温最小，比年平均

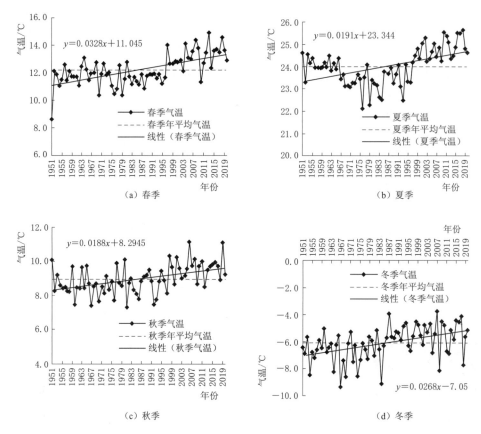

图 3-7 敦煌站气温季节变化图

气温低 0.32℃；21 世纪 10 年代最大，比年平均气温高 0.73℃。④冬季：平均气温距平值 20 世纪 50—70 年代为负，20 世纪 80 年代为 0.00℃，20 世纪 90 年代、21 世纪 00—10 年代为正；20 世纪 60 年代平均气温最小，比年平均气温低 0.86℃；20 世纪 90 年代最大，比年平均气温高 0.75℃。

3.3.2 瓜州站

瓜州站季节平均气温演变过程见表 3-5 和图 3-8，由表 3-5 和图 3-8 可知，该站春、夏、秋、冬四个季节均表现出气温增加趋势。通过对比分析：该站冬季增温速率最高，1951—2020 年冬季平均气温升高 2.16℃，线性增温幅度 0.308℃/10 年；春季和秋季平均气温分别升高 2.09℃ 和 1.06℃，线性增温幅度分别为 0.299℃/10 年和 0.152℃/10 年；夏季气温升高幅度最小为 0.56℃，线性增温幅度 0.08℃/10 年，表明冬季增温对该站平均气温增暖的贡献最大。

表 3-5 瓜州站气温季节距平变化表 单位：℃

年 代	春季	夏季	秋季	冬季
20 世纪 50 年代	−0.76	0.63	−0.21	−0.98
20 世纪 60 年代	0.04	−0.16	−0.22	−0.69

年　代	春季	夏季	秋季	冬季
20 世纪 70 年代	−0.72	−0.63	−0.32	−0.50
20 世纪 80 年代	−0.64	−0.72	−0.24	−0.05
20 世纪 90 年代	0.09	−0.29	−0.23	0.74
21 世纪 00 年代	0.85	0.51	0.48	0.70
21 世纪 10 年代	1.03	0.68	0.63	0.51

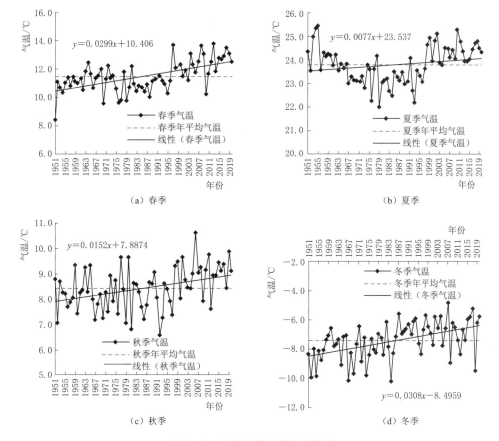

图 3-8　瓜州站气温季节变化图

①春季：平均气温距平值 20 世纪 60 年代、20 世纪 90 年代、21 世纪 00—10 年代为正，20 世纪 50 年代、20 世纪 70—80 年代为负；20 世纪 50 年代最小，比年平均气温低 0.76℃；21 世纪 10 年代最大，比年平均气温高 1.03℃。②夏季：平均气温距平值 20 世纪 50 年代、21 世纪 00—10 年代为正，20 世纪 60—90 年代为负；20 世纪 80 年代平均气温最小，比年平均气温低 0.72℃；21 世纪 10 年代最大，比年平均气温高 0.68℃。③秋季：平均气温距平值 20 世纪 50—90 年代为负，21 世纪 00—10 年代为正；20 世纪 70 年代平均气温最小，比年平均气温低 0.32℃；21 世纪 10 年代最大，比年平均气温高 0.63℃。④冬季：平均气温距平值 20 世纪 50—80 年代为负，20 世纪 90 年代、21 世纪 00—10 年代为正值；20 世纪 50 年代平均气温最小，比年平均气温低 0.98℃；20 世纪 90

年代最大，比年平均气温高 0.74℃。

3.3.3　玉门站

玉门站季节平均气温演变过程见表 3-6 和图 3-9，由图 3-9 和表 3-6 可知，该站春、夏、秋、冬四个季节均表现出增温趋势。通过对比分析：该站春季增温速率最高，1953—2020 年春季平均气温升高 1.58℃，线性增温幅度 0.233℃/10 年；冬季和秋季平均气温分别升高 1.41℃ 和 1.22℃，线性增温幅度分别为 0.207℃/10 年和 0.179℃/10 年；夏季气温升高幅度最小为 1.12℃，升高幅度最小为，线性增温幅度 0.165℃/10 年，表明春季增温对该站平均气温增暖的贡献最大。

表 3-6　　　　　　　　　　玉门站气温季节距平变化表　　　　　　　　　　单位：℃

年　代	春季	夏季	秋季	冬季
20 世纪 50 年代	−0.36	0.13	−0.26	−0.21
20 世纪 60 年代	−0.23	−0.42	−0.68	−0.84
20 世纪 70 年代	−0.39	−0.66	−0.26	−0.48
20 世纪 80 年代	−0.54	−0.19	0.02	0.22
20 世纪 90 年代	0.23	0.21	−0.02	0.61
21 世纪 00 年代	0.38	0.82	0.79	0.47
21 世纪 10 年代	1.23	0.40	0.27	0.36

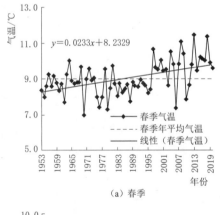

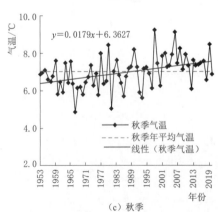

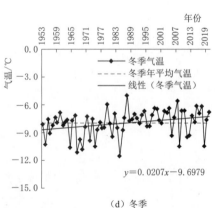

图 3-9　玉门站气温季节变化图

①春季：平均气温距平值 20 世纪 90 年代、21 世纪 00—10 年代为正，20 世纪 50—80 年代为负；20 世纪 80 年代平均气温最小，比年平均气温低 0.54℃；21 世纪 10 年代最大，比年平均气温高 1.23℃。②夏季：平均气温距平值 20 世纪 50 年代、20 世纪 90 年代、21 世纪 00—10 年代为正，60—80 年代为负；20 世纪 70 年代平均气温最小，比年平均气温低 0.66℃；21 世纪 00 年代最大，比年平均气温高 0.82℃。③秋季：平均气温距平值 20 世纪 50—70 年代、90 年代为负，20 世纪 80 年代、21 世纪 00—10 年代为正；20 世纪 60 年代平均气温最小，比年平均气温低 0.68℃；21 世纪 00 年代最大，比年平均气温高 0.79℃。④冬季：平均气温距平值 20 世纪 50—70 年代为负，20 世纪 80—90 年代、21 世纪 00—10 年代为正值；20 世纪 60 年代平均气温最小，比年平均气温低 0.84℃；20 世纪 90 年代最大，比年平均气温高 0.61℃。

3.4 气温空间变化特征与规律

从图 3-10 疏勒河流域气温空间变化图可以看出，疏勒河流域全年及四季气温呈现从西到东依次递减的变化趋势，从南到北变化规律不甚明显；全年及四季气温空间分布以敦煌气温最高，瓜州次之，玉门最小。

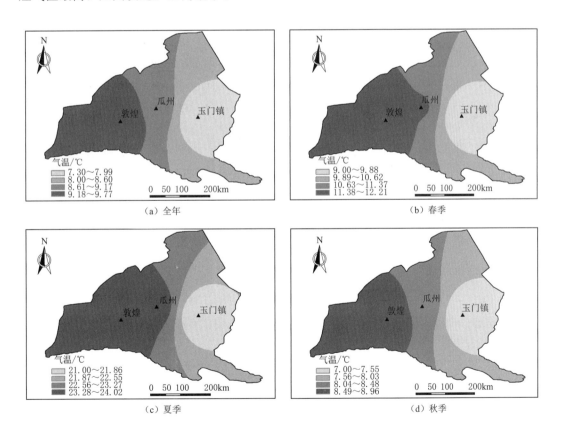

图 3-10（一） 疏勒河流域气温空间变化图

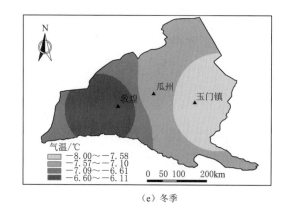

(e) 冬季

图 3-10（二） 疏勒河流域气温空间变化图

3.5 气温突变性分析

3.5.1 敦煌站

（1）由图 3-11（a）可知，敦煌站全年气温在 20 世纪 50—60 年代、90 年代到 21 世纪初期，U_{fk} 均为正值，平均气温呈现增加趋势，特别是 21 世纪初期开始，气温增加趋势超过 95% 临界线（$U_{0.05}=1.96$），表明敦煌站平均气温在这一时段上升趋势显著。U_{fk} 和 U_{bk} 相交于 1998 年，且交点在临界线（±1.96）之间，说明敦煌站平均气温在 1998 年发生突变，1998 年为突变点，说明敦煌站全年平均气温在 1998 年以后呈现显著上升趋势。敦煌站全年平均气温划分为 1951—1998 年和 1999—2020 年两个时段。

（2）由图 3-11（b）可知，敦煌站春季气温在 20 世纪 50 代、60 年代、70 年代和 21 世纪初期 U_{fk} 均为正值，平均气温呈现增加趋势，特别是 21 世纪 00 年代中期至 21 世纪 10 年代，气温增加趋势超过 95% 临界线（$U_{0.05}=1.96$），表明敦煌站春季平均气温在这一时段上升趋势显著。U_{fk} 和 U_{bk} 主要相交于 2001 年，交点在临界线（±1.96）之间，说明敦煌站平均气温在 2001 年发生突变，2001 年为突变点，说明敦煌站春季平均气温在 2001 年以后呈现显著上升趋势。敦煌站春季平均气温划分为 1951—2001 年和 2002—2010 年两个时段。

（3）由图 3-11（c）可知，敦煌站夏季气温在 20 世纪 00 年代中期至 21 世纪 10 年代 U_{fk} 均为正值，平均气温呈现增加趋势，特别是 21 世纪 00 年代中期至 21 世纪 10 年代末期，气温增加趋势超过 95% 临界线（$U_{0.05}=1.96$），表明敦煌站平均气温在这一时段上升趋势显著。U_{fk} 和 U_{bk} 主要相交于 2007 年，且交点在临界线（±1.96）之间，说明敦煌站平均气温在 2007 年发生突变，2007 年为突变点，说明敦煌站夏季平均气温在 2007 年以后呈现显著上升趋势。敦煌站夏季平均气温划分为 1951—2007 年和 2008—2020 年两个时段。

（4）由图 3-11（d）可知，敦煌站秋季气温在 20 世纪 90 年代中期至 21 世纪 10 年代 U_{fk} 均为正值，平均气温呈现增加趋势，特别是 1994—2020 年，气温增加趋势超过 95%

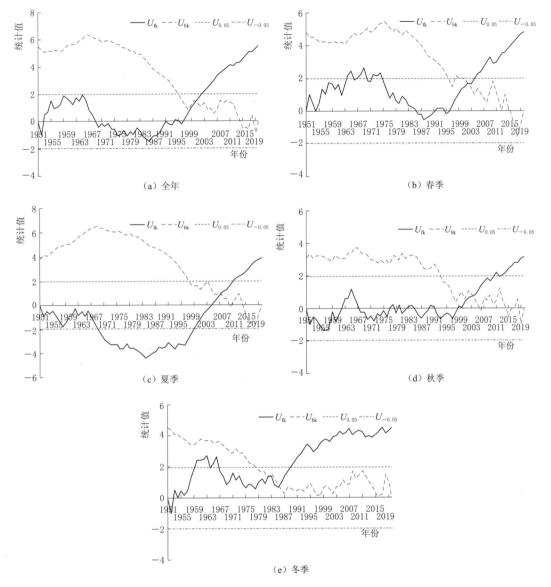

图 3-11 敦煌站气温突变检验曲线

临界线（$U_{0.05} = 1.96$），表明敦煌站平均气温在这一时段上升趋势显著。U_{fk} 和 U_{bk} 主要相交于 1998 年左右，且交点在临界线（± 1.96）之间，说明敦煌站平均气温在 1998 年左右发生突变，1998 年左右为突变点，说明敦煌站秋季平均气温在 1998 年以后呈现显著上升趋势。敦煌站秋季平均气温划分为 1951—1998 年和 1999—2020 年两个时段。

（5）由图 3-11（e）可知，敦煌站冬季气温在 20 世纪 80 年代至 21 世纪 10 年代 U_{fk} 为正值，说明冬季气温呈现增加变化趋势；U_{fk} 和 U_{bk} 主要相交于 1985 年，且交点在临界线（± 1.96）之间，说明敦煌站平均气温在 1985 年发生突变，说明敦煌站冬季平均气温在 1998 年以后呈现显著上升趋势。敦煌站冬季平均降水划分为 1951—1985 年和 1986—2020 年两个时段。

47

3.5.2　瓜州站

（1）由图 3 - 12（a）可知，瓜州站全年平均气温 U_{fk} 在 20 世纪 50—60 年代为正值，20 世纪 70—90 年代初期为负值，20 世纪 90 年代初期到 21 世纪 10 年代为正值，表明全年气温从 1951—2022 年表现为先增加后降低再增加的趋势。2002—2022 年气温增加趋势超过 95％临界线（$U_{0.05}=1.96$），表明瓜州站全年平均气温在这一时段上升趋势显著。U_{fk} 和 U_{bk} 相交于 2000 年，且交点在临界线（±1.96）之间，说明瓜州站平均气温在 2000 年发生突变，2000 年为突变点，说明瓜州站全年平均气温在 2000 以后呈现显著上升趋势。瓜州站全年平均气温划分为 1951—2000 年和 2001—2020 年两个时段。

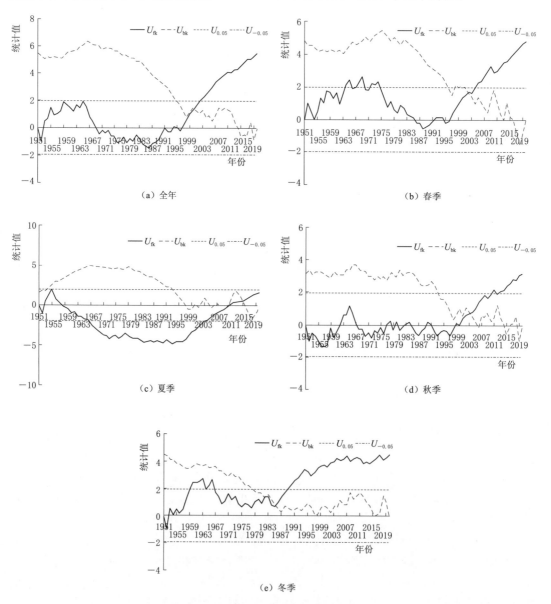

（a）全年

（b）春季

（c）夏季

（d）秋季

（e）冬季

图 3 - 12　瓜州站气温突变检验曲线

（2）由图 3-12（b）可知，瓜州站春季平均气温 U_{fk} 在 20 世纪 50 年代和 80 年代中期为正值，为增加趋势；80 年代中期到 90 初期为负值，为降低趋势；20 世纪 90 年代初期到 21 世纪 10 年代为正值，为增加趋势。2004—2020 年气温增加趋势超过 95％临界线（$U_{0.05}=1.96$），表明瓜州站春季平均气温在这一时段上升趋势显著。U_{fk} 和 U_{bk} 相交于 2000 年，且交点在临界线（±1.96）之间，说明瓜州站春季平均气温在 2002 年发生突变，瓜州站春季平均气温在 2000 年以后呈现显著上升趋势。瓜州站春季平均气温划分为 1951—2002 年和 2003—2020 年两个时段。

（3）由图 3-12（c）可知，瓜州站夏季平均气温 U_{fk} 在 20 世纪 50 年代前期为正值，为增加趋势；20 世纪 50 年代末期到 21 世纪 00 年代末期为负值，为降低趋势；21 世纪 00 年代末期到 21 世纪 10 年代末期为正值，为增加趋势；U_{fk} 和 U_{bk} 相交于 2010 年，且交点在临界线（±1.96）之间，说明瓜州站夏季平均气温在 2010 年发生突变，2010 年为突变点。瓜州站夏季平均气温可划分为 1951—2010 年和 2011—2022 年两个时段。

（4）由图 3-12（d）可知，瓜州站秋季平均气温 U_{fk} 在 20 世纪 50 年代到 21 世纪 00 年代初期，大部分时间为负值，表现为降低趋势；21 世纪 00 年代到 21 世纪 10 年代 U_{fk} 为正值，表现为增加趋势。2011—2020 年气温增加趋势超过 95％临界线（$U_{0.05}=1.96$），表明瓜州站秋季平均气温在这一时段上升趋势显著。U_{fk} 和 U_{bk} 相交于 2004 年，且交点在临界线（±1.96）之间，说明瓜州站秋季平均气温在 2004 年发生突变。瓜州站秋季平均气温划分为 1951—2004 年和 2005—2020 年两个时段。

（5）由图 3-12（e）可知，瓜州站冬季平均气温 U_{fk} 在 20 世纪 50 年代中期到 21 世纪 10 年代为正值，表现为增加趋势。1989—2020 年气温增加趋势超过 95％临界线（$U_{0.05}=1.96$），表明瓜州站冬季平均气温在这一时段上升趋势显著。U_{fk} 和 U_{bk} 相交于 1984 年，且交点在临界线（±1.96）之间，说明瓜州站冬季平均气温在 2004 年发生突变。瓜州站冬季平均气温划分为 1951—2004 年和 2005—2020 年两个时段。

3.5.3 玉门站

（1）由图 3-13（a）可知，玉门站全年平均气温 U_{fk} 在 20 世纪 50 年代中期到 60 年代中期为正值，表现为增加趋势；从 20 世纪 60 年代末期到 80 年代末期为负值，表现为降低趋势；20 世纪 90 年代到 21 世纪 10 年代为正值，表现为增加趋势。2001—2020 年气温增加趋势超过 95％临界线（$U_{0.05}=1.96$），表明玉门站全年平均气温在这一时段上升趋势显著。U_{fk} 和 U_{bk} 相交于 1995 年，且交点在临界线（±1.96）之间，说明玉门站平均气温在 1995 年发生突变，1995 年为突变点。瓜州站全年平均气温划分为 1953—1995 年和 1996—2020 年两个时段。

（2）由图 3-13（b）可知，玉门站春季平均气温 U_{fk} 在 20 世纪 50 年代初期到 80 年代中期绝大部分为正值，表现为增加趋势；从 20 世纪 80 年代中期到 90 年代末期为负值，表现为降低趋势；20 世纪 90 年代末期到 21 世纪 10 年代为正值，表现为增加趋势。2012—2020 年气温增加趋势超过 95％临界线（$U_{0.05}=1.96$），表明玉门站春季平均气温在这一时段上升趋势显著。U_{fk} 和 U_{bk} 相交于 2002 年，且交点在临界线（±1.96）之间，说明瓜州站春季平均气温在 2002 年发生突变，2002 年为突变点。瓜州站春季平均气温划分为 1953—2002 年和 2003—2020 年两个时段。

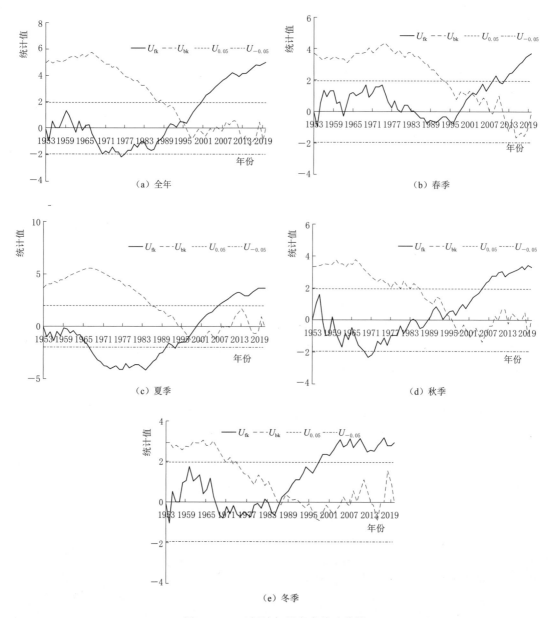

图 3-13 玉门站气温突变检验曲线

（3）由图 3-13（c）可知，玉门站夏季平均气温 U_{fk} 在 20 世纪 50 年代初期到 90 年代末期为负值，表现为降低趋势；从 21 世纪 00 年代到 10 年代末期为正值，表现为增加趋势。2006—2020 年气温增加趋势超过 95% 临界线（$U_{0.05}=1.96$），表明玉门站夏季平均气温在这一时段上升趋势显著。U_{fk} 和 U_{bk} 相交于 1996 年，且交点在临界线（±1.96）之间，说明瓜州站夏季平均气温在 1996 年发生突变，1996 年为突变点。瓜州站夏季平均气温划分为 1953—1996 年和 1997—2020 年两个时段。

（4）由图 3-13（d）可知，玉门站秋季平均气温 U_{fk} 在 20 世纪 50 年代末期到 80 年代末期为负值，表现为降低趋势；从 20 世纪 80 年代末到 21 世纪 10 年代为正值，表现为增加趋势。2005—2020 年气温增加趋势超过 95％临界线（$U_{0.05}=1.96$），表明玉门站秋季平均气温在这一时段上升趋势显著。U_{fk} 和 U_{bk} 相交于 1994 年，且交点在临界线（±1.96）之间，说明玉门站秋季平均气温在 1994 年发生突变，1994 年为突变点。玉门站秋季平均气温划分为 1953—1994 年和 1995—2020 年两个时段。

（5）由图 3-13（e）可知，玉门站冬季平均气温 U_{fk} 在 20 世纪 50 年代中期到 60 年代末期为正值，表现为增加趋势；从 20 世纪 60 年代末到 20 世纪 80 年代末为负值，表现为降低趋势。20 世纪 80 年代末到 21 世纪 10 年代为正值，表现为增加趋势。1998—2020 年气温增加趋势超过 95％临界线（$U_{0.05}=1.96$），表明玉门站冬季平均气温在这一时段上升趋势显著。U_{fk} 和 U_{bk} 相交于 1994 年和 1988 年，且交点在临界线（±1.96）之间，说明玉门站冬季平均气温在 1994 年和 1988 年发生突变。玉门站冬季平均气温划分为 1953—1994 年、1995—1998 年和 1999—2020 年三个时段。

3.6 气温趋势性分析

3.6.1 敦煌站

敦煌站 70 年全年气温及春季、夏季、秋季、冬季气温变化趋势的分析结果见表 3-7。从表 3-7 可以看出全年、春季、夏季、秋季、冬季气温的 Sen's 指标均为正值，有增加的趋势。根据 M-K 检验计算得 Z 值，$|Z|>1.96$，通过了置信度 95％的显著性检验，增长趋势显著。

表 3-7　　　　　　　　　　敦煌站气温变化趋势的分析结果

项目	线性回归系数	Sen's 指标	M-K 趋势检验 Z 值	趋势	显著程度
全年	0.024	0.02	6.09	上升	显著
春季	0.033	0.03	4.92	上升	显著
夏季	0.019	0.02	3.87	上升	显著
秋季	0.019	0.02	3.95	上升	显著
冬季	0.027	0.03	4.10	上升	显著

3.6.2 瓜州站

瓜州站 70 年全年气温及春季、夏季、秋季、冬季气温变化趋势的分析结果见表 3-8。从表 3-8 可以看出全年、春季、夏季、秋季、冬季气温的 Sen's 指标均为正值，有增加的趋势。根据 M-K 趋势检验计算得 Z 值，$|Z|>1.96$，通过了置信度 95％的显著性检验，增长趋势显著；夏季 $|Z|<1.96$，未通过置信度 95％的显著性检验，增长趋势不显著。

3.6.3 玉门站

玉门站 70 年全年气温及春季、夏季、秋季、冬季气温变化趋势的分析结果见表 3-9。从表 3-9 中可以看出全年、春季、夏季、秋季、冬季气温的 Sen's 指标均为正值，有增加的趋势。根据 M-K 趋势检验计算得 Z 值，$|Z|>1.96$，通过了置信度 95％的显

著性检验，增长趋势显著；冬季$|Z|<1.96$。

表 3 - 8 瓜州站气温变化趋势的分析结果

项目	线性回归系数	Sen's 指标	M - K 趋势检验 Z 值	趋势	显著程度
全年	0.021	0.02	5.47	上升	显著
春季	0.030	0.03	4.81	上升	显著
夏季	0.008	0.01	1.64	上升	不显著
秋季	0.015	0.02	3.16	上升	显著
冬季	0.031	0.03	4.49	上升	显著

表 3 - 9 玉门站气温变化趋势的分析结果

项目	线性回归系数	Sen's 指标	M - K 趋势检验 Z 值	趋势	显著程度
全年	0.020	0.02	4.78	上升	显著
春季	0.023	0.03	3.70	上升	显著
夏季	0.017	0.02	3.69	上升	显著
秋季	0.018	0.02	5.84	上升	显著
冬季	0.021	0.003	2.94	上升	显著

3.7 气温周期性分析

3.7.1 敦煌站

采用小波分析法计算敦煌站近 70 年来全年和四季气温小波分析变换系数，并做出小波实部图和小波方差图。结合图 3 - 14（a）可知，敦煌站年气温的小波实部图主要存在 55～60 年、45～50 年和 10～15 年三个特征时间尺度；小波方差图表明全年气温存在三个明显的峰值，其第一主周期为 58 年，第二主周期为 47 年，第三主周期为 12 年。

由图 3 - 14（b）可知，敦煌站春季气温的小波实部图主要存在 5～10 年、10～15 年、28～30 年和 50～55 年四个特征时间尺度；小波方差图表明春季气温存在四个明显的峰值，其第一主周期为 52 年，第二主周期为 13 年，第三主周期为 7 年，第四主周期为 30 年。

由图 3 - 14（c）可知，敦煌站夏季气温的小波实部图主要存在 5～10 年、15～20 年、28～32 年、50～55 年四个特征时间尺度；小波方差图表明夏季气温存在四个明显的峰值，第一主周期为 19 年，第二主周期为 52 年，第三主周期为 30 年，第四主周期为 6 年。

由图 3 - 14（d）可知，敦煌站秋季气温的小波实部图主要存在 55～60 年、一个特征时间尺度，小波方差图表明秋季气温存在一个明显的峰值，其主周期为 57 年。

由图 3 - 14（e）可知，敦煌站冬季气温的小波实部图主要存在 1～6 年、7～10 年、10～15 年三个特征时间尺度；小波方差图表明冬季气温存在三个明显的峰值，其第一主周期为 14 年，第二主周期为 8 年，第三主周期为 5 年。

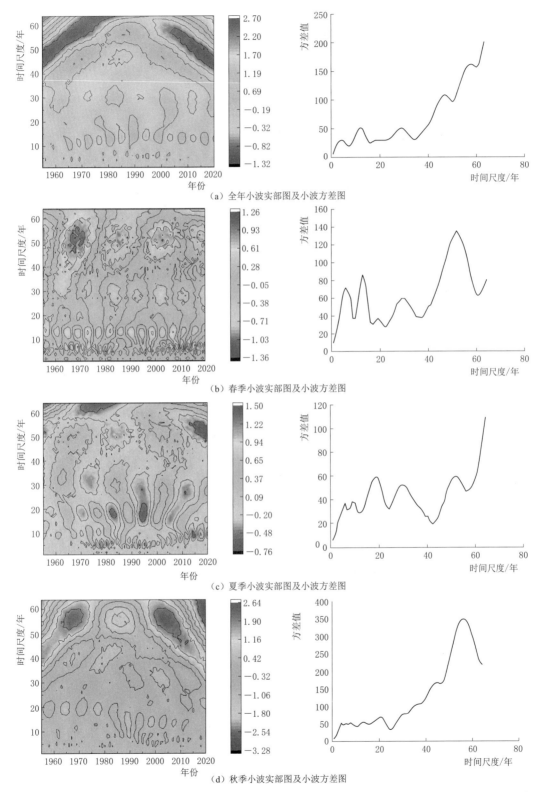

（a）全年小波实部图及小波方差图

（b）春季小波实部图及小波方差图

（c）夏季小波实部图及小波方差图

（d）秋季小波实部图及小波方差图

图 3-14（一） 敦煌站全年及四季气温周期性分析图（参见文后彩图）

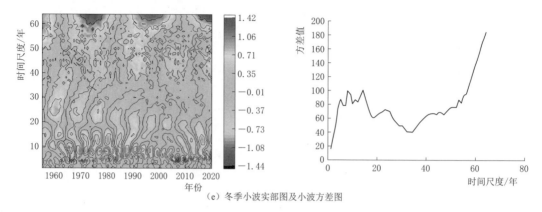

（e）冬季小波实部图及小波方差图

图 3-14（二） 敦煌站全年及四季气温周期性分析图（参见文后彩图）

3.7.2 瓜州站

采用小波分析法计算瓜州站近 70 年来全年和四季气温小波分析变换系数，并做出小波实部图和小波方差图。结合图 3-15（a）可知，瓜州站年气温的小波实部图主要存在 5~10 年、10~15 年、28~33 年和 50~55 年四个特征时间尺度；小波方差图表明全年气温存在四个明显的峰值，其第一主周期为 30 年，第二主周期为 52 年，第三主周期为 13 年；第四主周期为 7 年。

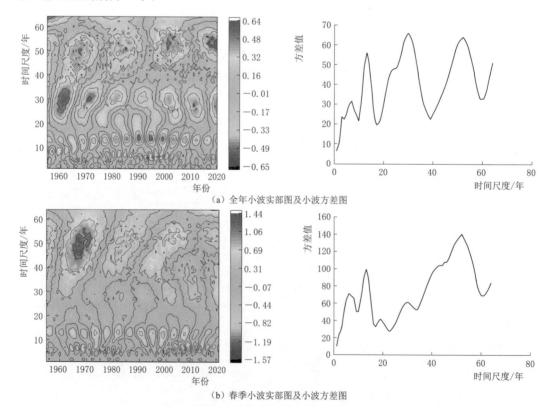

（a）全年小波实部图及小波方差图

（b）春季小波实部图及小波方差图

图 3-15（一） 瓜州站全年及四季气温周期性分析图（参见文后彩图）

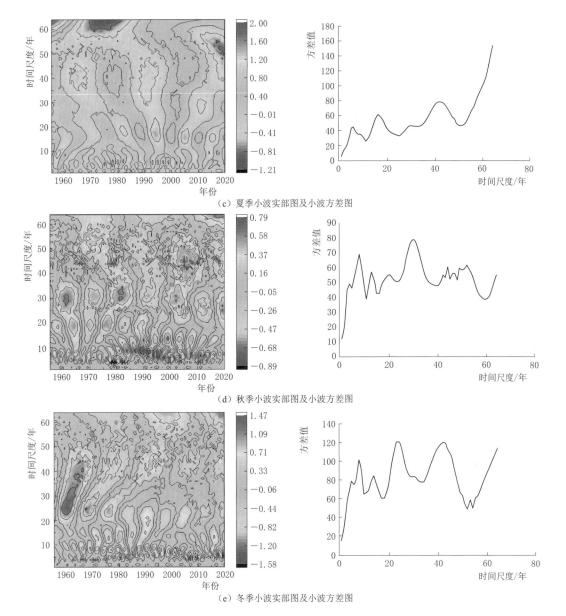

（c）夏季小波实部图及小波方差图

（d）秋季小波实部图及小波方差图

（e）冬季小波实部图及小波方差图

图 3-15（二） 瓜州站全年及四季气温周期性分析图（参见文后彩图）

由图 3-15（b）可知，瓜州站春季气温的小波实部图主要存在 5～10 年、10～15 年和 50～55 年三个特征时间尺度；小波方差图表明春季气温存在三个明显的峰值，其第一主周期为 52 年，第二主周期为 13 年，第三主周期为 6 年。

由图 3-15（c）可知，瓜州站夏季气温的小波实部图主要存在 5～10 年、15～20 年和 40～45 年三个特征时间尺度；小波方差图表明夏季气温存在三个明显的峰值，第一主周期为 42 年，第二主周期为 16 年，第三主周期为 6 年。

由图 3-15（d）可知，瓜州站秋季气温的小波实部图主要存在 5～10 年、10～15 年和 28～33 年三个特征时间尺度；小波方差图表明秋季气温存在三个明显的峰值，其第一主周期为 30 年，第二主周期为 8 年，第三主周期为 13 年。

由图 3-15（e）可知，瓜州站冬季气温的小波实部图主要存在 5～10 年、10～15 年、20～25 年、40～45 年四个特征时间尺度；小波方差图表明冬季气温存在四个明显的峰值，其第一主周期为 42 年，第二主周期为 24 年，第三主周期为 14 年，第四主周期为 8 年。

3.7.3 玉门站

采用小波分析法计算玉门站近 70 年来全年和四季气温小波分析变换系数，并做出小波实部图和小波方差图。

结合图 3-16（a）可知，玉门站年气温的小波实部图主要存在 25～30 年、20～25 年、10～15 年和 5～10 年四个特征时间尺度；小波方差图表明全年气温存在四个明显的峰值，其第一主周期为 13 年，第二主周期为 22 年，第三主周期为 29 年，第四主周期为 6 年。

由图 3-16（b）可知，玉门站春季气温的小波实部图主要存在 5～10 年、10～15 年、25～30 年和 40～45 年四个特征时间尺度；小波方差图表明春季气温存在四个明显的峰值，其第一主周期为 7 年，第二主周期为 13 年，第三主周期为 41 年，第四主周期为 29 年。

由图 3-16（c），玉门站夏季气温的小波实部图主要存在 15～20 年一个特征时间尺度；小波方差图表明夏季气温存在一个明显的峰值，第一主周期为 17 年。

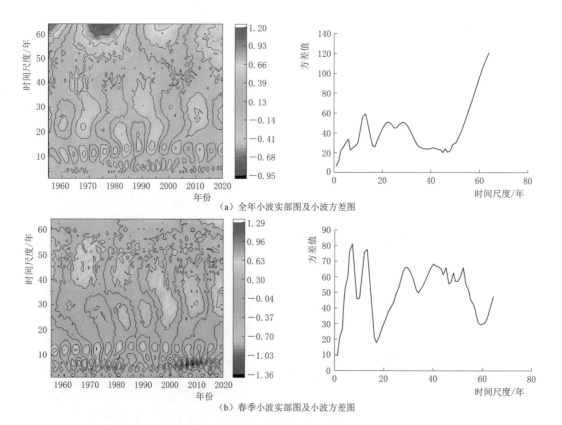

（a）全年小波实部图及小波方差图

（b）春季小波实部图及小波方差图

图 3-16（一） 玉门站全年及四季气温周期性分析图（参见文后彩图）

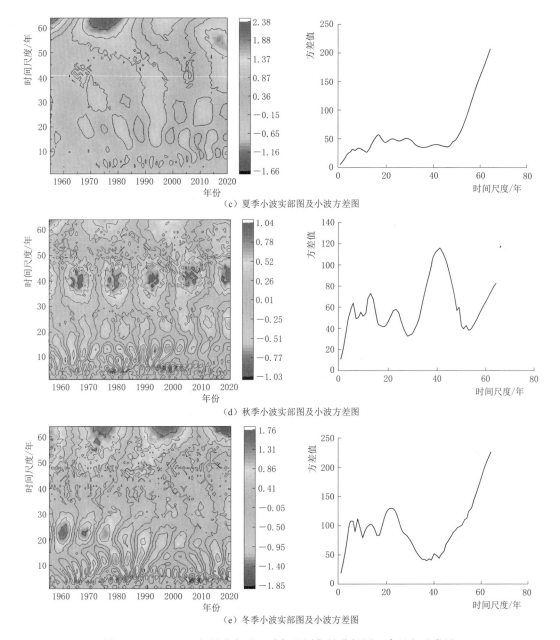

（c）夏季小波实部图及小波方差图

（d）秋季小波实部图及小波方差图

（e）冬季小波实部图及小波方差图

图 3-16（二） 玉门站全年及四季气温周期性分析图（参见文后彩图）

由图 3-16（d）可知，玉门站秋季气温的小波实部图主要存在 5～10 年、10～15 年和 40～45 年三个特征时间尺度；小波方差图表明秋季气温存在四个明显的峰值，其第一主周期为 41 年，第二主周期为 13 年，第三主周期为 6 年，第四主周期为 23 年。

由图 3-16（e）可知，玉门站冬季气温的小波实部图主要存在 5～10 年、10～15 年和 20～25 年三个特征时间尺度；小波方差图表明冬季气温存在三个明显的峰值，其第一主周期为 23 年，第二主周期为 8 年，第三主周期为 14 年。

3.8　气温持续性分析

3.8.1　敦煌站

敦煌站全年及四季气温的 Hurst 指数计算结果见表 3 - 10 和图 3 - 17，结合计算结果可知，该站全年及四季气温的 Hurst 指数分别为 0.9681、0.8171、1.028、0.7548、0.8784，均大于 0.5，即表现出正持续性特征，这表明未来气温将与过去 70 年的变化趋势相同，故可预测未来一段时间该站气温将出现继续上升趋势。其中夏季的 Hurst 指数最大为 1.028，秋季的 Hurst 指数最小为 0.7548，都表现出较强的正持续性。

表 3 - 10　　　　　　　　敦煌站全年及四季气温的 Hurst 指数计算结果表

项目	全年	春季	夏季	秋季	冬季
Hurst 指数	0.9681	0.8171	1.028	0.7548	0.8784
R^2	0.9647	0.8467	0.9698	0.7604	0.8883

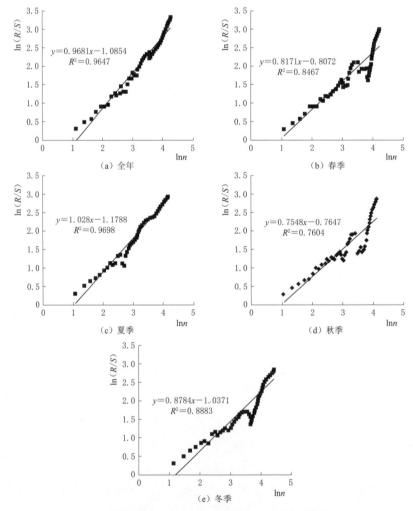

图 3 - 17　敦煌站全年及四季气温的 Hurst 指数计算结果图

3.8.2　瓜州站

瓜州站全年及四季气温的 Hurst 指数计算结果见表 3-11 和图 3-18，结合计算结果可知，该站全年及四季气温的 Hurst 指数分别为 0.9178、0.8009、1.0085、0.6877、0.8672，均大于 0.5，即表现出正持续性特征，这表明未来气温将与过去 70 年的变化趋势相同，故可预测未来一段时间该站气温将出现升高趋势。其中夏季的 Hurst 指数最大为 1.0085，秋季的 Hurst 指数最小为 0.6877，都表现出较强的正持续性。

表 3-11　　　　瓜州站全年及四季气温的 Hurst 指数计算结果表

项目	全年	春季	夏季	秋季	冬季
Hurst 指数	0.9178	0.8009	1.0085	0.6877	0.8672
R^2	0.9488	0.9006	0.9761	0.7761	0.8836

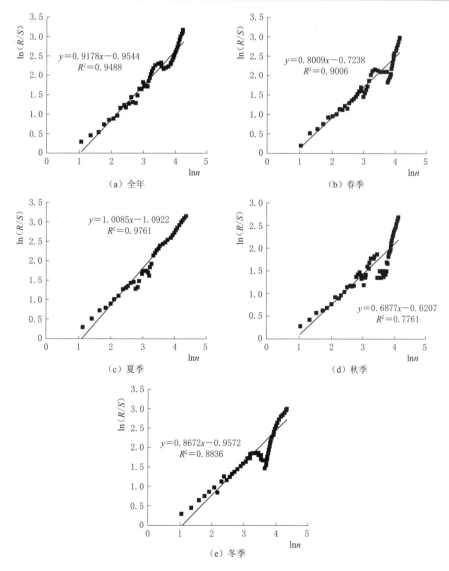

图 3-18　瓜州站全年及四季气温的 Hurst 指数计算结果图

3.8.3 玉门站

玉门站全年及四季气温的 Hurst 指数计算结果见表 3-12 和图 3-19，结合计算结果可知，该站全年及四季气温的 Hurst 指数分别为 0.9336、0.7770、0.9885、0.7425、0.7976，均大于 0.5，即表现出正持续性特征，这表明未来气温将与过去 68 年的变化趋势相同，故可预测未来一段时间该站气温将出现上升趋势。其中夏季的 Hurst 指数最大为 0.9885，秋季的 Hurst 指数最小为 0.7425，都表现出较强的正持续性。

表 3-12　　　　　　　　玉门站全年及四季气温的 Hurst 指数计算结果表

项目	全年	春季	夏季	秋季	冬季
Hurst 指数	0.9336	0.7770	0.9885	0.7425	0.7976
R^2	0.9751	0.8943	0.9802	0.9179	0.9380

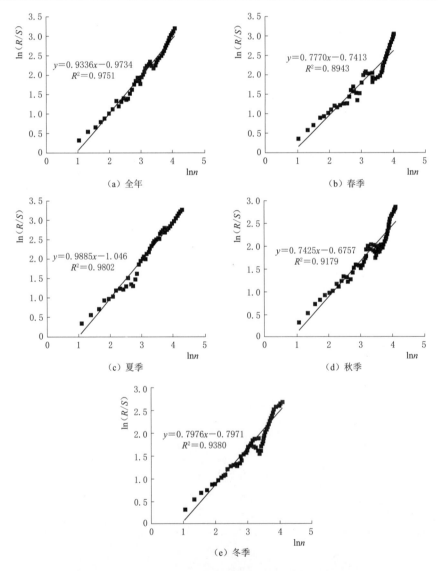

图 3-19　玉门站全年及四季气温的 Hurst 指数计算结果图

3.9 气温集中度与不均匀性变化分析

3.9.1 敦煌站

敦煌站气温集中度年际变化如图 3-20 所示。敦煌站气温集中度多年平均值为 0.85，变化范围为 0.72～1.08。集中度最大值 1.08 出现在 1967 年，最小值为 0.72 出现在 2007 年和 2015 年，极差值为 0.36，极差比为 1.50，敦煌站气温集中度呈现微弱的下降趋势，倾向率为 0.023/10 年。如果集中度比多年平均值小，则年气温较分散；反之，则年气温相对集中。1951—2020 年敦煌站气温集中度有 31 年大于均值，说明气温分部较集中，集中度越大气温越集中，容易出现高温。

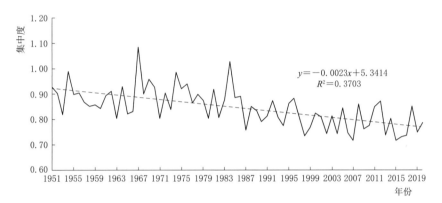

图 3-20　敦煌站气温集中度的年际变化图

从图 3-21 可以看出，敦煌站 70 年气温年内分配不均匀系数的变化范围为 0.45～0.69，多年平均值为 0.54。最大值 0.69 出现在 1967 年，最小值 0.45 出现在 2015 年。通过图 3-21 的趋势线可知，敦煌站 70 年以来气温不均匀系数呈递减趋势，倾向率为 0.015/10 年，表明气温年内分配有均匀化趋势。

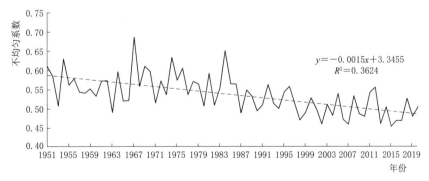

图 3-21　敦煌站气温不均匀系数的年际变化图

3.9.2 瓜州站

瓜州站气温集中度年际变化如图 3-22 所示。瓜州站气温集中度的多年平均值为 0.95，变化范围为 0.79～1.18。集中度最大值 1.18 出现在 1967 年，最小值 0.79 出现在

2007 年，极差值为 0.39，极差比为 1.49，瓜州站气温集中度呈现微弱的下降趋势，倾向率为 0.028/10 年。如果集中度比多年平均值小，则年气温较分散；反之，则年气温相对集中。1951—2020 年瓜州站气温集中度有 32 年大于均值，说明气温分布较集中，集中度越大气温越集中，容易出现高温。

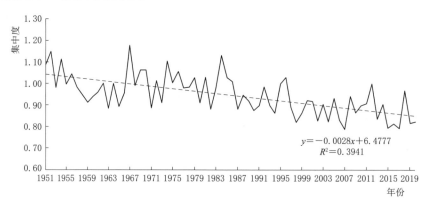

图 3-22 瓜州站气温集中度的年际变化图

从图 3-23 可以看出，瓜州站 70 年气温年内分配不均匀系数的变化范围为 0.50～0.75，多年平均值为 0.60。最大值 0.75 出现在 1967 年，最小值 0.50 出现在 2015 年和 2017 年，通过图 3-23 的趋势线可知，瓜州站 70 年以来气温不均匀系数呈递减趋势，倾向率为 0.018/10 年。

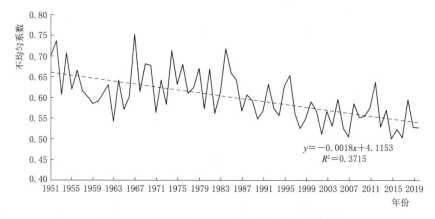

图 3-23 瓜州站气温不均匀系数的年际变化图

3.9.3 玉门站

玉门站气温集中度年际变化如图 3-24 所示。玉门站气温集中度的多年平均值为 1.10，变化范围为 0.89～1.54。集中度最大值 1.54 出现在 1967 年，最小值 0.89 出现在 1998 年，极差值为 0.65，极差比为 1.73，玉门站气温集中度呈现微弱的下降趋势，倾向率为 0.032/10 年。如果集中度比多年平均值小，则年气温较分散；反之，则年气温相对集中。1953—2020 年玉门站气温集中度有 31 年大于均值，说明气温分部较集中，集中度越大气温越集中，容易出现高温。

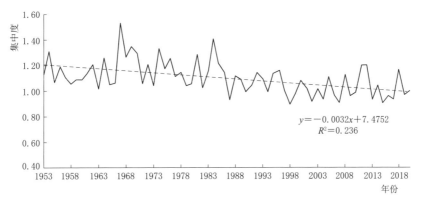

图 3-24 玉门站气温集中度的年际变化图

从图 3-25 可以看出，玉门站 68 年气温年内分配不均匀系数的多年平均值为 0.70，变化范围为 0.56～0.98。最大值 0.98 出现在 1967 年，最小值 0.56 出现在 1998 年和 2002 年，通过图 3-2 的趋势线可知，玉门站 68 年以来降水不均匀系数呈递减趋势，倾向率为 0.02/10 年。

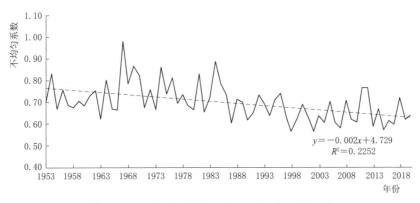

图 3-25 玉门站气温不均匀系数的年际变化图

3.10 气 温 模 拟 分 析

3.10.1 敦煌站

用 1951—2020 年敦煌站实测年平均气温资料，构建 BP 神经网络预测模型，以 2017—2020 年为测试样本，预测 2021—2026 年的年平均气温，预测结果见表 3-13，误差在 15% 以内。2021—2026 年敦煌站年平均气温预测值分别为 10.94℃、10.94℃、10.95℃、10.97℃、11.01℃、11.06℃。

3.10.2 瓜州站

用 1951—2020 年瓜州站实测年平均气温资料，构建 BP 神经网络预测模型，以 2017—2020 年为测试样本，预测 2021—2026 年的年平均气温，预测结果见表 3-14，误差在 15% 以内。2021—2026 年瓜州站年平均气温预测值分别为 9.91℃、9.88℃、9.87℃、9.86℃、9.85℃、9.85℃。

表 3 - 13　　　　　　　　　　2021—2026 年敦煌站年平均气温预测结果

年份	实测值/℃	预测值/℃	误差率/%	年份	实测值/℃	预测值/℃	误差率/%
2017	11.16	11.40	2.16	2022		10.94	
2018	10.35	9.77	5.58	2023		10.95	
2019	10.98	11.03	0.44	2024		10.97	
2020	10.41	9.89	5.03	2025		11.01	
2021		10.94		2026		11.06	

表 3 - 14　　　　　　　　　　2021—2026 年瓜州站年平均气温预测结果

年份	实测值/℃	预测值/℃	误差率/%	年份	实测值/℃	预测值/℃	误差率/%
2017	10.42	9.97	4.32	2022		9.88	
2018	9.31	9.98	7.21	2023		9.87	
2019	10.33	9.97	3.52	2024		9.86	
2020	10.05	9.94	1.12	2025		9.85	
2021		9.91		2026		9.85	

3.10.3　玉门站

用 1953—2020 年玉门站实测年平均气温资料，构建 BP 神经网络预测模型，以 2017—2020 年为测试样本，预测 2021—2026 年的年平均气温，预测结果见表 3 - 15，误差在 15% 以内。2021—2026 年玉门站年平均气温预测值分别为 7.98℃、7.99℃、7.99℃、8.00℃、8.00℃、8.00℃。

表 3 - 15　　　　　　　　　　2021—2026 年玉门站年平均气温预测结果

年份	实测值/℃	预测值/℃	误差率/%	年份	实测值/℃	预测值/℃	误差率/%
2017	8.30	7.92	4.61	2022		7.99	
2018	7.30	7.95	8.90	2023		7.99	
2019	8.00	7.97	0.40	2024		8.00	
2020	7.70	7.98	3.61	2025		8.00	
2021		7.98		2026		8.00	

3.11　小　　结

本章基于疏勒河敦煌站、瓜州站 1951—2020 年和玉门站 1953—2020 年全年及四季气温数据，研究气温变化特征，分析结果如下：

（1）疏勒河流域敦煌站、瓜州站、玉门站多年平均气温分别为 9.77℃、9.08℃、7.30℃，年均气温分别以 0.244℃/10 年、0.209℃/10 年、0.195℃/10 年的速率增加，70 年、70 年、68 年内分别增加了 1.71℃、1.46℃、1.33℃。

（2）疏勒河流域敦煌站 20 世纪 70—80 年代气温较低，21 世纪 00 年代和 10 年代气温较高；瓜州站 20 世纪 70—80 年代气温较低，21 世纪 00 年代和 10 年代气温较高；玉

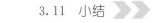

门站 20 世纪 60—80 年代气温较低，21 世纪 00 年代和 10 年代气温相对较高。

（3）敦煌站、玉门站呈现春季气温增加对平均气温增加的贡献最大，瓜州站呈现冬季气温增加对平均气温增加的贡献最大。

（4）疏勒河流域全年、春季、夏季、秋季、冬季三个气象站从东往西气温依次增加，从南到北先减少后增加。

（5）通过 M－K 检测法计算结果显示，疏勒河流域敦煌站、瓜州站、玉门站年平均和不同季节气温表现不同程度突变，呈现不同时间突变点。敦煌站、瓜州站、玉门站年平均气温突变点分别为 1998 年、2000 年、1995 年。

（6）疏勒河流域敦煌站、玉门站全年及四季气温均呈现上升趋势，且增加趋势显著；瓜州站全年及四季气温均呈现上升趋势，其中全年、春季、秋季、冬季增加趋势显著，夏季增加趋势不显著。

（7）疏勒河敦煌站、瓜州站、玉门站中全年气温第一主周期多数以 54 年左右为主，除玉门站第一主周期为 13 年；春季气温敦煌站第一主周期为 52 年左右，瓜州站为 30 年，玉门站为 7 年；夏季气温第一主周期为 42 年左右，敦煌站第一主周期为 19 年，除玉门站第一主周期为 17 年；秋季气温敦煌站第一主周期为 57 年左右，瓜州站第一主周期为 30 年，玉门站第一主周期为 41 年；冬季气温瓜州站第一主周期为 42 年左右，除敦煌站第一主周期为 14 年，玉门站第一主周期为 23 年。

（8）疏勒河流域敦煌站、瓜州站、玉门站全年及四季气温的 Hurst 指数总体上均大于 0.5，表明这 3 个站表现出正持续性特征，未来气温将出现增长趋势。

（9）疏勒河敦煌站、瓜州站、玉门站的年气温的不均匀系数、集中度等年内分配指标均呈下降趋势，表明年内分配过程逐渐趋向均匀。

（10）通过 BP 神经网络模型预测，疏勒河年平均气温在未来 6 年基本继续呈上升趋势，其中敦煌站预测值分别为 10.94℃、10.94℃、10.95℃、10.97℃、11.01℃、11.06℃。瓜州站预测值分别为 9.91℃、9.88℃、9.87℃、9.86℃、9.85℃、9.85℃。玉门站预测值分别为 7.98℃、7.99℃、7.99℃、8.00℃、8.00℃、8.00℃。

第 4 章

疏勒河流域降水时空演变与模拟研究

本章选取疏勒河流域内昌马堡站 1956—2020 年、潘家庄站 1959—2020 年和双塔堡水库站、党城湾站、党河水库站 1960—2020 年逐月、逐年降水数据作为基础资料，采用气候倾向率、累积距平、滑动平均、M-K 突变检验、R/S 分析法、小波分析等方法，分析疏勒河流域降水年变化、年代际变化、季节变化和空间变化特征，并分析降水突变性、趋势性、周期性、持续性、不均匀性和集中度变化，利用 BP 神经网络构建预测模型，模拟预测疏勒河流域未来降水的变化趋势。

4.1 降水年变化特征与规律

4.1.1 昌马堡站

昌马堡站 1956—2020 年多年平均年降水量为 96.4mm，整体呈现增加趋势，趋势方程为 $y=0.5046x+79.739$，年均降水量以 5.046mm/10 年的速率增加，65 年内增加了 32.8mm，增加趋势相对显著。该站年均降水量年际变化大，最大值为 2007 年的 184.6mm，最小值为 1956 年的 35.4mm，相差 149.2mm，最大、最小年降水量比值 5.2。从该站年均降水量变化的 5 年滑动平均曲线（图 4-1）可以看出，年降水量呈现缓慢增加—减小—增加波动变化趋势，呈现多段上升—下降—上升变化过程。从该站年降水量累积距平变化曲线（图 4-2）可以看出，年均降水量 1956—1972 年和 1984—2000 年呈现下降变化趋势，1973—1983 年和 2001—2020 年呈现上升变化趋势，总体上该站年降水

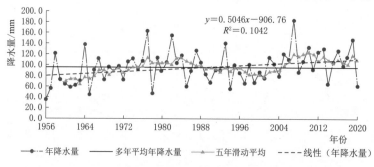

图 4-1 1956—2020 年疏勒河流域昌马堡站年降水量变化曲线

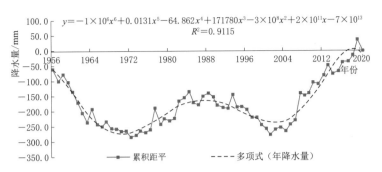

图 4-2 1956—2020 年疏勒河流域昌马堡站年降水量累积距平变化曲线

量呈现上升变化趋势。

4.1.2 潘家庄站

潘家庄站 1959—2020 年多年平均降水量为 51.4mm，整体呈现增加趋势，趋势方程为 $y=0.0687x+49.213$，年均降水量以 0.687mm/10 年的速率增加，62 年内增加了 4.3mm，增加趋势不显著。该站年均降水量年际变化大，最大值为 1979 年的 146.8mm，最小值为 2020 年的 19.7mm，两者相差 127.1mm，最大、最小年降水量比值 7.5。从该站年均降水量变化的 5 年滑动平均曲线（图 4-3）可以看出，年降水量呈现缓慢增加—减小—增加波动变化趋势，呈现多段上升—下降—上升变化过程。从该站年降水量累积距平变化曲线（图 4-4）可以看出，年均降水量 1959—1970 年和 1985—2011 年呈现下降变化趋势，1971—1984 年和 2012—2020 年呈现上升变化趋势。

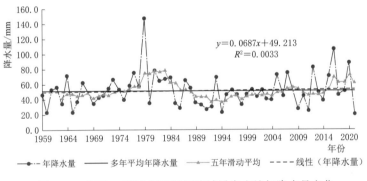

图 4-3 1959—2016 年疏勒河流域潘家庄站年降水量变化

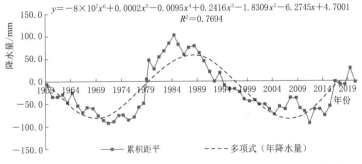

图 4-4 1959—2016 年勒河流域潘家庄站年降水量累积距平变化

4.1.3　双塔堡水库站

双塔堡水库站 1960—2020 年多年平均降水量为 52.4mm，整体呈现略微增加趋势，趋势方程为 $y=0.1112x+48.992$，年均降水量以 1.112mm/10 年的速率增加，61 年内增加了 6.8mm，增加趋势不显著。该站年均降水量年际变化大，最大值为 1979 年的 141.1mm，最小值为 1960 年的 17.6mm，两者相差 123.5mm，最大、最小年降水量比值 8.0。从该站年均降水量变化的 5 年滑动平均曲线（图 4-5）可以看出，年降水量呈现缓慢增加—减小—增加波动变化趋势，呈现多段上升—下降—上升变化过程。从该站年降水量累积距平变化曲线（图 4-6）可以看出，年均降水量 1960—1969 年和 1986—2010 年呈现下降趋势，1970—1985 年和 2011—2020 年呈现上升变化趋势。

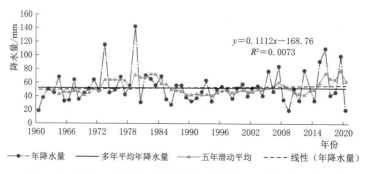

图 4-5　1960—2016 年疏勒河流域双塔堡水库站年降水量变化

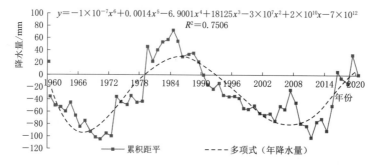

图 4-6　1960—2016 年疏勒河流域双塔堡水库站年降水量累积距平变化

4.1.4　党城湾站

党城湾站 1960—2020 年多年平均降水量为 61.3mm，整体呈现略微增加趋势，趋势方程为 $y=0.9228x+32.691$，年均降水量以 9.228mm/10 年的速率增加，61 年内增加了 56.3mm，增加趋势显著。该站年均降水量年际变化大，最大值为 2019 年的 298.1mm，最小值为 1960 年的 17.6mm，两者相差 280.5mm，最大、最小年降水量比值 16.9。从该站年均降水量变化的 5 年滑动平均曲线（图 4-7）可以看出，年降水量呈现缓慢增加—减小—增加波动变化趋势，呈现多段上升—下降—上升变化过程。从该站年降水量累积距平变化曲线（图 4-8）可以看出，年均降水量 1960—2014 年呈现下降变化趋势，2015—2020 年呈现急剧上升变化趋势。

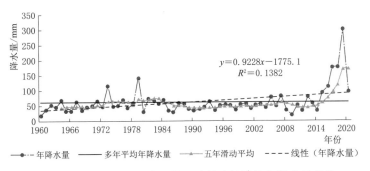

图 4-7 1960—2016 年疏勒河流域党城湾站年降水量变化

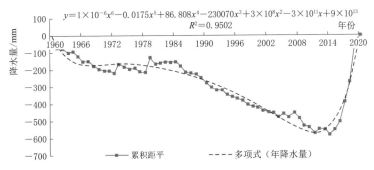

图 4-8 1960—2016 年疏勒河流域党城湾站年降水量累积距平变化

4.1.5 党河水库站

党河水库站 1960—2020 年多年平均年降水量为 51.8mm，整体呈现略微增加趋势，趋势方程为 $y=0.0563x-60.217$，年均降水量以 0.563mm/10 年的速率增加，61 年内增加了 3.4mm，增加趋势不显著。该站年均降水量年际变化大，最大值为 1979 年的 141.1mm，最小值为 1960 年的 16.5mm，两者相差 124.6mm，最大、最小年降水量比值 8.6。从该站年均降水量变化的 5 年滑动平均曲线（图 4-9）可以看出，年降水量呈现缓慢增加—减小—增加波动变化趋势，呈现多段上升—下降—上升变化过程。从该站年降水量累积距平变化曲线（图 4-10）可以看出，年均降水量 1960—1970 年和 1986—2012 年呈现波动下降趋势，1971—1985 年和 2013—2020 年呈波动上升趋势。

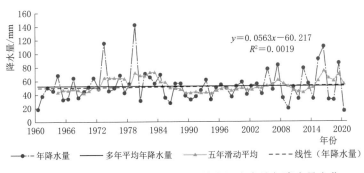

图 4-9 1960—2016 年疏勒河流域党河水库站年降水量变化

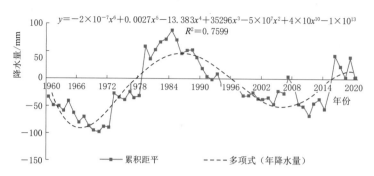

图 4-10 1960—2016 年疏勒河流域党河水库站降水量累积距平变化

4.2 降水年代际变化特征与规律

4.2.1 昌马堡站

由表 4-1 可知，过去 65 年疏勒河流域昌马堡站 20 世纪 50—60 年代、90 年代降水量较低，平均值分别为 70.9mm、80.7mm 和 86.9mm，比多年平均值分别低 25.5mm、15.7mm 和 9.5mm；20 世纪 70—80 年代、21 世纪 00—10 年代降水量较高，分别为 99.8mm、103.5mm、107.3mm 和 109.2mm，比多年平均值分别高 3.4mm、7.1mm、10.9mm 和 12.8mm。

表 4-1 疏勒河流域昌马堡站年代际平均降水量统计结果

时 段	平均值/mm	最 大 值		最 小 值		最大值/最小值
		数值/mm	年份	数值/mm	年份	
1956—1959 年	70.9	119.2	1958	35.4	1956	3.4
1960—1969 年	80.7	138.2	1964	45.1	1965	3.1
1970—1979 年	99.8	162.0	1977	47.1	1978	3.4
1980—1989 年	103.5	154.1	1982	60.5	1985	2.6
1990—1999 年	86.9	140.4	1993	57.3	1994	2.5
2000—2009 年	107.3	184.6	2007	76.6	2001	2.4
2010—2020 年	109.2	148.2	2019	61.8	2020	2.4
1956—2020 年	96.4	184.6	2007	35.4	1956	5.2

该站 20 世纪 50 年代年均降水量为 70.9mm，最大值为 1958 年的 119.2mm，最小值为 1956 年的 35.4mm，两者相差 83.8mm，最大、最小年降水量比值为 3.4；20 世纪 60 年代年均降水量为 80.7mm，最大值为 1964 年的 138.2mm，最小值为 1965 年的 45.1mm，两者相差 93.1mm，最大、最小年降水量比值为 3.1；20 世纪 70 年代年均降水量为 99.8mm，最大值为 1977 年的 162.0mm，最小值为 1978 年的 47.1mm，两者相差 114.9mm，最大年、最小年降水量比值为 3.4；20 世纪 80 年代年均降水量为 103.5mm，最大值为 1982 年的 154.1mm，最小值为 1985 年的 60.5mm，两者相差 93.6mm，最大、

最小年降水量比值为 2.6；20 世纪 90 年代年均降水量 86.9mm，最大值为 1993 年的
140.4mm，最小值为 1994 年的 57.3mm，两者相差 83.1mm，最大、最小年降水量比值
为 2.5；21 世纪 00 年代年均降水量为 107.3mm，最大值 2007 年的 184.6mm，最小值
为 2001 年的 76.6mm，两者相差 108mm，最大、最小年降水量比值为 2.4；21 世纪 10
年代以来年均降水量为 109.2mm，最大值为 2019 年的 148.2mm，最小值为 2020 年的
61.8mm，两者相差 86.4mm，最大、最小年降水量比值为 2.4。

4.2.2　潘家庄站

由表 4-2 可知，过去 62 年疏勒河流域潘家庄站 20 世纪 60 年代、20 世纪 90 年代和
21 世纪 00 年代降水量较低，平均值分别为 44.5mm、40.5mm 和 50.0mm，比多年平均
值分别低 7.0mm、10.9mm 和 1.4mm；20 世纪 70—80 年代和 21 世纪 10 年代降水量较
高，分别为 63.7mm、53.2mm 和 56.7mm，比多年平均值分别高 12.3mm、1.8mm
和 5.3mm。

表 4-2　　　　　　　疏勒河流域潘家庄站年代际平均降水量统计结果

时　段	平均值/mm	最　大　值		最　小　值		最大值/最小值
		数值/mm	年份	数值/mm	年份	
1959—1969 年	44.5	71.9	1964	22.5	1960	3.2
1970—1979 年	63.7	146.8	1979	39.0	1975	3.8
1980—1989 年	53.2	77.1	1981	28.8	1986	2.7
1990—1999 年	40.5	68.5	1993	22.3	1994	3.1
2000—2009 年	50.0	75.9	2007	28.4	2009	2.7
2010—2020 年	56.7	106.2	2016	19.7	2020	5.4
1959—2020 年	51.4	146.8	1979	19.7	2020	7.5

该站 20 世纪 60 年代年均降水量为 44.5mm，最大值为 1964 年的 71.9mm，最小值
为 1960 年的 22.5mm，两者相差 49.4mm，最大、最小年降水量比值 3.2；20 世纪 70 年
代年均降水量为 63.7mm，最大值为 1979 年的 146.8mm，最小值为 1975 年的 39.0mm，
两者相差 107.8mm，最大、最小年降水量比值为 3.8；20 世纪 80 年代年均降水量
53.2mm，最大值为 1981 年的 77.1mm，最小值为 1986 年的 28.8mm，两者相差
48.3mm，最大、小年降水量比值为 2.7；20 世纪 90 年代年均降水量 40.5mm，最大值为
1993 年的 68.5mm，最小值为 1994 年的 22.3mm，两者相差 46.2mm，最大、最小年降
水量比值为 3.1；21 世纪 00 年代年均降水量 50.0mm，最大值为 2007 年的 75.9mm，最
小值为 2009 年的 28.4mm，两者相差 47.5mm，最大、最小年降水量比值为 2.7；21 世
纪 10 年代年均降水量 56.7mm，最大值为 2016 年的 106.2mm，最小值为 2020 年的
19.7mm，两者相差 86.5mm，最大、最小年降水量比值为 5.4。

4.2.3　双塔堡水库站

由表 4-3 可知，过去 61 年疏勒河流域双塔堡水库站 20 世纪 60 年代、20 世纪 80—
90 年代和 21 世纪 00 年代降水量较低，分别为 42.3mm、49.9mm、44.9mm 和 50.0mm，
比多年平均值分别低 10.1mm、2.5mm、7.5mm 和 2.4mm；20 世纪 70 年代和 21 世纪

10 年代降水量相对较高,分别为 67.2mm 和 59.7mm,比多年平均值分别高 14.8mm 和 7.3mm。

表 4-3   疏勒河流域双塔堡水库站年代际平均降水量统计结果

时　段	平均值/mm	最　大　值		最　小　值		最大值/最小值
		数值/mm	年份	数值/mm	年份	
1960—1969 年	42.3	66.6	1964	17.6	1960	3.8
1970—1979 年	67.2	141.1	1979	41.6	1977	3.4
1980—1989 年	49.9	69.6	1981	27.1	1986	2.6
1990—1999 年	44.9	61.4	1993	31.9	1990	1.9
2000—2009 年	50.0	82.8	2007	18.1	2009	4.6
2010—2020 年	59.7	108.7	2016	19.9	2020	5.5
1960—2020 年	52.4	141.1	1979	17.6	1960	8.0

该站 20 世纪 60 年代年均降水量为 42.3mm,最大值为 1964 年的 66.6mm,最小值为 1960 年的 17.6mm,两者相差 49mm,最大、最小年降水量比值为 3.8;20 世纪 70 年代年均降水量为 67.2mm,最大值为 1979 年的 141.1mm,最小值为 1977 年的 41.6mm,两者相差 99.5mm,最大、最小年降水量比值为 3.4;20 世纪 80 年代年均降水量为 49.9mm,最大值为 1981 年的 69.6mm,最小值为 1986 年的 27.1mm,两者相差 42.5mm,最大、最小年降水量比值为 2.6;20 世纪 90 年代年均降水量为 44.9mm,最大值为 1993 年的 61.4mm,最小值为 1990 年的 31.9mm,两者相差 29.5mm,最大、最小年降水量比值为 1.9;21 世纪 00 年代年均降水量 50.0mm,最大值为 2007 年的 82.8mm,最小值为 2009 年的 18.1mm,两者相差 64.7mm,最大、最小年降水量比值为 4.6;21 世纪 10 年代年均降水量为 59.7mm,最大值为 2016 年的 108.7mm,最小值为 2020 年的 19.9mm,两者相差 88.8mm,最大、最小年降水量比值为 5.5。

4.2.4　党城湾站

由表 4-4 可知,过去 61 年疏勒河流域党城湾站 20 世纪 60 年代、20 世纪 80—90 和 21 世纪 00 年代降水量较低,分别为 42.3mm、49.9mm、44.9mm 和 50.0mm,比多年平均值分别低 19.0mm、11.4mm、16.4mm 和 11.3mm;20 世纪 70 年代和 21 世纪 10 年代降水量相对较高,分别为 67.2mm 和 108.9mm,比多年平均值分别高 5.9mm 和 47.6mm。

表 4-4   疏勒河流域党城湾站年代际平均降水量统计结果

时　段	平均值/mm	最　大　值		最　小　值		最大值/最小值
		数值/mm	年份	数值/mm	年份	
1960—1969 年	42.3	66.6	1964	17.6	1960	3.8
1970—1979 年	67.2	141.1	1979	41.6	1977	3.4
1980—1989 年	49.9	69.6	1981	27.1	1986	2.6
1990—1999 年	44.9	61.4	1993	31.9	1990	1.9

时 段	平均值/mm	最 大 值		最 小 值		最大值/最小值
		数值/mm	年份	数值/mm	年份	
2000—2009 年	50.0	82.8	2007	18.1	2009	4.6
2010—2020 年	108.9	298.1	2019	33.9	2011	8.8
1960—2020 年	61.3	298.1	2019	17.6	1960	16.9

该站 20 世纪 60 年代年均降水量为 42.3mm，最大值为 1964 年的 66.6mm，最小值为 1960 年的 17.6mm，两者相差 49.0mm，最大、最小年降水量比值为 3.8；20 世纪 70 年代年均降水量 67.2mm，最大值为 1979 年的 141.1mm，最小值为 1977 年的 41.6mm，两者相差 99.5mm，最大、最小年降水量比值为 3.4；20 世纪 80 年代年均降水量为 49.9mm，最大值为 1981 年的 69.6mm，最小值为 1986 年的 27.1mm，两者相差 42.5mm，最大、最小年降水量比值为 2.6；20 世纪 90 年代年均降水量为 44.9mm，最大值为 1993 年的 61.4mm，最小值为 1990 年的 31.9mm，两者相差 29.5mm，最大、最小年降水量比值为 1.9；21 世纪 00 年代年均降水量为 50.0mm，最大值为 2007 年的 82.8mm，最小值为 2009 年的 18.1mm，两者相差 64.7mm，最大、最小年降水量比值为 4.6；21 世纪 10 年代年均降水量 108.9mm，最大值为 2019 年的 298.1mm，最小值为 2011 年的 33.9mm，两者相差 264.2mm，最大、最小年降水量比值为 8.8。

4.2.5 党河水库站

由表 4-5 可知，过去 61 年疏勒河流域党河水库站 20 世纪 60 年代、20 世纪 80—90 年代和 21 世纪 00 年代降水量较低，分别为 42.3mm、49.9mm、44.9mm 和 50.0mm，比多年平均值分别低 9.5mm、1.9mm、6.9mm 和 1.8mm；20 世纪 70 年代和 21 世纪 10 年代降水量相对较高，分别为 67.2mm 和 56.4mm，比多年平均值分别高 15.4mm 和 4.6mm。

表 4-5　　　　　　疏勒河流域党河水库站年代际平均降水量统计结果

时 段	平均值/mm	最 大 值		最 小 值		最大值/最小值
		数值/mm	年份	数值/mm	年份	
1960—1969 年	42.3	66.6	1964	17.6	1960	3.9
1970—1979 年	67.2	141.1	1979	41.6	1977	3.4
1980—1989 年	49.9	69.6	1981	27.1	1986	2.6
1990—1999 年	44.9	61.4	1993	31.9	1990	1.9
2000—2009 年	50.0	82.8	2007	18.1	2009	4.6
2010—2020 年	56.4	108.7	2016	16.5	2020	6.6
1960—2020 年	51.8	141.1	1979	16.5	2020	5.6

该站 20 世纪 60 年代年均降水量为 42.3mm，最大值为 1964 年的 66.6mm，最小值为 1960 年的 17.6mm，两者相差 49.0mm，最大、最小年降水量比值为 3.8；20 世纪 70 年代年均降水量为 67.2mm，最大值为 1979 年的 141.1mm，最小值为 1977 年的

41.6mm，两者相差 99.5mm，最大、最小年降水量比值为 3.4；20 世纪 80 年代年均降水量为 49.9mm，最大值为 1981 年的 69.6mm，最小值为 1986 年的 27.1mm，两者相差 42.5mm，最大、最小年降水量比值为 2.6；20 世纪 90 年代年均降水量为 44.9mm，最大值为 1993 年的 61.4mm，最小值为 1990 年的 31.9mm，两者相差 29.5mm，最大、最小年降水量比值为 1.9；21 世纪 00 年代年均降水量为 50.0mm，最大值为 2007 年的 82.8mm，最小值为 2009 年的 18.1mm，两者相差 64.7mm，最大、最小年降水量比值为 4.6；21 世纪 10 年代年均降水量为 56.4mm，最大值为 2016 年的 108.7mm，最小值为 2020 年的 16.5mm，两者相差 92.2mm，最大、最小年降水量比值为 6.6。

4.3　降水季节变化特征与规律

4.3.1　昌马堡站

昌马堡站降水量季节距平变化和季节变化分别见表 4 - 6 和图 4 - 11。由表 4 - 6 和图 4 - 11 可知，该站春、夏、秋、冬四个季节均表现出降水量增加趋势，但各个季节的增加速率略有差异。通过对比分析：该站夏季降水量增加速率最高，1956—2020 年增加 14.8mm，线性增加幅度 2.27mm/10 年；秋季和春季次之，分别增加 9.6mm 和 7.3mm，线性增加幅度分别为 1.115mm/10 年和 1.478mm/10 年；冬季增加幅度最小为 1.2mm，线性增加幅度 0.181mm/10 年。结果表明该站夏季降水量增加对平均降水量增加的贡献最大。

表 4 - 6　　　　　　　　　　　昌马堡站降水量季节距平变化表　　　　　　　　　　单位：mm

年　代	春季	夏季	秋季	冬季
20 世纪 50 年代	−6.3	−11.0	−8.2	0.0
20 世纪 60 年代	−2.9	−11.3	−1.0	−0.6
20 世纪 70 年代	−5.4	9.0	0.8	−1.1
20 世纪 80 年代	5.1	3.7	−2.2	0.5
20 世纪 90 年代	−1.6	−3.6	−4.7	0.4
21 世纪 00 年代	5.0	−5.9	11.3	0.4
21 世纪 10 年代	2.1	11.1	−0.8	0.3

①春季：平均降水量距平值 20 世纪 80 年代、21 世纪 00—10 年代为正，20 世纪 50—70 年代、20 世纪 90 年代为负；20 世纪 50 年代平均降水量最少，比多年平均值少 6.3mm；21 世纪 00 年代最多，比多年平均值多 5.0mm。②夏季：平均降水量距平值 20 世纪 70—80 年代、21 世纪 10 年代为正，20 世纪 50—60 年代、20 世纪 90 年代、21 世纪 00 年代为负；20 世纪 60 年代平均降水量最少，比多年平均值少 11.3mm；21 世纪 10 年代最多，比多年平均值多 11.1mm。③秋季：平均降水量距平值 20 世纪 70 年代、21 世纪 00 年代为正，20 世纪 50—60 年代、20 世纪 80—90 年代、21 世纪 10 年代为负；20 世纪 50 年代平均降水量最少，比多年平均值少 8.2mm；21 世纪 00 年代最多，比多年平均值多 11.3mm。④冬季：平均降水量距平值 20 世纪 60—70 年代为负，50 年代为 0.0，20 世

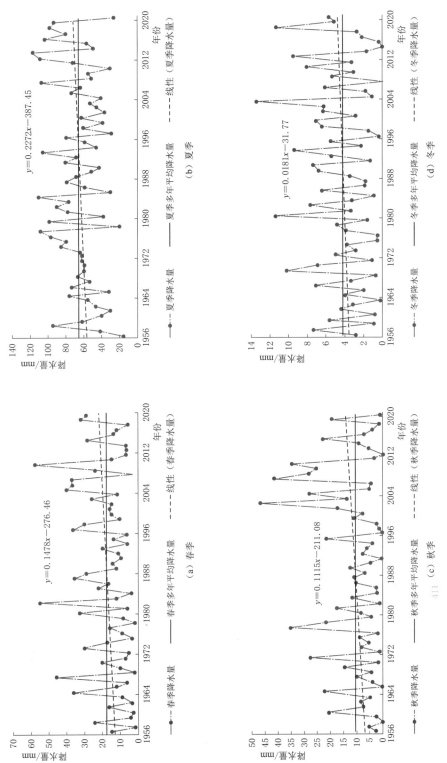

图 4 – 11　昌马堡站降水量季节变化图

纪 80 年代至 21 世纪 10 年代为正；20 世纪 70 年代平均降水量最少，比多年平均值少 1.1mm；20 世纪 80 年代最多，比多年平均值多 0.5mm。

4.3.2　潘家庄站

潘家庄站降水量季节距平变化和季节变化分别见表 4-7 和图 4-12。由表 4-7 和图 4-12 可知，该站夏、秋、冬四个季节均表现出降水量增加趋势，只有春季出现降水量减少趋势。通过对比分析：该站秋季降水量增加速率最高，夏季和冬季降水量增加速率基本相等，1959—2020 年，秋季平均降雨量增加 4.3mm，线性增加幅度为 0.697mm/10 年；夏季和冬季平均降水量分别增加 0.8mm 和 0.8mm，线性增加幅度分别为 0.127mm/10 年和 0.131mm/10 年；春季平均降水量减少 1.7mm，线性减少幅度 0.267mm/10 年。结果表明该站秋季降水量增加对平均降水量增加的贡献最大。

表 4-7　　　　　　　　　潘家庄站降水量季节距平变化表　　　　　　单位：mm

年　代	春季	夏季	秋季	冬季
20 世纪 60 年代	3.2	−6.7	−3.5	−0.1
20 世纪 70 年代	−0.8	10.3	2.9	−0.1
20 世纪 80 年代	0.0	4.6	−2.9	0.1
20 世纪 90 年代	−3.6	−4.7	−1.6	−0.9
21 世纪 00 年代	1.0	−7.9	4.6	0.8
21 世纪 10 年代	0.4	4.3	0.3	0.2

①春季：平均降水量距平值 20 世纪 60 年代、21 世纪 00—10 年代为正，80 年代为 0.0，20 世纪 70 年代、20 世纪 90 年代为负；90 年代平均降水量最少，比多年平均值少 3.6mm；20 世纪 60 年代最多，比多年平均值多 3.2mm。②夏季：平均降水量距平值 20 世纪 60 年代、20 世纪 90 年代、21 世纪 00 年代为负，20 世纪 70—80 年代、21 世纪 10 年代为正；00 年代平均降水量最少，比多年平均值少 7.9mm；20 世纪 70 年代最多，比多年平均值多 10.3mm。③秋季：平均降水量距平值 20 世纪 60 年代、20 世纪 80—90 年代为负，20 世纪 70 年代、21 世纪 00—10 年代为正值；60 年代平均降水量最少，比多年平均值少 3.5mm；21 世纪 00 年代最多，比多年平均值多 4.6mm。④冬季：平均降水量距平值 20 世纪 60—70 年代、20 世纪 90 年代为负，20 世纪 80 年代、21 世纪 00—10 年代为正值；20 世纪 90 年代平均降水量最少，比多年平均值少 0.9mm；21 世纪 00 年代最多，比多年平均值多 0.8mm。

4.3.3　双塔堡水库站

双塔堡水库站降水量季节距平变化和季节变化分别见表 4-8 和图 4-13。由表 4-8 和图 4-13 可知，该站夏、秋、冬三个季节均表现出降水量增加趋势，只有春季出现降水量减少趋势。通过对比分析：该站夏季降水量增加速率最高，秋季和冬季降水量次之。1960—2020 年，夏季平均降雨量增加 4.4mm，线性增加幅度为 0.673mm/10 年；秋季和冬季平均降水量分别增加 4.0mm 和 0.8mm，线性增加幅度分别为 0.65mm/10 年和 0.133mm/10 年；春季平均降水量减少 2.1mm，线性减少幅度 0.344mm/10 年。结果表明该站夏季降水量增加对平均降水量增加的贡献最大。

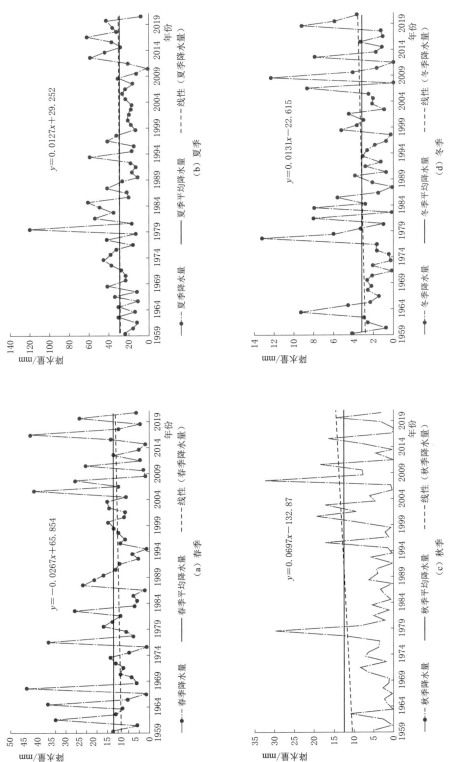

图 4-12 潘家庄站降水量季节变化图

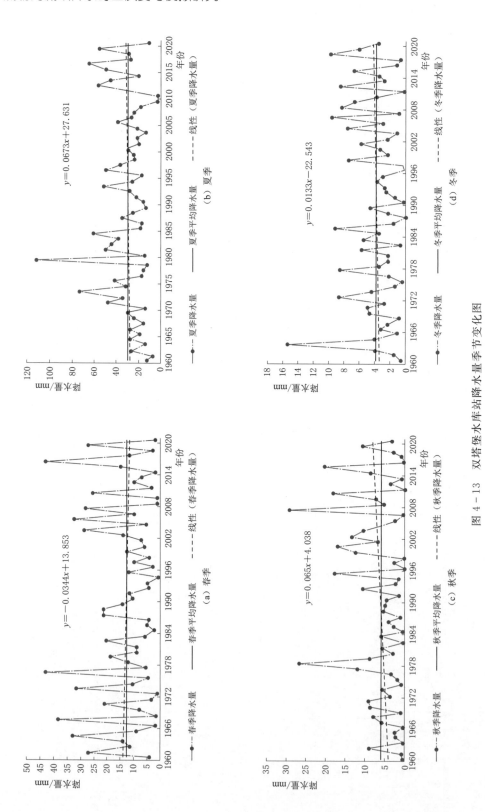

图 4 - 13 双塔堡水库站降水量季节变化图

表 4-8 　　　　　　　　　　双塔堡水库站降水量季节距平变化表 　　　　　　　　单位：mm

年　代	春季	夏季	秋季	冬季
20 世纪 60 年代	2.17	−9.33	−2.99	−0.02
20 世纪 70 年代	2.39	10.02	2.14	0.16
20 世纪 80 年代	−1.27	1.62	−2.61	−0.27
20 世纪 90 年代	−5.17	−0.33	−0.64	−1.41
21 世纪 00 年代	0.86	−8.28	3.84	1.09
21 世纪 10 年代	0.90	5.71	0.26	0.42

①春季：平均降水量距平值 20 世纪 60—70 年代、21 世纪 00—10 年代为正，20 世纪 80—90 年代初为负；20 世纪 90 年代平均降水量最少，比多年平均值少 5.17mm；20 世纪 70 年代最多，比多年平均值多 2.39mm。②夏季：平均降水量距平值 20 世纪 60 年代、20 世纪 90 至 21 世纪 00 年代为负，20 世纪 70—80 年代、21 世纪 10 年代为正；20 世纪 60 年代平均降水量最少，比多年平均值少 9.33mm；20 世纪 70 年代最多，比多年平均值多 10.02mm。③秋季：平均降水量距平值 20 世纪 60 年代、20 世纪 80—90 年代为负，20 世纪 70 年代、21 世纪 00—10 年代为正；60 年代平均降水量最少，比年均少 2.99mm；21 世纪 00 年代最多，比多年平均值多 3.84mm。④冬季：平均降水量距平值 20 世纪 60 年代、20 世纪 80—90 年代为负，20 世纪 70 年代、21 世纪 00—10 年代为正；20 世纪 90 年代平均降水量最少，比多年平均值少 1.41mm；21 世纪 00 年代最多，比多年平均值多 1.09mm。

4.3.4　党城湾站

党城湾站降水量季节距平变化和季节变化分别见表 4-9 和图 4-14。由表 4-9 和图 4-14 可知，该站春、夏、秋、冬四个季节均表现出降水量增加趋势，但各个季节的增加速率略有差异。通过对比分析：该站夏季降水量增加速率最高，1960—2020 年增加 40.4mm，线性增加幅度 6.62mm/10 年；春季和秋季次之，分别增加 8.2mm 和 4.3mm，线性增加幅度分别为 1.344mm/10 年和 0.71mm/10 年；冬季增加幅度最小为 3.4mm，线性增加幅度 0.554mm/10 年。结果表明该站夏季降水量增加对平均降水量增加的贡献最大。

表 4-9 　　　　　　　　　　党城湾站降水量季节距平变化表 　　　　　　　　单位：mm

年　代	春季	夏季	秋季	冬季
20 世纪 60 年代	0.35	−15.82	−3.06	−0.49
20 世纪 70 年代	0.57	3.53	2.07	−0.31
20 世纪 80 年代	−3.09	−4.87	−2.68	−0.74
20 世纪 90 年代	−6.99	−6.82	−0.71	−1.88
21 世纪 00 年代	−0.96	15.23	3.77	0.62
21 世纪 10 年代	9.2	35.24	0.57	2.56

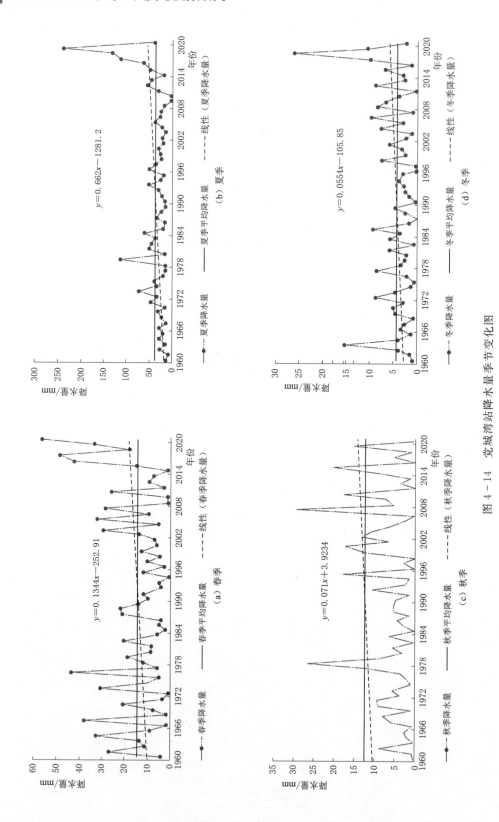

图 4 - 14　党城湾站降水量季节变化图

①春季：平均降水量距平值 20 世纪 60—70 年代、21 世纪 10 年代为正，20 世纪 80 年代至 21 世纪 00 年代为负；20 世纪 90 年代平均降水量最少，比多年平均值少 6.99mm；21 世纪 10 年代最多，比多年平均值多 9.2mm。②夏季：平均降水量距平值 20 世纪 60 年代、20 世纪 80—90 年代为负，20 世纪 70 年代、21 世纪 00—10 年代为正；20 世纪 60 年代平均降水量最少，比多年平均值少 15.82mm；21 世纪 10 年代最多，比多年平均值多 35.24mm。③秋季：平均降水量距平值 20 世纪 60 年代、20 世纪 80—90 年代为负，20 世纪 70 年代、21 世纪 00—10 年代为正；20 世纪 60 年代平均降水量最少，比多年平均值少 3.06mm；21 世纪 00 年代最多，比多年平均值多 3.77mm。④冬季：平均降水量距平值 20 世纪 60—90 年代为负，21 世纪 00—10 年代为正；20 世纪 90 年代平均降水量最少，比多年平均值少 1.88mm；21 世纪 10 年代最多，比多年平均值多 2.56mm。

4.3.5 党河水库站

党河水库站降水量季节距平变化和季节变化见表 4-10 和图 4-15。由表 4-10 和图 4-15 可知，该站夏、秋、冬三个季节均表现出降水量增加趋势，只有春季出现降水量减少趋势。通过对比分析：该站秋季降水量增加速率最高，夏季和冬季降水量次之。1960—2020 年，秋季平均降雨量增加 3.6mm，线性增加幅度为 0.59mm/10 年；夏季和冬季平均降水量分别增加 3.3mm 和 0.8mm，线性增加幅度分别为 0.545mm/10 年和 0.134mm/10 年；春季平均降水量减少 4.3mm，线性减少幅度 0.697mm/10 年。结果表明该站秋季降水量增加对平均降水量增加的贡献最大。

表 4-10　　党河水库站降水量季节距平变化表　　　　单位：mm

年　代	春季	夏季	秋季	冬季
20 世纪 60 年代	2.56	−9.19	−2.93	−0.07
20 世纪 70 年代	2.78	10.16	2.20	0.17
20 世纪 80 年代	−0.88	1.76	−2.55	−0.26
20 世纪 90 年代	−4.78	−0.19	−0.58	−1.40
21 世纪 00 年代	1.25	−8.14	3.90	1.10
21 世纪 10 年代	−0.87	5.07	−0.04	0.39

①春季：平均降水量距平值 20 世纪 60—70 年代、21 世纪 00 年代为正，20 世纪 80—90 年代、21 世纪 10 年代为负；20 世纪 90 年代平均降水量最少，比多年平均值少 4.78mm；20 世纪 70 年代最多，比多年平均值多 2.78mm。②夏季：平均降水量距平值 20 世纪 60 年代、20 世纪 90 年代、21 世纪 00 年代为负，20 世纪 70—80 年代、21 世纪 10 年代为正；20 世纪 60 年代平均降水量最少，比多年平均值少 9.19mm；20 世纪 70 年代最多，比多年平均值多 10.16mm。③秋季：平均降水量距平值 20 世纪 60 年代、20 世纪 80—90 年代、21 世纪 10 年代为负，20 世纪 70 年代、21 世纪 00 年代为正；20 世纪 60 年代平均降水量最少，比多年平均值少 2.93mm；21 世纪 00 年代最多，比多年平均值多 3.9mm。④冬季：平均降水量距平值 20 世纪 60 年代、20 世纪 80—90 年代为负，20 世纪 70 年代、21 世纪 00—10 年代为正；20 世纪 90 年代平均降水量最少，比多年平均值少 1.4mm；21 世纪 00 年代最多，比多年平均值多 1.1mm。

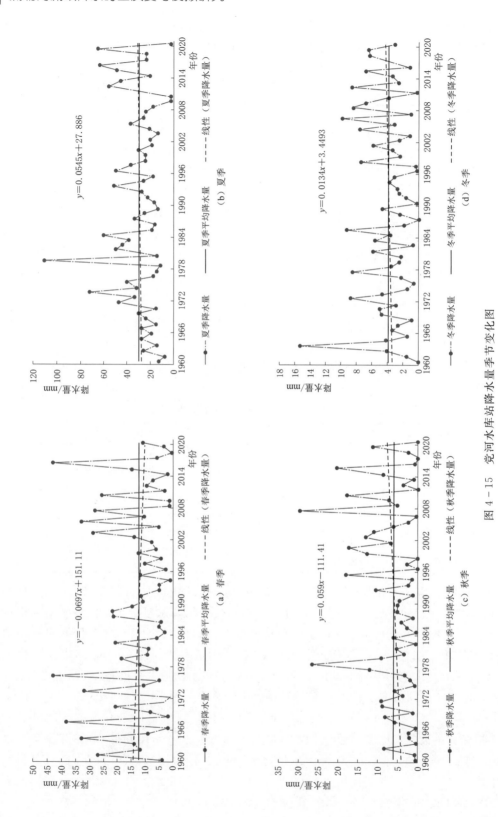

图 4 - 15 党河水库站降水量季节变化图

4.4　降水空间变化特征与规律

从空间变化来看（图4－16），该5个站点降水量的倾向率均为正值，综合分析各站点降水量略有增加趋势。昌马堡站、双塔堡水库站、潘家庄站、党城湾站、党河水库站5个站降水量均有增加趋势，其中党城湾站降水量增加趋势最大，年均降水量以9.228mm/

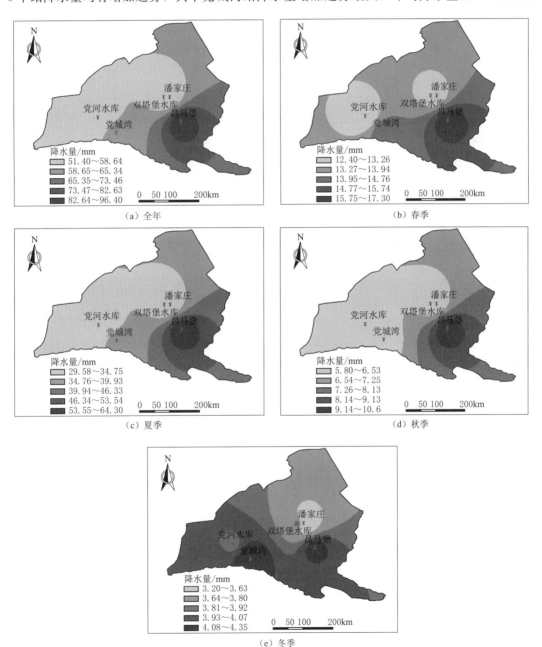

图4－16　疏勒河流域降水空间变化图

10 年的速率增加；党河水库站降水量增加趋势最小，年均降水量以 0.563mm/10 年的速率增加。昌马堡站年均降水量最大，为 96.4mm，潘家庄站年均降水量最小，为 51.4mm。

从疏勒河各水文站降水空间分布（图 4-16）可以看出，疏勒河流域全年、春季、夏季、秋季五个水文站从东往西降水量依次减少，从南到北也依次减少，冬季从西南往东北降水量依次减少；全年、春季和夏季降水空间分布昌马堡站降水量最大，党城湾站次之，潘家庄站、双塔堡水库站和党河水库站降水量最小；秋季降水空间分布昌马堡站降水量最大，潘家庄站、双塔堡水库站、党城湾站和党河水库站降水量次之；冬季降水空间分布昌马堡站和党城湾站降水量最大，双塔堡水库站和党河水库站降水量次之，潘家庄站降水量最小。

4.5　降水突变性分析

4.5.1　昌马堡站

（1）由图 4-17（a）可知，昌马堡站全年降水在 20 世纪 50 年代至 21 世纪 10 年代 U_{fk} 均为正值，平均降水呈现增加趋势，特别是 20 世纪 70 年代前期至 20 世纪 90 年代前期和 21 世纪 10 年代以后，降水增加趋势超过 95％临界线（$U_{0.05}=1.96$），表明昌马堡站平均降水在这一时段上升趋势显著。U_{fk} 和 U_{bk} 主要相交于 1966 年、1990 年和 1998 年，且交点在临界线（±1.96）之间，说明昌马堡站平均降水在 1966 年、1990 年和 1998 年发生突变，1966 年和 1990 年和 1998 年为突变点，因此，昌马堡站全年平均降水划分为 1956—1966 年、1967—1990 年、1991—1997 年和 1998—2020 年 4 个时段。

（2）由图 4-17（b）可知，昌马堡站春季降水在 20 世纪 60 年代至 21 世纪 10 年代 U_{fk} 均为正值，平均降水呈现增加趋势，特别是 21 世纪 00 年代前期至 21 世纪 10 年代中期，降水增加趋势超过 95％临界线（$U_{0.05}=1.96$），表明昌马堡站平均降水在这一时段上升趋势显著。U_{fk} 和 U_{bk} 主要相交于 1980 年，且交点在临界线（±1.96）之间，说明昌马堡站平均降水在 1980 年发生突变，1980 年为突变点，因此，昌马堡站春季平均降水划分为 1956—1980 年和 1981—2020 年 2 个时段。

（3）由图 4-17（c）可知，昌马堡站夏季降水在 20 世纪 50 年代至 21 世纪 10 年代 U_{fk} 均为正值，平均降水呈现增加趋势，特别是 20 世纪 70 年代前期至 20 世纪 90 年代中期，降水增加趋势超过 95％临界线（$U_{0.05}=1.96$），表明昌马堡站平均降水在这一时段上升趋势显著。U_{fk} 和 U_{bk} 主要相交于 1960 年、1962 年、1997 年和 2004 年，且交点在临界线（±1.96）之间，说明昌马堡站平均降水在 1960 年、1962 年、1997 年和 2004 年发生突变，1960 年、1962 年、1997 年和 2004 年为突变点，因此，昌马堡站夏季平均降水划分为 1956—1960 年、1961—1962 年、1963—1997 年、1998—2004 年和 2005—2020 年 5个时段。

（4）由图 4-17（d）可知，昌马堡站秋降水在 20 世纪 60 年代至 20 世纪 90 年代和 21 世纪 00 年代以后 U_{fk} 均为正值，平均降水呈现增加趋势，特别是 2010 年前后，降水增加趋势超过 95％临界线（$U_{0.05}=1.96$），表明昌马堡站平均降水在这一时段上升趋势显著。U_{fk} 和 U_{bk} 主要相交于 1960 年和 1972 年左右，且交点在临界线（±1.96）之间，说明昌马堡站平均降水在 1960 年和 1972 年左右发生突变，1960 年和 1972 年左右为突变点，因此，昌马堡站秋季平均降水划分为 1956—1960 年、1961—1972 年和 1973—2020 年 3 个时段。

（5）由图 4-17（e）可知，昌马堡站冬季降水在 20 世纪 50 年代至 20 世纪 70 年代前期 U_{fk} 为负值，之后转为正值到 20 世纪 70 年代中期又转为负值到 20 世纪 80 年代初，说明在冬季降水量呈现先减后增再减的变化趋势；从 20 世纪 80 年代初到 2016 年为正值之后转为负值到 2018 年又为正值，呈现先增加后减少再增加的趋势。U_{fk} 和 U_{bk} 主要相交于 1970 年、1980 年、2005 年和 2018 年，且交点在临界线（±1.96）之间，说明昌马堡站平均降水在 1970 年、1980 年、2005 年和 2018 年发生突变，1970 年、1980 年、2005 年和 2018 年为突变点，因此，昌马堡站冬季平均降水划分为 1956—1970 年、1971—1980 年、1981—2005 年、2006—2018 年和 2019—2020 年 5 个时段。

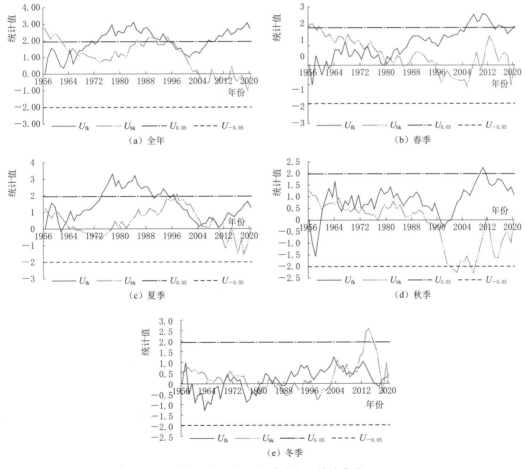

图 4-17　昌马堡站降水突变检验曲线

4.5.2 潘家庄站

（1）由图 4-18（a）可知，潘家庄站全年降水在 20 世纪 60 年代前期至 20 世纪 90 年代前期、21 世纪 10 年代中期以后 U_{fk} 均为正值，平均降水呈现增加趋势，特别是 20 世纪

70 年代后期至 20 世纪 80 年代中期，降水增加趋势超过 95％临界线（$U_{0.05}=1.96$），表明潘家庄站平均降水在这一时段上升趋势显著。U_{fk} 和 U_{bk} 主要相交于 1960 年左右、1989 年左右和 2015 年左右，且交点在临界线（±1.96）之间，说明潘家庄站平均降水在 1960 年、1989 年和 2015 年发生突变，1960 年、1989 年和 2015 年为突变点，因此，潘家庄站全年平均降水划分为 1960—1989 年、1990—2015 年和 2016—2020 年 3 个时段。

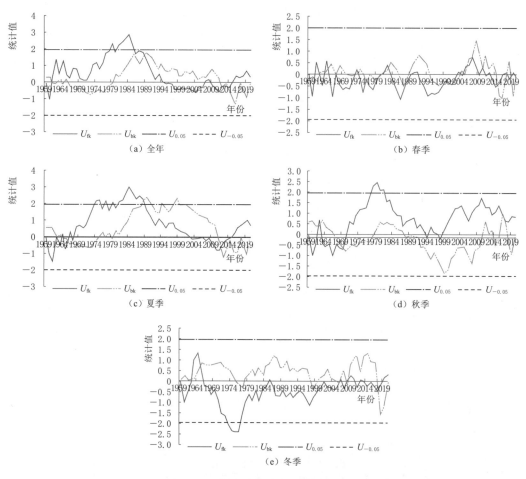

图 4-18　潘家庄站降水突变检验曲线

（2）由图 4-18（b）可知，潘家庄站春季降水在 20 世纪 60 年代前期至 20 世纪 60 年代中期、21 世纪 00 年代前期到 10 年代前期以后 U_{fk} 均为正值，平均降水呈现增加趋势。U_{fk} 和 U_{bk} 主要相交于 1960 年左右、1989 年左右、2014 年左右和 2018 年左右，且交点在临界线（±1.96）之间，说明潘家庄站平均降水在 1960 年左右、1989 年左右、2014 年左右和 2018 年左右发生突变，1960 年左右、1989 年左右、2018 年左右和 2018 年左右为突变点，因此，潘家庄站全年平均降水划分为 1960—1962 年、1963—1980 年、1981—2014 年和 2015—2020 年 4 个时段。

（3）由图 4-18（c）可知，潘家庄站夏季降水在 20 世纪 60 年代后期至 21 世纪 00 年代前期、21 世纪 10 年代中期以后 U_{fk} 均为正值，平均降水呈现增加趋势，特别是 20 世纪

80 年代前期至 20 世纪 80 年代后期，降水增加趋势超过 95％临界线（$U_{0.05}=1.96$），表明潘家庄站平均降水在这一时段上升趋势显著。U_{fk} 和 U_{bk} 主要相交于 1965 年左右、1989 年左右和 2011 年左右，且交点在临界线（±1.96）之间，说明潘家庄站平均降水在 1965 年左右、1989 年左右和 2011 年左右发生突变，1965 年左右、1989 年左右和 2011 年左右为突变点。因此，潘家庄站全年平均降水划分为 1959—1965 年、1966—1989 年、1990—2011 年和 2012—2020 年 4 个时段。

（4）由图 4-18（d）可知，潘家庄站秋季降水在 20 世纪 60 年代前期、20 世纪 70 年代前期以后 U_{fk} 均为正值，平均降水呈现增加趋势，特别是 1980 年左右，降水增加趋势超过 95％临界线（$U_{0.05}=1.96$），表明潘家庄站平均降水在这一时段上升趋势显著。U_{fk} 和 U_{bk} 主要相交于 1969 年左右，且交点在临界线（±1.96）之间，说明潘家庄站平均降水在 1969 年左右发生突变，1969 年左右为突变点，因此，潘家庄站全年平均降水划分为 1959—1969 年和 1970—2020 年 2 个时段。

（5）由图 4-18（e）可知，潘家庄站冬季降水在 20 世纪 60 年代前期、20 世纪 60 年代中期以后 U_{fk} 均为负值，平均降水呈现减少趋势，特别是 1974 年前后，降水减少趋势超过 95％临界线（$U_{0.05}=-1.96$），表明潘家庄站平均降水在这一时段下降趋势显著。U_{fk} 和 U_{bk} 主要相交于 1961 年、1965 年和 2017 年左右，且交点在临界线（±1.96）之间，说明潘家庄站平均降水在 1961 年、1965 年和 2017 年左右发生突变，1961 年、1965 年和 2017 年左右为突变点，因此，潘家庄站全年平均降水划分为 1959—1961 年、1962—1965 年、1966—2017 年和 2018—2020 年 4 个时段。

4.5.3 双塔堡水库站

（1）由图 4-19（a）可知，双塔堡水库站全年降水在 20 世纪 60 年代以后 U_{fk} 均为正值，平均降水呈现增加趋势，特别是 20 世纪 70 年代后期至 20 世纪 80 年代前期，降水增加趋势超过 95％临界线（$U_{0.05}=1.96$），表明双塔堡水库站平均降水在这一时段上升趋势显著。U_{fk} 和 U_{bk} 主要相交于 1987 年左右、1993 年左右、2005 年左右和 2011 年左右，且交点在临界线（±1.96）之间，说明双塔堡水库站平均降水在 1989 年左右、1993 年左右、2005 年左右和 2011 年左右发生突变，1989 年左右、1993 年左右、2005 年左右和 2011 年左右为突变点，因此，双塔堡水库站全年平均降水划分为 1960—1989 年、1990—1993 年、1994—2005 年、2006—2011 年和 2012—2020 年 5 个时段。

（2）由图 4-19（b）可知，双塔堡水库站春季降水在 20 世纪 60 年代后期以后 U_{fk} 基本为负值，平均降水呈现减少趋势。U_{fk} 和 U_{bk} 主要相交于 1968 年左右、1976 年左右、1983 年左右、2004 年左右、2015 年左右和 2019 年左右，且交点在临界线（±1.96）之间，说明双塔堡水库站平均降水在 1968 年左右、1976 年左右、1983 年左右、2004 年左右、2015 年左右和 2019 年左右发生突变，1968 年左右、1976 年左右、1983 年左右、2004 年左右、2015 年左右和 2019 年左右为突变点，因此，双塔堡水库站全年平均降水划分为 1960—1968 年、1969—1976 年、1977—1983 年、1984—2004 年、2005—2015 年、2016—2019 年和 2019 年以后 7 个时段。

（3）由图 4-19（c）可知，双塔堡水库站夏季降水在 20 世纪 60 年代前期以后 U_{fk} 基本为正值，平均降水呈现增加趋势，特别是 20 世纪 70 年代前期至 20 世纪 70 年代后期、

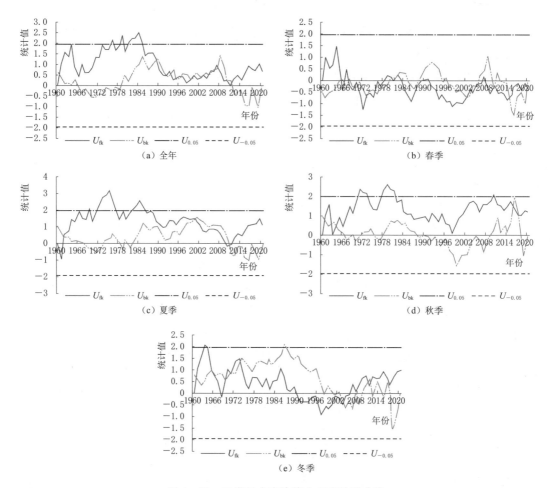

图 4-19 双塔堡水库站降水突变检验曲线

1983 年前后，降水增加趋势超过 95％临界线 $(U_{0.05}=1.96)$，表明双塔堡水库站平均降水在这一时段上升趋势显著。U_{fk} 和 U_{bk} 主要相交于 1962 年左右、2001 年左右和 2011 年左右，且交点在临界线（±1.96）之间，说明双塔堡水库站平均降水在 1962 年左右、2001 年左右和 2011 年左右发生突变，1962 年左右、2001 年左右和 2011 年左右为突变点，因此，双塔堡水库站全年平均降水划分为 1960—1962 年、1963—2001 年、2002—2011 年和 2012—2020 年 4 个时段。

（4）由图 4-19（d）可知，双塔堡水库站秋季降水在 20 世纪 60 年代前期以后 U_{fk} 均为正值，平均降水呈现增加趋势，特别是 20 世纪 70 年代前期、20 世纪 70 年代后期到 80 年代前期，降水增加趋势超过 95％临界线 $(U_{0.05}=1.96)$，表明双塔堡水库站平均降水在这一时段上升趋势显著。U_{fk} 和 U_{bk} 主要相交于 1963 年左右、2015 年左右和 2017 年左右，且交点在临界线（±1.96）之间，说明双塔堡水库站平均降水在 1963 年左右、2015 年左右和 2017 年左右发生突变，1963 年左右、2015 年左右和 2017 年左右为突变点，因此，双塔堡水库站全年平均降水划分为 1960—1963 年、1964—2015 年、2016—2017 年和 2018—2020 年 4 个时段。

（5）由图4-19（e）可知，双塔堡水库站冬季降水在20世纪60年代到90年代前期、21世纪00年代中期以后U_{fk}均为正值，平均降水呈现增加趋势。U_{fk}和U_{bk}主要相交于1966年左右、1974年左右、2003年左右和2011年左右，且交点在临界线（±1.96）之间，说明双塔堡水库站平均降水在1966年左右、1974年左右、2003年左右和2011年左右发生突变，1966年左右、1974年左右、2003年左右和2011年左右为突变点，因此，双塔堡水库站全年平均降水划分为1960—1966年、1967—1974年、1975—2003年、2004—2011年和2012—2020年5个时段。

4.5.4 党城湾站

（1）由图4-20（a）可知，党城湾站全年降水在20世纪60年代以后U_{fk}均为正值，平均降水呈现增加趋势，特别是20世纪80年代前期，降水增加趋势超过95%临界线（$U_{0.05}=1.96$），表明党城湾站平均降水在这一时段上升趋势显著。U_{fk}和U_{bk}主要相交于1964年左右、1972年左右、1979年左右和2015年左右，且交点在临界线（±1.96）之间，说明党城湾站平均降水在1964年左右、1972年左右、1979年左右和2015年左右发生突变，1964年左右、1972年左右、1979年左右和2015年左右为突变点，因此，党城

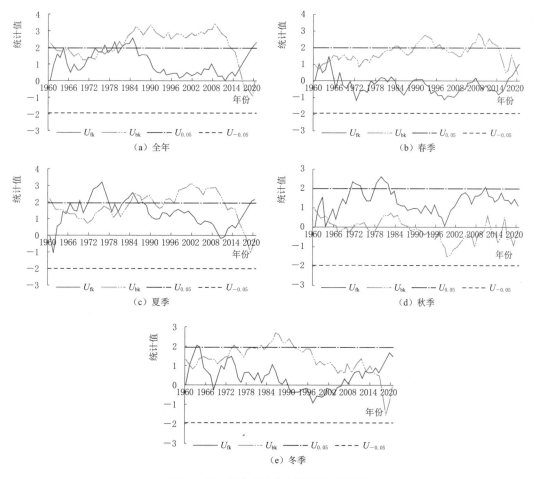

图4-20 党城湾站降水突变检验曲线

89

湾站全年平均降水划分为 1960—1964 年、1965—1972 年、1973—1979 年、1980—2015 年和 2016—2020 年 5 个时段。

（2）由图 4-20（b）可知，党城湾站春季降水在 20 世纪 60 年代后期到 21 世纪 10 年代中期 U_{fk} 基本为负值，平均降水呈现降低趋势。U_{fk} 和 U_{bk} 主要相交于 1961 年左右、1964 年左右和 2019 年左右，且交点在临界线（±1.96）之间，说明党城湾站平均降水在 1961 年左右、1964 年左右和 2019 年左右发生突变，1961 年左右、1964 年左右和 2019 年左右为突变点，因此，党城湾站全年平均降水划分为 1960—1961 年、1962—1964 年、1965—2019 年和 2019—2020 年 4 个时段。

（3）由图 4-20（c）可知，党城湾站夏季降水在 1962 年以后 U_{fk} 均为正值，平均降水呈现增加趋势，特别是 20 世纪 70 年代前期到 20 世纪 70 年代后期、1985 年前后，降水增加趋势超过 95% 临界线（$U_{0.05}=1.96$），表明党城湾站平均降水在这一时段上升趋势显著。U_{fk} 和 U_{bk} 主要相交于 1963 年左右、1985 年左右和 2015 年左右，除 1985 年左右交点位于临界线以上其他交点在临界线（±1.96）之间，说明党城湾站平均降水在 1963 年左右、1985 年左右和 2015 年左右发生突变，1963 年左右、1985 年左右和 2015 年左右为突变点，因此，党城湾站全年平均降水划分为 1960—1963 年、1964—1985 年、1986—2015 年和 2016—2020 年 4 个时段。

（4）由图 4-20（d）可知，党城湾站秋季降水在 20 世纪 60 年代以后 U_{fk} 均为正值，平均降水呈现增加趋势，特别是 1971 年前后、1980 年前后，降水增加趋势超过 95% 临界线（$U_{0.05}=1.96$），表明党城湾站平均降水在这一时段上升趋势显著。U_{fk} 和 U_{bk} 主要相交于 1961 年左右和 1963 年左右，且交点在临界线（±1.96）之间，说明党城湾站平均降水在 1961 年左右和 1963 年左右发生突变，1961 年左右和 1963 年左右为突变点，因此，党城湾站全年平均降水划分为 1960—1961 年、1962—1963 年和 1964—2020 年 3 个时段。

（5）由图 4-20（e）可知，党城湾站冬季降水在 20 世纪 60 年代前期、21 世纪 10 年代中期以后 U_{fk} 均为正值，平均降水呈现增加趋势。U_{fk} 和 U_{bk} 主要相交于 1964 年左右和 2015 年左右，且交点在临界线（±1.96）之间，说明党城湾站平均降水在 1964 年左右和 2015 年左右发生突变，1964 年左右和 2015 年左右为突变点，因此，党城湾站全年平均降水划分为 1960—1964 年、1964—2015 年和 2016—2020 年 3 个时段。

4.5.5　党河水库站

（1）由图 4-21（a）可知，党河水库站全年降水在 20 世纪 60 年代以后 U_{fk} 均为正值，平均降水呈现增加趋势，特别是 20 世纪 80 年代前期，降水增加趋势超过 95% 临界线（$U_{0.05}=1.96$），表明党河水库站平均降水在这一时段上升趋势显著。U_{fk} 和 U_{bk} 主要相交于 1961 年左右，且交点在临界线（±1.96）之间，说明党河水库站平均降水在 1961 年左右发生突变，1961 年左右为突变点，因此，党河水库站全年平均降水划分为 1960—1961 年和 1962—2020 年两个时段。

（2）由图 4-21（b）可知，党河水库站春季降水在 20 世纪 60 年代后期以后 U_{fk} 基本为负值，平均降水呈现降低趋势。U_{fk} 和 U_{bk} 主要相交于 1973 年左右、1983 年左右、1987 年、1990 年左右、2000 年左右、2008 年左右和 2016 年左右，且交点在临界线（±1.96）之间，说明党河水库站平均降水在 1973 年左右、1983 年左右、1987 年左右、

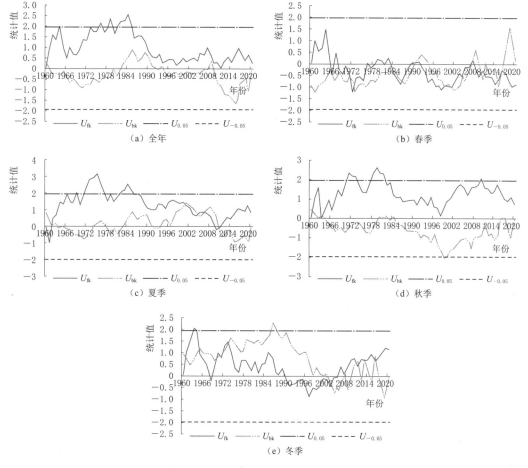

图 4-21 党河水库站降水突变检验曲线

1990 年左右、2000 年左右、2008 年左右和 2016 年左右发生突变，1973 年左右、1983 年左右、1987 年左右、1990 年左右、2000 年左右、2008 年左右和 2016 年左右为突变点，因此，党河水库站全年平均降水划分为 1960—1973 年、1974—1983 年、1984—1987 年、1987—1990 年、1991—2000 年、2001—2008 年、2009—2016 年和 2017—2020 年 8 个时段。

（3）由图 4-21（c）可知，党河水库站夏季降水在 20 世纪 60 年代前期以后 U_{fk} 均为正值，平均降水呈现增加趋势，特别是 20 世纪 70 年代前期到 80 年代中期，降水增加趋势超过 95% 临界线（$U_{0.05}=1.96$），表明党河水库站平均降水在这一时段上升趋势显著。U_{fk} 和 U_{bk} 主要相交于 1962 年左右、2001 年左右和 2011 年左右，且交点在临界线（±1.96）之间，说明党河水库站平均降水在 1962 年左右、2001 年左右和 2011 年左右发生突变，1962 年左右、2001 年左右和 2011 年为突变点，因此，党河水库站全年平均降水划分为 1960—1962 年、1963—2001 年、2002—2011 年和 2012—2020 年 4 个时段。

（4）由图 4-21（d）可知，党河水库站秋季降水在 20 世纪 60 年代以后 U_{fk} 均为正值，平均降水呈现增加趋势，特别是 1972 年前后、1980 年前后，降水增加趋势超过 95%

91

临界线（$U_{0.05}=1.96$），表明党河水库站平均降水在这一时段上升趋势显著。U_{fk} 和 U_{bk} 主要相交于 1961 年左右，且交点在临界线（±1.96）之间，说明党河水库站平均降水在 1961 年左右发生突变，1961 年左右为突变点，因此，党河水库站全年平均降水划分为 1960—1961 年和 1962—2020 年两个时段。

（5）由图 4 - 21 (e) 可知，党河水库站冬季降水在 20 世纪 60 年代到 90 年代前期、21 世纪 00 年代中期以后 U_{fk} 均为正值，平均降水呈现增加趋势。U_{fk} 和 U_{bk} 主要相交于 1965 年左右、1972 年左右和 2003 年左右，且交点在临界线（±1.96）之间，说明党河水库站平均降水在 1965 年左右、1972 年左右和 2003 年左右发生突变，1965 年左右、1972 年左右和 2003 年左右为突变点，因此，党河水库站全年平均降水划分为 1960—1965 年、1966—1972 年、1973—2003 年和 2004—2020 年 4 个时段。

4.6　降水趋势性分析

4.6.1　昌马堡站

昌马堡站 65 年全年及春、夏、秋、冬四季降水量变化趋势的分析结果见表 4 - 11。从表 4 - 11 可以看出全年及春、夏、秋、冬四季降水量的 Sen's 指标均为正值，有增加的趋势，其中全年和春季分别以 5.05mm/10 年和 1.48mm/10 年速率增长，根据 M - K 趋势检验计算得 Z 值分别为 2.75 和 2.03，采用信度为 95% 的显著性检验发现 $|Z|>1.96$，通过了显著性检验，增长趋势明显；而夏季、秋季、冬季分别以 2.27mm/10 年、1.12mm/10 年和 0.18mm/10 年速率增长，通过 M - K 趋势检验计算得 $|Z|<1.96$，均未通过显著性检验，增长趋势不显著。

表 4 - 11　　　　　　　　　　昌马堡站降水量变化趋势的分析结果

项目	线性回归系数	Sen's 指标	M - K 趋势检验 Z 值	趋势	显著程度
全年	0.505	0.558	2.75	上升	显著
春季	0.148	0.140	2.03	上升	显著
夏季	0.227	0.227	1.24	上升	不显著
秋季	0.112	0.054	1.18	上升	不显著
冬季	0.018	0.012	0.49	上升	不显著

4.6.2　潘家庄站

潘家庄站 62 年全年及春、夏、秋、冬四季降水量变化趋势的分析结果见表 4 - 12。从表 4 - 12 可以看出全年及夏、秋、冬四季降水量的 Sen's 指标均为正值，有增加的趋势，其中全年和夏季、秋季、冬季分别以 0.69mm/10 年、0.13mm/10 年、0.69mm/10 年和 0.13mm/10 年速率增长，根据 M - K 趋势检验计算得 Z 值，采用信度为 95% 的显著性检验发现 $|Z|<1.96$，均未通过显著性检验，增长趋势不显著；而春季降水量的 Sen's 指标为负值，有降低的趋势，以 0.27mm/10 年速率降低，通过 M - K 趋势检验计算得 $|Z|<1.96$，未通过显著性检验，降低趋势不显著。

表 4 - 12 潘家庄站降水量变化趋势的分析结果

项目	线性回归系数	Sen's 指标	M-K 趋势检验 Z 值	趋势	显著程度
全年	0.069	0.055	0.32	上升	不显著
春季	-0.027	-0.012	-0.18	下降	不显著
夏季	0.013	0.059	0.60	上升	不显著
秋季	0.069	0.024	0.70	上升	不显著
冬季	0.013	0.005	0.22	上升	不显著

4.6.3 双塔堡水库站

双塔堡水库站 61 年全年及春、夏、秋、冬四季降水量变化趋势的分析结果见表 4 - 13。从表 4 - 13 可以看出全年及夏季、秋季、冬季降水量的 Sen's 指标均为正值，有增加的趋势，其中全年和夏季、秋季、冬季分别以 1.11mm/10 年、0.67mm/10 年、0.65mm/10 年和 0.13mm/10 年速率增长，根据 M-K 趋势检验计算得 Z 值，采用信度为 95％的显著性检验发现 $|Z|<1.96$，均未通过显著性检验，增长趋势不显著；而春季降水量的 Sen's 指标为负值，有降低的趋势，以 0.34mm/10 年速率降低，通过 M-K 趋势检验计算得 $|Z|<1.96$，未通过显著性检验，降低趋势不显著。

表 4 - 13 双塔堡水库站降水量变化趋势的分析结果

项目	线性回归系数	Sen's 指标	M-K 趋势检验 Z 值	趋势	显著程度
全年	0.111	0.087	0.67	上升	不显著
春季	-0.034	-0.029	-0.47	下降	不显著
夏季	0.067	0.122	1.06	上升	不显著
秋季	0.065	0.036	1.08	上升	不显著
冬季	0.013	0.017	0.88	上升	不显著

4.6.4 党城湾站

党城湾站 61 年全年及春、夏、秋、冬四季降水量变化趋势的分析结果见表 4 - 11。从表 4 - 14 可以看出全年及春、夏、秋、冬四季降水量的 Sen's 指标均为正值，有增加的趋势，其中全年和夏季分别以 9.23mm/10 年和 6.62mm/10 年速率增长，根据 M-K 趋势检验计算得 Z 值分别为 2.24 和 2.18，采用信度为 95％的显著性检验发现 $|Z|>1.96$，通过了显著性检验，增长趋势显著；而春季、秋季、冬季分别以 1.34mm/10 年、0.71mm/10 年和 0.55mm/10 年的速率增长，根据 M-K 趋势检验计算得 Z 值分别为 0.93、1.00 和 1.38，采用信度为 95％的显著性检验发现 $|Z|<1.96$，均未通过显著性检验，增长趋势不显著。

表 4 - 14 党城湾站降水量变化趋势的分析结果

项目	线性回归系数	Sen's 指标	M-K 趋势检验 Z 值	趋势	显著程度
全年	0.923	0.354	2.24	上升	显著
春季	0.134	0.059	0.93	上升	不显著

项目	线性回归系数	Sen's 指标	M-K 趋势检验 Z 值	趋势	显著程度
夏季	0.662	0.263	2.18	上升	显著
秋季	0.071	0.036	1.00	上升	不显著
冬季	0.055	0.032	1.38	上升	不显著

4.6.5 党河水库站

党河水库站 61 年全年降水及春、夏、秋、冬四季降水量变化趋势分析结果见表 4-12。从表 4-15 可以看出全年、夏季、秋季、冬季降水量的 Sen's 指标均为正值，有增加的趋势，其中全年和夏季、秋季、冬季分别以 0.56mm/10 年、0.55mm/10 年、0.59mm/10 年和 0.13mm/10 年速率增长，根据 M-K 趋势检验计算得到的 Z 值，采用信度为 95% 的显著性检验发现 $|Z| < 1.96$，均未通过显著性检验，增长趋势不显著；而春季降水量的 Sen's 指标为负值，有降低的趋势，以 0.69mm/10 年速率降低，通过 M-K 趋势检验计算得 $|Z| < 1.96$，未通过显著性检验，降低趋势不显著。

表 4-15 党河水库站降水量变化趋势分析结果

项目	线性回归系数	Sen's 指标	M-K 趋势检验 Z 值	趋势	显著程度
全年	0.056	0.371	0.27	上升	不显著
春季	-0.069	-0.054	-0.93	下降	不显著
夏季	0.055	0.097	0.83	上升	不显著
秋季	0.059	0.023	0.61	上升	不显著
冬季	0.013	0.023	1.12	上升	不显著

4.7 降水周期性分析

4.7.1 昌马堡站

采用小波分析法计算昌马堡站近 65 年来年全年和四季降水小波分析变换系数，并做出小波实部图和小波方差图。结合图 4-22（a）可知，昌马堡站全年降水的小波实部图主要存在 55~60 年、5~10 年和 2~5 年三个特征时间尺度；小波方差图表明全年降水存在三个明显的峰值，其第一主周期为 57 年，第二主周期为 8 年，第三主周期为 4 年。

由图 4-22（b）可知，昌马堡站春季降水的小波实部图主要存在 5~9 年、15~20 年、28~32 年和 53~58 年四个特征时间尺度；小波方差图表明春季降水存在五个明显的峰值，其第一主周期为 54 年，第二主周期为 47 年，第三主周期为 30 年，第四主周期为 18 年，第五主周期为 7 年。

由图 4-22（c）可知，昌马堡站夏季降水的小波实部图主要存在 5~10 年一个特征时间尺度；小波方差图表明夏季降水存在一个明显的峰值，第一主周期为 8 年。

由图 4-22（d）可知，昌马堡站秋季降水的小波实部图主要存在 1~5 年、8~14 年和 45~52 年三个特征时间尺度；小波方差图表明秋季降水存在四个明显的峰值，其第一主

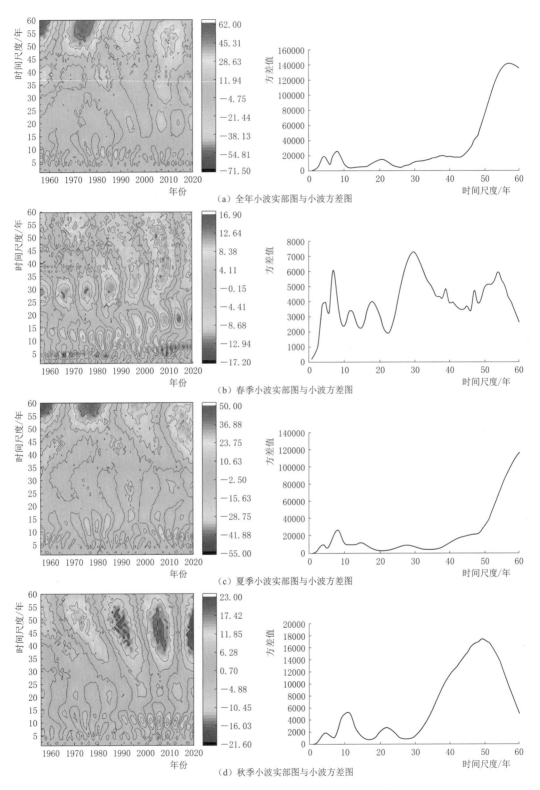

图 4-22（一） 昌马堡站全年及四季降水的小波周期性分析结果（参见文后彩图）

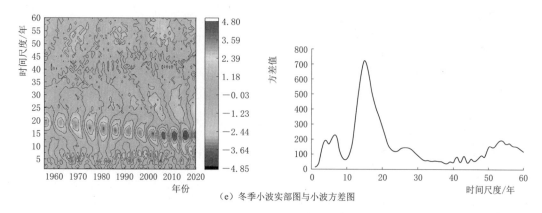

（e）冬季小波实部图与小波方差图

图 4-22（二）　昌马堡站全年及四季降水的小波周期性分析结果（参见文后彩图）

周期为 49 年，第二主周期为 22 年，第三主周期为 11 年，第四主周期为 4 年。

由图 4-22（e）可知，昌马堡站冬季降水的小波实部图主要存在 3~8 年、12~17 年两个特征时间尺度；小波方差图表明夏季降水存在三个明显的峰值，其第一主周期为 15 年，第二主周期为 6 年，第三主周期为 4 年。

4.7.2　潘家庄站

采用小波分析法计算潘家庄站近 62 年来年全年和四季降水小波分析变换系数，并做出实部图和小波方差图。结合图 4-23（a）可知，潘家庄站全年降水的小波实部图主要存在 52~60 年和 28~34 年两个特征时间尺度；小波方差图表明全年降水存在三个明显的峰值，其第一主周期为 59 年，第二主周期为 32 年，第三主周期为 4 年。

由图 4-23（b）可知，潘家庄站春季降水的小波实部图主要存在 3~9 年、10~15 年和 23~28 年三个特征时间尺度；小波方差图表明春季降水存在六个明显的峰值，其第一主周期为 55 年，第二主周期为 47 年，第三主周期为 38 年，第四主周期为 24 年，第五主周期为 14 年，第六主周期为 7 年。

由图 4-23（c）可知，潘家庄站夏季降水的小波实部图不存在特征时间尺度；小波方差图表明夏季降水存在两个明显的峰值，其中第一主周期为 17 年，第二主周期为 7 年。

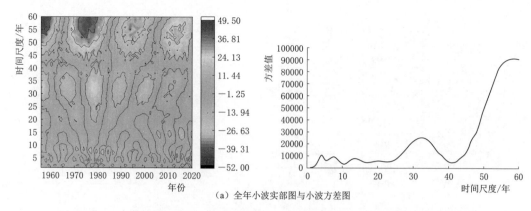

（a）全年小波实部图与小波方差图

图 4-23（一）　潘家庄站全年及四季降水的小波周期性分析结果（参见文后彩图）

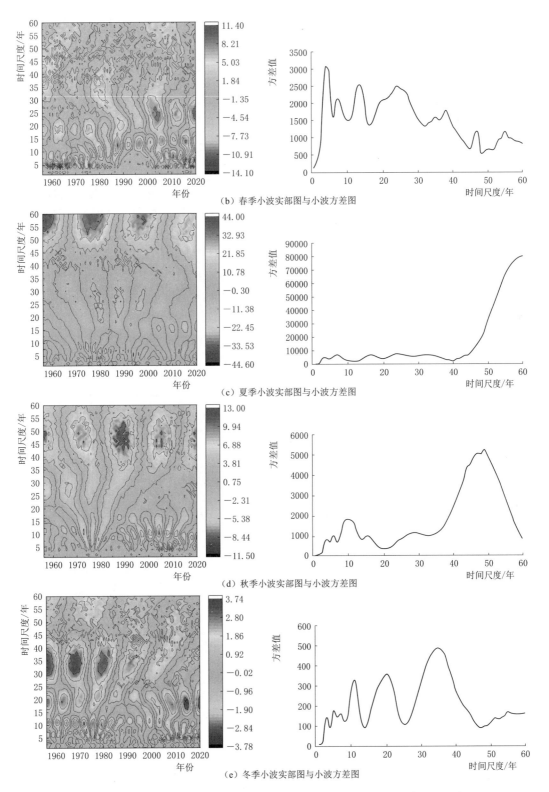

图 4-23（二） 潘家庄站全年及四季降水的小波周期性分析结果（参见文后彩图）

由图 4-23（d）可知，潘家庄站秋季降水的小波实部图主要存在 8～13 年和 45～55 年两个特征时间尺度；小波方差图表明秋季降水存在两个明显的峰值，其第一主周期为 49 年，第二主周期为 10 年。

由图 4-23（e）可知，潘家庄站冬季降水的小波实部图主要存在 1～7 年、8～13 年、18～23 年、30～40 年四个特征时间尺度；小波方差图表明夏季降水存在五个明显的峰值，其第一主周期为 35 年，第二主周期为 20 年，第三主周期为 11 年，第四主周期为 5 年，第五主周期为 3 年。

4.7.3　双塔堡水库站

采用小波分析法计算双塔堡水库站近 61 年来年全年和四季降水小波分析变换系数，并做出小波实部图和小波方差图。结合图 4-24（a）可知，双塔堡水库站全年降水的小波实部图主要存在 53～58 年一个特征时间尺度；小波方差图表明全年降水存在三个明显的峰值，其第一主周期为 55 年，第二主周期为 13 年，第三主周期为 4 年。

由图 4-24（b）可知，双塔堡水库站春季降水的小波实部图主要存在 2～8 年和 18～25 年两个特征时间尺度，小波方差图表明春季降水存在两个明显的峰值，其第一主周期为 23 年，第二主周期为 4 年。

由图 4-24（c）可知，双塔堡水库站夏季降水的小波实部图主要存在 33～40 年和 55～60 年两个特征时间尺度；小波方差图表明夏季降水存在三个明显的峰值，第一主周期为 58 年，第二主周期 36 年，第三主周期 16 年。

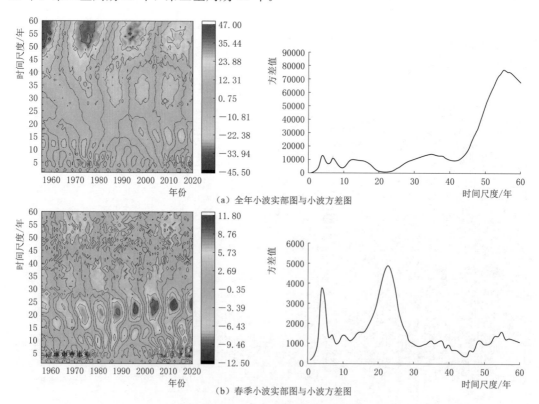

（a）全年小波实部图与小波方差图

（b）春季小波实部图与小波方差图

图 4-24（一）　双塔堡水库站全年及四季降水的小波周期性分析结果（参见文后彩图）

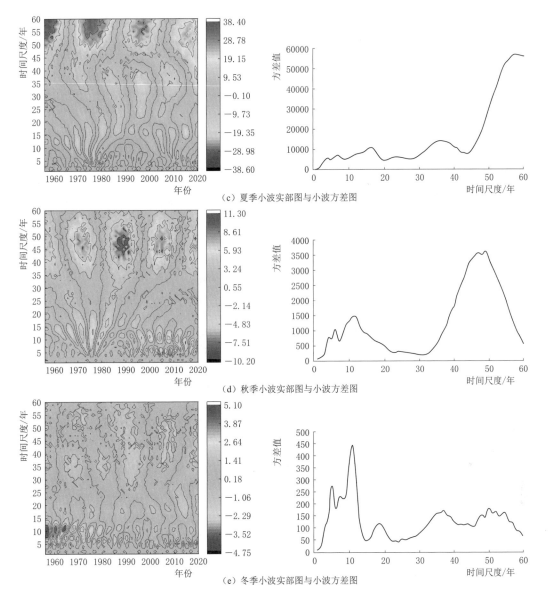

图 4-24（二）　双塔堡水库站全年及四季降水的小波周期性分析结果（参见文后彩图）

由图 4-24（d）可知，双塔堡水库站秋季降水的小波实部图主要存在 10~15 年和 45~55 年两个特征时间尺度；小波方差图表明秋季降水存在两个明显的峰值，其第一主周期为 49 年，第二主周期为 12 年。

由图 4-24（e）可知，双塔堡水库站冬季降水的小波实部图主要存在 8~13 年一个特征时间尺度；小波方差图表明夏季降水存在四个明显的峰值，其第一主周期为 37 年，第二主周期为 19 年，第三主周期为 11 年，第四主周期为 5 年。

4.7.4　党城湾站

采用小波分析法计算党城湾站近 61 年来年全年和四季降水小波分析变换系数，并做出小波实部图和小波方差图。结合图 4-25（a）可知，党城湾站全年降水的小波实部图

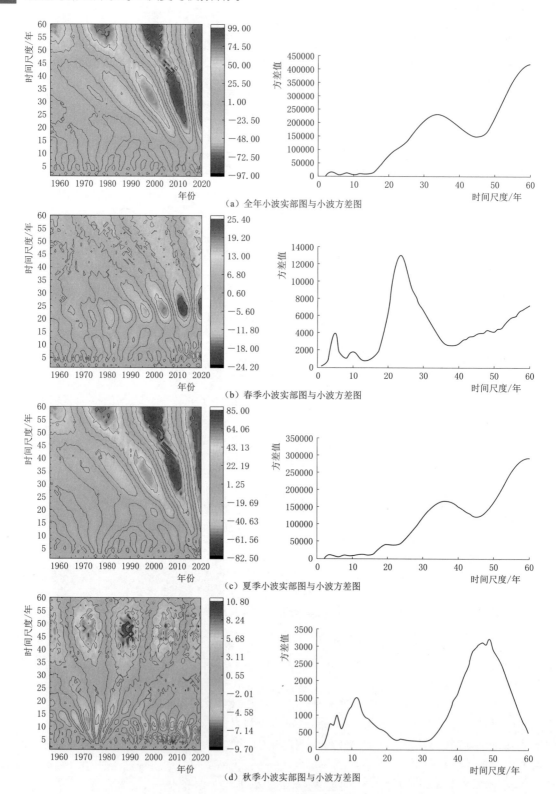

图 4 - 25（一）　党城湾站全年及四季降水的小波周期性分析结果（参见文后彩图）

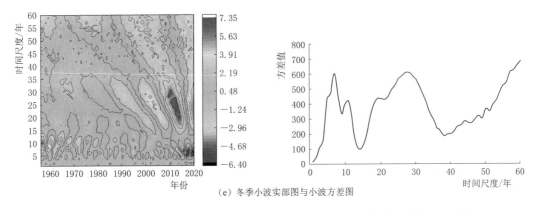

（e）冬季小波实部图与小波方差图

图 4-25（二） 党城湾站全年及四季降水的小波周期性分析结果（参见文后彩图）

主要存在 30～35 年一个特征时间尺度；小波方差图表明全年降水存在一个明显的峰值，其第一主周期为 33 年。

由图 4-25（b）可知，党城湾站春季降水的小波实部图主要存在 3～8 年和 20～25 年两个特征时间尺度；小波方差图表明春季降水存在三个明显的峰值，其第一主周期为 24 年，第二主周期为 10 年，第三主周期为 5 年。

由图 4-25（c）可知，党城湾站夏季降水的小波实部图主要存在 33～38 年一个特征时间尺度；小波方差图表明夏季降水存在一个明显的峰值，第一主周期为 36 年。

由图 4-25（d）可知，党城湾站秋季降水的小波实部图主要存在 10～15 和 47～53 年两个特征时间尺度；小波方差图表明秋季降水存在三个明显的峰值，其第一主周期为 49 年，第二主周期为 12 年，第三主周期为 6 年。

由图 4-25（e）可知，党城湾站冬季降水的小波实部图主要存在 5～10 年、8～13 年和 15～30 年三个特征时间尺度；小波方差图表明夏季降水存在三个明显的峰值，其第一主周期为 27 年，第二主周期为 11 年，第三主周期为 7 年。

4.7.5 党河水库站

采用小波分析法计算党河水库站近 61 年来年全年和四季降水小波分析变换系数，并做出小波实部图和小波方差图。结合图 4-26（a）可知，党河水库站全年降水的小波实部图主要存在 3～8 年和 50～60 年两个特征时间尺度；小波方差图表明全年降水存在三个明显的峰值，其第一主周期为 55 年，第二主周期为 7 年，第三主周期为 4 年。

由图 4-26（b）可知，党河水库站春季降水的小波实部图主要存在 2～7 年、19～25 年和 35～40 年三个特征时间尺度；小波方差图表明春季降水存在四个明显的峰值，其第一主周期为 54 年，第二主周期为 38 年，第三主周期为 23 年，第四主周期为 4 年。

由图 4-26（c）可知，党河水库站夏季降水的小波实部图主要存在 35～40 年和 55～60 年两个特征时间尺度；小波方差图表明夏季降水存在四个明显的峰值，第一主周期为 58 年，第二主周期 36 年，第三主周期 17 年，第四主周期 4 年。

由图 4-26（d）可知，党河水库站秋季降水的小波实部图主要存在 3～8 年、10～15 年和 45～53 年三个特征时间尺度；小波方差图表明秋季降水存在三个明显的峰值，其第

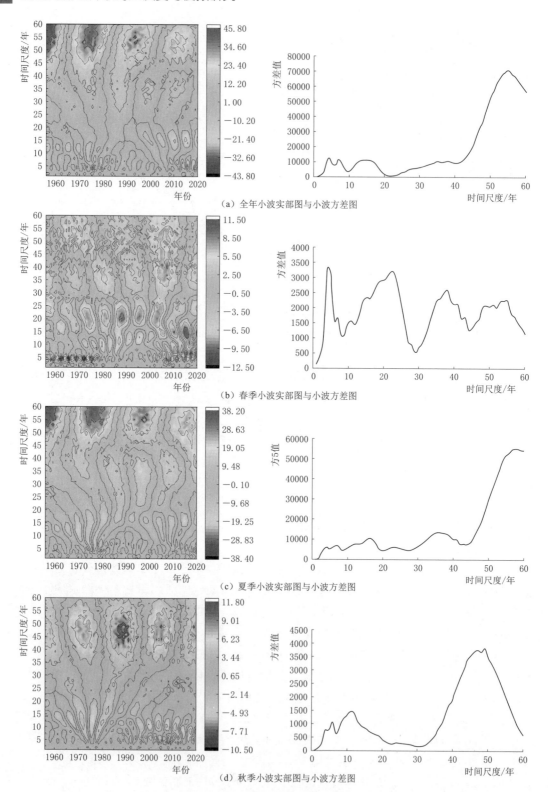

（a）全年小波实部图与小波方差图

（b）春季小波实部图与小波方差图

（c）夏季小波实部图与小波方差图

（d）秋季小波实部图与小波方差图

图 4 - 26（一）　党河水库站全年及四季降水的小波周期性分析结果（参见文后彩图）

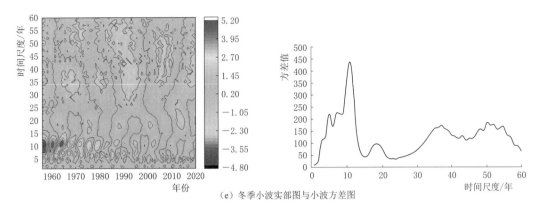

（e）冬季小波实部图与小波方差图

图 4-26（二） 党河水库站全年及四季降水的小波周期性分析结果（参见文后彩图）

一主周期为 49 年，第二主周期为 12 年，第三主周期为 6 年。

由图 4-26（e）可知，党河水库站冬季降水的小波实部图主要存在 8～13 年一个特征时间尺度；小波方差图表明夏季降水存在四个明显的峰值，其第一主周期为 50 年，第二主周期为 37 年，第三主周期为 11 年，第四主周期为 5 年。

4.8 降水持续性分析

4.8.1 昌马堡站

昌马堡站全年及四季降水的 Hurst 指数计算结果见图 4-27 和表 4-16。由图 4-27 和表 4-16 可知，该站全年、四季降水的 Hurst 指数分别为 0.7169、0.6067、0.6525、0.6598、0.5027，均大于 0.5，这表明未来降水量将与过去 65 年的变化趋势相同，即表现出正持续性特征，故可预测未来一段时间该站降水量将出现增长趋势。其中全年的 Hurst 指数最大为 0.7169，表现为较强的正持续性，夏季的 Hurst 指数最小为 0.5027，表现的较弱的正持续性。

表 4-16　　　　　　昌马堡站全年及四季降水的 Hurst 指数计算结果表

项目	全年	春季	夏季	秋季	冬季
Hurst 指数	0.7169	0.6067	0.6525	0.6598	0.5027
R^2	0.9716	0.9494	0.935	0.8651	0.9205

4.8.2 潘家庄站

潘家庄站全年及四季降水的 Hurst 指数计算结果见图 4-28 和表 4-17。由图 4-28 和表 4-17 可知，该站全年和四季降水的 Hurst 指数分别为 0.7489、0.4914、0.7309、0.6088、0.5629，除春季 Hurst 指数小于 0.5 其余均大于 0.5，除春季表现出反持续性特征其余都表现为正持续性，故可预测未来一段时间该站降水量全年及四季将出现上升趋势。其中全年的 Hurst 指数最大为 0.7489，表现为较强的正持续性，春季的 Hurst 指数最小为 0.4914，春季表现出较弱的反持续性。

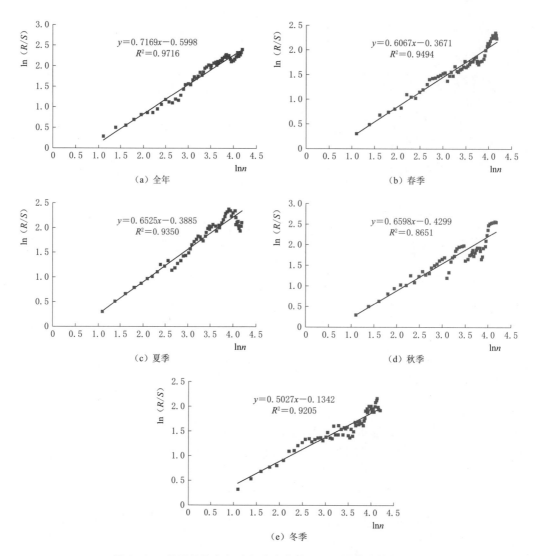

图 4 - 27   昌马堡站全年及四季降水的 Hurst 指数计算结果图

表 4 - 17   潘家庄站全年及四季降水的 Hurst 指数计算结果表

项目	全年	春季	夏季	秋季	冬季
Hurst 指数	0.7489	0.4914	0.7309	0.6088	0.5629
R^2	0.9568	0.9570	0.9759	0.9382	0.9043

4.8.3   双塔堡水库站

双塔堡水库站全年及四季降水的 Hurst 指数计算结果见图 4-29 和表 4-18。由图 4-29 和表 4-18 可知，该站全年和四季降水的 Hurst 指数分别为 0.6980、0.5512、0.6925、0.5934、0.5753，均大于 0.5，这表明未来降水量将与过去 61 年的变化趋势相同，即表现出正持续性特征，故可预测未来一段时间该站降水量全年及四季将继续保持上升趋势。

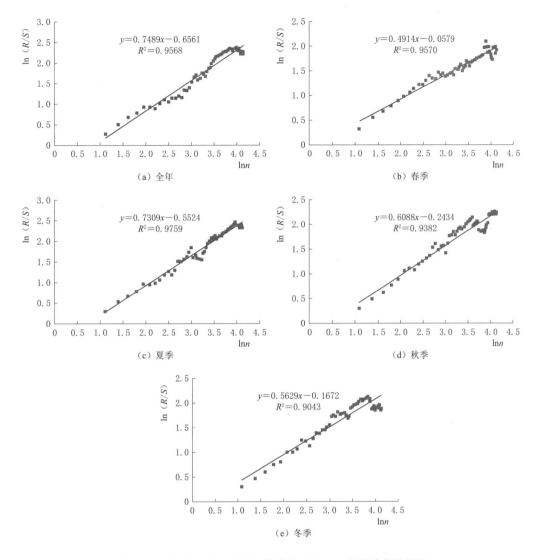

图 4-28 潘家庄站全年及四季降水的 Hurst 指数计算结果图

其中全年的 Hurst 指数最大为 0.6980，春季的 Hurst 指数最小为 0.5512，春季表现出较弱的正持续性。

表 4-18 双塔堡水库站全年及四季降水的 Hurst 指数计算结果表

项目	全年	春季	夏季	秋季	冬季
Hurst 指数	0.6980	0.5512	0.6925	0.5934	0.5753
R^2	0.9533	0.9444	0.9695	0.9447	0.9785

4.8.4 党城湾站

党城湾站全年及四季降水的 Hurst 指数计算结果见图 4-30 和表 4-19。由图 4-30

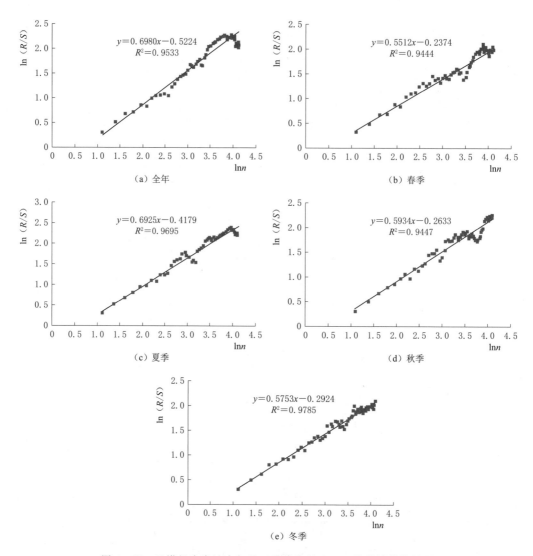

图 4-29 双塔堡水库站全年及四季降水的 Hurst 指数计算结果图

和表 4-19 可知，该站全年和四季降水的 Hurst 指数分别为 0.7259、0.5724、0.7030、0.5901、0.5955，均大于 0.5，这表明未来降水量将与过去 61 年的变化趋势相同，即表现出正持续性特征，故可预测未来一段时间该站降水量将出现上升趋势。其中全年的 Hurst 指数最大为 0.7259，春季的 Hurst 指数最小为 0.5724，春季表现出较弱的正持续性。

表 4-19　　　　　　　　党城湾站全年及四季降水的 Hurst 指数计算结果表

项目	全年	春季	夏季	秋季	冬季
Hurst 指数	0.7259	0.5724	0.7030	0.5901	0.5955
R^2	0.9655	0.9252	0.9744	0.9458	0.9688

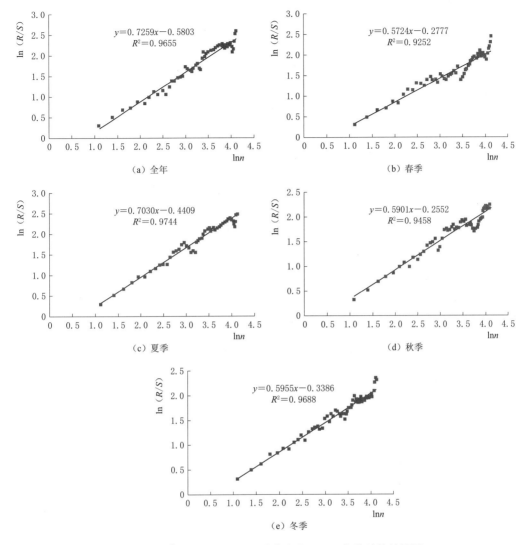

图 4-30 党城湾站全年及四季降水的 Hurst 指数计算结果图

4.8.5 党河水库站

潘家庄站全年及四季降水的 Hurst 指数计算结果见图 4-31 和表 4-20。由图 4-31 和表 4-20 可知，该站全年和四季降水的 Hurst 指数分别为 0.6984、0.5423、0.6933、0.5931、0.5789，均大于 0.5，这表明未来降水量将与过去 61 年的变化趋势相同，即表现出正持续性特征，故可预测未来一段时间该站降水量将继续保持上升趋势。其中全年的 Hurst 指数最大为 0.6984，春季的 Hurst 指数最小为 0.5423，全年的正持续性最强。

表 4-20　　　　党河水库站全年及四季降水的 Hurst 指数计算结果表

项目	全年	春季	夏季	秋季	冬季
Hurst 指数	0.6984	0.5423	0.6933	0.5931	0.5789
R^2	0.9535	0.9390	0.9694	0.9448	0.9782

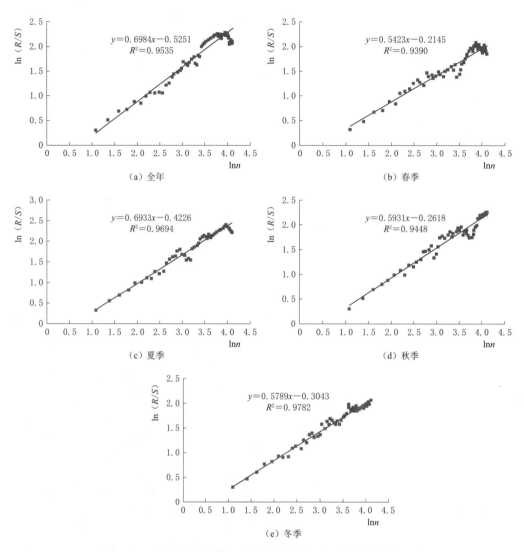

图 4-31 党河水库站全年及四季降水的 Hurst 指数计算结果图

4.9 降水集中度与不均匀性变化分析

4.9.1 昌马堡站

昌马堡站降水集中度的年际变化如图 4-32 所示。昌马堡站降水集中度的多年平均值为 0.67，变化范围为 0.37~0.67，集中度最大值 0.87 出现在 1984 年，最小值 0.37 出现在 2010 年，极差值为 0.50，极差比为 2.35，昌马堡站降水量集中度（PCD）呈现微弱的下降趋势，倾向率为 0.007/10 年。如果集中度的值比多年平均值小，则年降水较分散；反之，集中度比多年平均值大，则年降水相对集中。1956—2020 年，昌马堡站降水量集中度有 32 年大于均值，说明降水分配较集中，集中度越大降水越集中，越容易出现灾情。

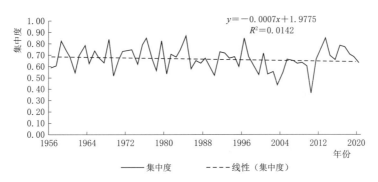

图4-32 昌马堡站降水集中度的年际变化图

从图4-33可以看出，昌马堡站降水不均匀系数的多年平均值为0.53的变化范围为0.32～0.70，最大值0.70出现在1996年，最小值0.32出现在2003年。通过图4-33的趋势线可知，昌马堡站65年以来降水不均匀系数呈递减趋势，倾向率为0.037/10年。

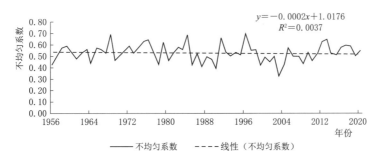

图4-33 昌马堡站降水不均匀系数的年际变化图

4.9.2 潘家庄站

潘家庄站降水集中度的年际变化如图4-34所示。潘家庄站降水集中度的多年平均值为0.58，变化范围为0.19～0.70。集中度最大值0.89出现在1987年，最小值0.19出现在2010年，极差值为0.70，极差比为4.68。昌马堡站降水量集中度呈现下降趋势，倾向率为0.017/10年。如果集中度的值比多年平均值小，则年降水较分散；反之，集中度比多年平均值大，则年降水相对集中。1959—2020年，昌马堡站降水量集中度有32年大于均值，说明降水分配较集中，集中度越大降水越集中，越容易出现灾情。

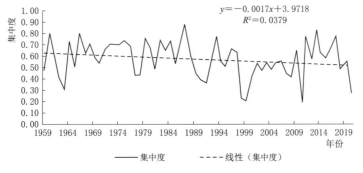

图4-34 潘家庄站降水集中度的年际变化图

从图 4-35 可以看出，潘家庄站降水年不均匀系数的多年平均值为 0.53，变化范围为 0.33～0.72，最大值 0.72 出现在 2011 年，最小值 0.33 出现在 1978 年。通过图 4-35 的趋势线可知，潘家庄站 62 年以来降水不均匀系数呈递减趋势，倾向率为 0.002/10 年。

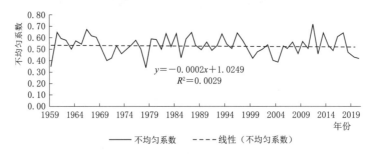

图 4-35　潘家庄站降水不均匀系数的年际变化图

4.9.3　双塔堡水库站

双塔堡水库站降水集中度的年际变化如图 4-36 所示。双塔堡水库站降水集中度的多年平均值为 0.54，变化范围为 0.19～0.87，集中度最大值 0.87 出现在 1996 年，最小值 0.19 出现在 2010 年，极差值为 0.68，极差比为 4.58。双塔堡水库站降水集中度呈现微弱的下降趋势，倾向率为 0.015/10 年。如果集中度的值比多年平均值小，则年降水较分散；反之，集中度比多年平均值大，则年降水相对集中。1960—2020 年，双塔堡水库站降水量集中度有 29 年大于均值，说明降水分配较集中，集中度越大降水越集中，越容易出现灾情。

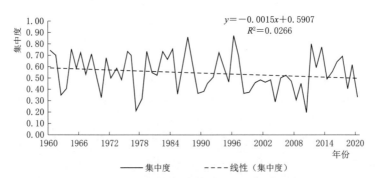

图 4-36　双塔堡水库站降水集中度的年际变化图

从图 4-37 可以看出，双塔堡水库站降水不均匀系数多年平均值为 0.53，变化范围为 0.34～0.70，最大值 0.70 出现在 1996 年，最小值 0.34 出现在 1978 年。通过图 4-37 的趋势线可知，双塔堡水库站 61 年以来降水不均匀系数呈递减趋势，倾向率为 0.012/10 年。

4.9.4　党城湾站

党城湾站降水集中度的年际变化如图 4-38 所示。党城湾站降水集中度的多年平均值为 0.56，变化范围为 0.19～0.87，集中度最大值 0.87 出现在 1996 年，最小值 0.19 出现在 2010 年，极差值为 0.68，极差比为 4.58。党城湾站降水量集中度呈现微弱的下降趋

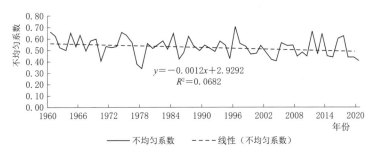

图 4-37 双塔堡水库站降水不均匀系数的年际变化图

势，倾向率为 0.003/10 年，如果集中度的值比多年平均值小，则年降水较分散；反之，集中度比多年平均值大，则年降水相对集中。1960—2020 年，党城湾站降水量集中度有 29 年大于均值，说明降水分配较集中，集中度越大降水越集中，越容易出现灾情。

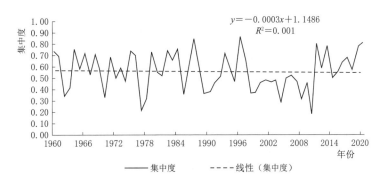

图 4-38 党城湾站降水集中度的年际变化

从图 4-39 可以看出，党城湾站降水不均匀系数的多年平均值为 0.53，变化范围为 0.34~0.70，最大值 0.70 出现在 1996 年，最小值 0.34 出现在 1978 年。通过图 4-39 的趋势线可知，党城湾站 61 年以来降水不均匀系数呈递减趋势，倾向率为 0.007/10 年。

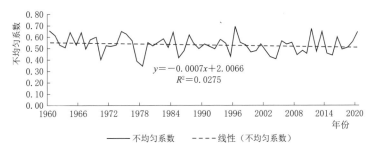

图 4-39 党城湾站降水不均匀系数的年际变化

4.9.5 党河水库站

党河水库站降水集中度的年际变化如图 4-40 所示。党河水库站降水集中度的多年平均值为 0.55，变化范围为 0.19~0.87，集中度最大值 0.87 出现在 1996 年，最小值 0.19 出现在 2010 年，极差值 0.68，极差比为 4.58。党河水库站降水量集中度呈现下降趋势，倾向率为 0.01/10 年，如果集中度的值比多年平均值小，则年降水较分散；反之，集中度比多年平均值大，则年降水相对集中。1960—2020 年，党城湾站降水量集中度有 28 年大于均值，说明降水分配较集中，集中度越大降水越集中，越容易出现灾情。

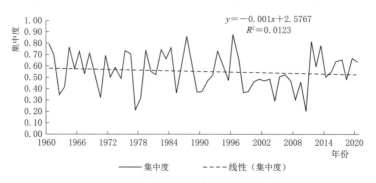

图 4-40　党河水库站降水集中度的年际变化

从图 4-41 可以看出，党河水库站降水不均匀系数的多年平均值为 0.53，变化范围为 0.34～0.70，最大值 0.70 出现在 1996 年，最小值 0.34 出现在 1978 年。通过图 4-41 的趋势线可知，党河水库站 61 年以来降水不均匀系数呈递减趋势，倾向率为 0.008/10 年。

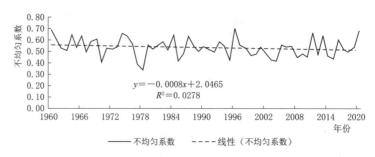

图 4-41　党河水库站降水不均匀系数的年际变化

4.10　降　水　模　拟　分　析

4.10.1　昌马堡站

用 1956—2020 年昌马堡站实测降水量资料，构建 BP 神经网络预测模型，以 2018—2020 年为测试样本，预测 2021—2025 年降水量，预测结果见表 4-21，平均误差在 25% 以内。2021—2025 年昌马堡站降水量预测值分别为 26.12mm、18.44mm、16.94mm、16.67mm、16.61mm。

4.10.2　潘家庄站

用 1959—2020 年潘家庄站实测降水量资料，构建 BP 神经网络预测模型，以 2018—2020 年为测试样本，预测 2021—2025 年降水量，预测结果见表 4-22，平均误差在 15% 以内。2021—2025 年潘家庄站降水量预测值分别为 129.67mm、131.27mm、131.52mm、131.56mm、131.56mm。

表 4－21			2021—2026 年昌马堡站年降水量预测结果				
年份	实测值/mn	预测值/mn	误差/%	年份	实测值/mn	预测值/mn	误差/%
2018	115.8	123.20	6.39	2022		18.44	
2019	148.2	115.40	22.13	2023		16.94	
2020	61.8	57.60	6.80	2024		16.67	
2021		26.12		2025		16.61	

表 4－22			2021—2026 年潘家庄站年降水量预测结果				
年份	实测值/mm	预测值/mm	误差/%	年份	实测值/mm	预测值/mm	误差/%
2018	51.7	57.27	10.77	2022		131.27	
2019	87.6	88.48	1.00	2023		131.52	
2020	19.7	19.36	1.75	2024		131.56	
2021		129.67		2025		131.56	

4.10.3　双塔堡水库站

用 1960—2020 年双塔堡水库站实测降水量资料，构建 BP 神经网络预测模型，以 2018—2020 年为测试样本，预测 2021—2025 年降水量，预测结果见表 4－23。平均误差在 15% 以内。2021—2025 年双塔堡水库站降水量预测值分别为 161.48mm、164.56mm、165.13mm、165.24mm、165.26mm。

表 4－23			2021—2026 年双塔堡水库站年降水量预测结果				
年份	实测值/mm	预测值/mm	误差/%	年份	实测值/mm	预测值/mm	误差/%
2018	45.3	47.01	3.78	2022		164.56	
2019	99.0	99.75	0.76	2023		165.13	
2020	19.9	19.73	0.84	2024		165.24	
2021		161.48		2025		165.26	

4.10.4　党城湾站

用 1960—2020 年党城湾站实测降水量资料，构建 BP 神经网络预测模型，由于 2018—2020 降水量波动较大，于是以 2016—2018 年为测试样本，预测 2021—2025 年降水量，预测结果见表 4－24，平均误差在 25% 以内。2021—2025 年党城湾站降水量预测值分别为 199.29mm、201.63mm、202.65mm、203.08mm、203.26mm。

表 4－24			2021—2026 年党城湾站年降水量预测结果				
年份	实测值/mm	预测值/mm	误差/%	年份	实测值/mm	预测值/mm	误差/%
2016	108.7	101.95	6.21	2021		199.29	
2017	176.3	132.70	24.73	2022		201.63	
2018	176.3	162.40	7.88	2023		202.65	
2019	298.1	182.90		2024		203.08	
2020	95.1	194.10		2025		203.26	

4.10.5 党河水库站

用 1960—2020 年党河水库站实测降水量资料，构建 BP 神经网络预测模型，以 2017—2020 年为测试样本，预测 2021—2025 年降水量，预测结果见表 4-25，平均误差在 25% 以内。2021—2025 年党河水库站降水量预测值分别为 156.08mm、158.37mm、158.71mm、158.76mm、158.77mm。

表 4-25 2021—2026 年党河水库站年降水量预测结果

年份	实测值/mm	预测值/mm	误差/%	年份	实测值/mm	预测值/mm	误差/%
2017	33.5	40.21	20.02	2022		158.37	
2018	32.8	30.33	7.54	2023		158.71	
2019	85.9	88.61	3.15	2024		158.76	
2020	16.5	19.71	19.45	2025		158.77	
2021		156.08					

4.11 小 结

基于疏勒河昌马堡站、潘家庄站、双塔堡水库站、党城湾站、党河水库站 1956—2020 年全年及四季降水量数据，研究降水量变化特征，分析结果如下：

（1）疏勒河流域昌马堡站、潘家庄站、双塔堡水库站、党城湾站、党河水库站多年平均降水量分别为 96.4mm、51.4mm、52.4mm、61.3mm 和 51.8mm，年均降水量分别以 5.046mm/10 年、0.687mm/10 年、1.112mm/10 年、9.228mm/10 年和 0.563mm/10 年的速率增加，65 年、62 年、61 年、61 年和 61 年内分别增加了 32.8mm、4.3mm、6.8mm、56.3mm 和 3.4mm。

（2）疏勒河流域昌马堡站 20 世纪 50—60 年代、20 世纪 90 年代降水量较低，20 世纪 70—80 年代、21 世纪 00—10 年代降水量较高；潘家庄站 20 世纪 60 年代、20 世纪 90 年代和 21 世纪 00 年代降水量较低，20 世纪 70—80 年代和 21 世纪 10 年代降水量较高；双塔堡水库站 20 世纪 60 年代、20 世纪 80—90 年代和 21 世纪 00 年代降水量较低，20 世纪 70 年代和 21 世纪 10 年代降水量相对较高；党城湾站 20 世纪 60 年代、20 世纪 80—90 和 21 世纪 00 年代降水量较低，20 世纪 70 年代和 21 世纪 10 年代降水量相对较高；党河水库站 20 世纪 60 年代、80—90 年代和 21 世纪 00 年代降水量较低，20 世纪 70 年代和 21 世纪 10 年代降水量相对较高。

（3）昌马堡站、双塔堡水库站和党城湾站分别呈现夏季降水量增加对平均降水量增加的贡献最大，潘家庄站和党河水库站秋季降水量增加对平均降水量增加的贡献最大。

（4）疏勒河流域全年、春季、夏季、秋季五个水文站从东往西降水量依次减少，从南到北也依次减少，冬季从西南往东北降水量依次减少。

（5）通过 M-K 法检测结果显示，疏勒河流域昌马堡站、潘家庄站、双塔堡水库站、党城湾站和党河水库站年平均降水量和不同季节降水量表现出不同程度的突变，呈现不同时间突变点。昌马堡站、潘家庄站、双塔堡水库站、党城湾站和党河水库站年平均降水量突变点分别为 1966 年、1990 年和 1998 年，1960 年、1989 年和 2015 年，1989 年、1993 年、2005 年和 2011 年，1964 年、1972 年、1979 年和 2015 年，1961 年。

（6）疏勒河流域昌马堡站全年及四季降水均呈现上升趋势，其中，全年和春季增加趋势显著，其他几个季节增加趋势不显著；潘家庄站、双塔堡水库站和党河水库站全年和夏季、秋季、冬季均呈现上升趋势，春季呈现下降趋势，全年及四季上升下降趋势均不显著；党城湾站全年及四季降水均呈现上升趋势，其中，全年和夏季增加趋势显著，其他几个季节增加趋势不显著。

（7）疏勒河流域昌马堡站、潘家庄站、双塔堡水库站、党城湾站、党河水库站中全年降水量第一主周期除党城湾为 33 年，其他站均以 55 年左右为主；春季降水量第一主周期除双塔堡水库站和党城湾站为 23 年和 33 年，其他站第一主周期为 55 年左右；夏季和冬季降水量第一主周期各不相同；秋季降水量第一主周期全部为 49 年。

（8）疏勒河流域昌马堡站、潘家庄站、双塔堡水库站、党城湾站、党河水库站全年及四季降水的 Hurst 指数总体上均大于 0.5，表明这 5 个站表现出正持续性特征，未来降水量将出现增长趋势。

（9）疏勒河昌马堡站、潘家庄站、双塔堡水库站、党城湾站、党河水库站的年降水量的不均匀系数、集中度等年内分配指标均呈下降趋势，表明年内分配过程逐渐趋向均匀。

（10）通过 BP 神经网络模型预测，疏勒河年降水量总体在未来 5 年继续呈上升趋势，其中昌马堡站预测值分别为 26.12mm、18.44mm、16.94mm、16.67mm、16.61mm；潘家庄站预测值分别为 129.67mm、131.27mm、131.52mm、131.56mm、131.56mm；双塔堡水库站预测值分别为 161.48mm、164.56mm、165.13mm、165.24mm、165.26mm；党城湾站预测值分别为 199.29mm、201.63mm、202.65mm、203.08mm、203.26mm；党河水库站预测值分别为 156.08mm、158.37mm、158.71mm、158.76mm、158.77mm。

第5章

疏勒河流域径流时空演变与模拟研究

选取疏勒河流域内昌马堡站 1956—2020 年、潘家庄站 1959—2020 年、双塔堡水库站 1956—2020 年、党城湾站 1966—2020 年和党河水库站 1977—2020 年逐月、逐年径流数据作为基础资料，采用气候倾向率、累积距平、滑动平均、M-K 突变检验、R/S 分析法、小波分析等方法，分析了疏勒河流域径流年变化、年代际变化、季节变化和空间变化特征，并分析了径流突变性、趋势性、周期性、持续性和集中度、集中期与不均匀性变化，利用灰色 GM（1，1）模型构建预测模型，模拟预测了疏勒河流域径流未来变化趋势。

5.1 径流年变化特征与规律

5.1.1 昌马堡站

昌马堡站 1956—2020 年均径流量为 10.22 亿 m^3，整体呈增加趋势，趋势方程 $y=0.1202x+6.2503$，年均径流量以 1.202 亿 m^3/10 年的速率增加，65 年内增加了 7.81 亿 m^3，增加趋势相对显著。该站年均径流量年际变化大，最大值为 2017 年的 17.34 亿 m^3，最小值为 1956 年的 4.11 亿 m^3，两者相差 13.23 亿 m^3，最大、最小年径流比值 4.22。从该站年均径流量 5 年滑动平均曲线（图 5-1）可以看出，年均径流量 1959—1980 年呈波动上升趋势，1981—1990 年呈缓慢下降趋势，1991—2021 年呈大幅上升趋势，2017—2020 年呈大幅下降趋势。从该站年径流量累积距平变化曲线（图 5-2）可以看出，1959—1996 年呈下降趋势，为枯水年；1997—2020 年呈上升趋势，为丰水年。

5.1.2 潘家庄站

潘家庄站 1959—2020 年均径流量为 2.89 亿 m^3，整体呈增加趋势，趋势方程 $y=0.0193x+2.2706$，年均以 0.193 亿 m^3/10 年的速率增加，62 年内增加 1.2 亿 m^3，趋势不显著。该站年均径流量年际变化大，最大值为 2018 年的 5.13 亿 m^3，最小值为 1992 年的 1.67 亿 m^3，两者相差 5.46 亿 m^3，最大、最小年径流比值 3.07。从该站年均径流量 5 年滑动平均曲线（图 5-3）可以看出，年均径流量 1959—1976 年呈波动下降趋势，1977—1992 年出现了先上升后下降的变化，1993—2017 年呈大幅上升趋势，2018—2020 年呈大幅下降趋势。从该站年径流量累积距平变化曲线（图 5-4）可以看出，年径流量整体呈多阶段的变化过程，1959—1965 年呈缓慢上升趋势，为平水年；1966—2003 年呈

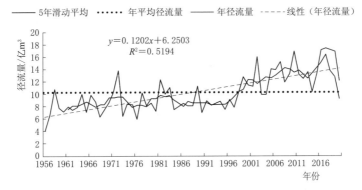

图 5-1 1956—2020 年疏勒河流域昌马堡站年径流量变化图

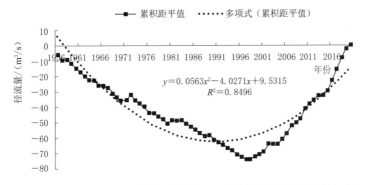

图 5-2 1956—2020 年疏勒河流域昌马堡站年径流量累积距平变化曲线

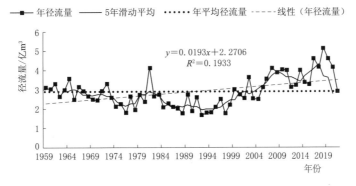

图 5-3 1959—2020 年疏勒河流域潘家庄站年径流量变化曲线

下降趋势，为枯水年；2004—2020 年呈上升趋势，为丰水年。

5.1.3 双塔堡水库站

双塔堡水库站 1956—2020 年的年均径流量为 3.21 亿 m^3，整体呈增加趋势，趋势方程 $y=0.0293x+2.2408$，年均径流量以 0.293 亿 m^3/10 年的速率增加，65 年内增加了 1.905 亿 m^3，趋势相对显著。该站年均径流量年际变化大，最大值为 2016 年的 5.64 亿 m^3，最小值的 1978 年的 1.88 亿 m^3，两者相差 3.76 亿 m^3，最大、最小年径流比值 3.00。从

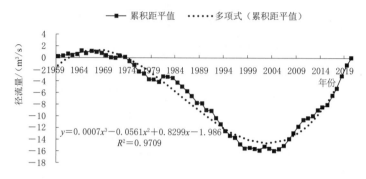

图 5 - 4　1959—2020 年疏勒河流域潘家庄站年径流量累积距平变化曲线

该站年均径流量 5 年滑动平均曲线（图 5 - 5）可以看出，年均径流量 1956—1961 年呈上升趋势，1962—1978 年呈波动下降的变化，1979—1996 年表现出先上升后下降的趋势，1997—2017 年呈明显上升趋势，2018—2020 年呈大幅下降趋势。从该站年径流量累积距平变化曲线（图 5 - 6）可以看出，1956—2001 年呈下降趋势，为枯水年；2002—2020 年呈上升趋势，为丰水年。

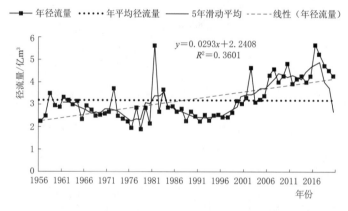

图 5 - 5　1956—2020 年疏勒河流域双塔堡水库站年径流量变化曲线

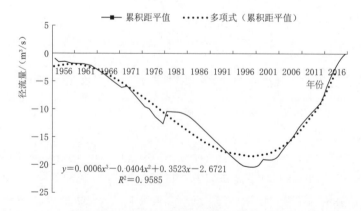

图 5 - 6　1956—2020 年疏勒河流域双塔堡水库站年径流量累积距平变化曲线

5.1.4 党城湾站

党城湾站 1966—2020 年的年均径流量为 3.65 亿 m³，整体呈增加趋势，趋势方程 $y=0.021x+3.0651$，年均径流量以 0.21 亿 m³/10 年的速率增加，55 年内增加了 1.15 亿 m³，趋势不显著。该站年均径流量年际变化大，最大值为 2019 年的 5.04 亿 m³，最小值为 1968 年的 2.79 亿 m³，两者相差 2.25 亿 m³，最大、最小年径流比值 1.81。从该站年均径流量 5 年滑动平均曲线（图 5 - 7）可以看出，年均径流量 1966—1993 年呈上升趋势，1994—2005 年呈下降的变化，2006—2018 年呈明显上升趋势，2019—2020 年呈大幅下降趋势。从该站年径流量累积距平变化曲线（图 5 - 8）可以看出，1956—1980 年呈下降趋势，为枯水年；1996—2006 年变化平缓，为平水年；2007—2020 年呈上升趋势，为丰水年。

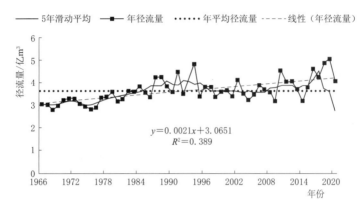

图 5 - 7　1966—2020 年疏勒河流域党城湾站年径流量变化曲线

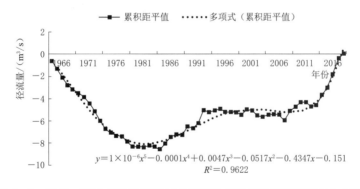

图 5 - 8　1966—2020 年疏勒河流域党城湾站年径流量累积距平变化曲线

5.1.5 党河水库站

党河水库站 1977—2020 年的年均径流量为 3.46 亿 m³，整体呈增加趋势，趋势方程 $y=0.0437x+2.4786$，年均径流量以 0.437 亿 m³/10 年的速率增加，44 年内增加了 1.92 亿 m³，趋势相对不显著。该站年均径流量年际变化大，最大值为 2016 年的 8.54 亿 m³，最小值的 1979 年的 2.62 亿 m³，两者相差 5.92 亿 m³，最大、最小年径流比值 3.26。从该站年均径流量 5 年滑动平均曲线（图 5 - 9）可以看出，年均径流量 1977—2015 年呈波动上升趋势，2018—2016 年呈大幅上升趋势。从该站年径流量累积距平变化曲线（图 5 - 10）可以看出，1977—2007 年呈下降趋势，为枯水年；2008—2020 年呈上升趋势，为丰水年。

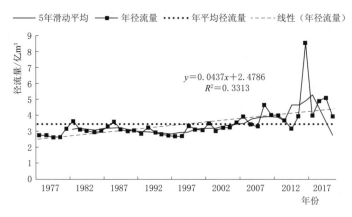

图 5 - 9　1977—2020 年疏勒河流域党河水库站年径流量变化曲线

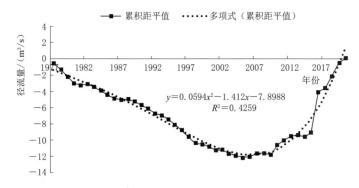

图 5 - 10　1977—2020 年疏勒河流域党河水库站年径流量累积距平变化曲线

5.2　径流年代际变化特征与规律

5.2.1　昌马堡站

由表 5 - 1可知，过去 65 年昌马堡站 20 世纪 50—90 年代径流相对较低，平均值分别为 7.31 亿 m³、7.97 亿 m³、8.86 亿 m³、9.16 亿 m³ 和 8.86 亿 m³，比多年平均值分别低 2.91 亿 m³、2.25 亿 m³、1.36 亿 m³、1.06 亿 m³ 和 1.36 亿 m³；21 世纪 00—10 年代径流量相对较高，平均分别为 12.64 亿 m³ 和 14.54 亿 m³，比多年平均值分别高 2.42 亿 m³ 和 4.32 亿 m³。

20 世纪 50 年代末年均径流量 7.31 亿 m³，最大值为 1958 年的 10.71 亿 m³，最小值为 1956 年的 4.11 亿 m³，两者相差 6.60 亿 m³，最大、最小年径流量比值 2.61。20 世纪 60 年代年均径流量 7.97 亿 m³，最大值为 1964 年的 9.92 亿 m³，最小值为 1968 年的 6.34 亿 m³，两者相差 3.58 亿 m³，最大、最小年径流量比值 1.56；20 世纪 70 年代年均径流量 8.86 亿 m³，

表 5-1　　　　　　　疏勒河流域昌马堡站年代际平均径流量统计结果

时　段	平均值/亿 m³	最大值		最小值		最大值/最小值	距平百分率/%	年景
		数值/亿 m³	年份	数值/亿 m³	年份			
1956—1959 年	7.31	10.71	1958	4.11	1956	2.61	-28.43	特枯水年
1960—1969 年	7.97	9.92	1964	6.34	1968	1.56	-21.99	偏枯水年
1970—1979 年	8.86	13.85	1972	5.93	1976	2.34	-13.29	偏枯水年
1980—1989 年	9.16	12.25	1981	7.22	1980	1.70	-10.28	偏枯水年
1990—1999 年	8.86	12.73	1999	7.00	1990	1.82	-13.29	偏枯水年
2000—2009 年	12.64	15.91	2002	9.79	2004	1.62	23.69	特丰水年
2010—2020 年	14.54	17.34	2017	10.20	2014	1.70	42.31	特丰水年
1956—2020 年	10.22	17.34	2017	4.11	1956	4.22		

最大值为 1972 年的 13.58 亿 m³，最小值为 1976 年的 5.93 亿 m³，两者相差 7.65 亿 m³，最大、最小年径流量比值 2.34；20 世纪 80 年代年均径流量 9.16 亿 m³，最大值为 1981 年的 12.25 亿 m³，最小值为 1980 年的 7.22 亿 m³，两者相差 5.03 亿 m³，最大、最小年径流量比值 1.70；20 世纪 90 年代年均径流量 8.86 亿 m³，最大值为 1999 年的 12.73 亿 m³，最小值为 1990 年的 7.00 亿 m³，两者相差 5.73 亿 m³，最大、最小年径流量比值 1.82；21 世纪 00 年代年均径流量 12.64 亿 m³，最大值为 2002 年的 15.91 亿 m³，最小值为 2004 年的 9.79 亿 m³，两者相差 6.12 亿 m³，最大、最小年径流量比值 1.62；21 世纪 10 年代年均径流量 14.54 亿 m³，最大值为 2017 年的 17.34 亿 m³，最小值为 2014 年的 10.20 亿 m³，两者相差 7.14 亿 m³，最大、最小年径流量比值 1.70。1956—1959 年为特枯水年，平均径流为 7.31 亿 m³，1960—1969 年、1970—1979 年、1980—1989 年、1990—1999 年为偏枯水年，平均径流分别为 7.97 亿 m³、8.86 亿 m³、9.16 亿 m³ 和 8.86 亿 m³，2000—2009 年、2010—2020 年为特丰水年，平均径流分别为 12.64 亿 m³ 和 14.54 亿 m³。与多年平均值 10.22 亿 m³ 相比，1956—1959 年、1960—1969 年、1970—1979 年、1980—1989 年和 1990—1999 年分别减少 2.91 亿 m³、2.25 亿 m³、1.36 亿 m³、1.06 亿 m³ 和 1.36 亿 m³，2000—2009 年和 2010—2020 年分别增加 2.42 亿 m³ 和 4.32 亿 m³。

5.2.2　潘家庄站

由表 5-2 可知，过去 62 年潘家庄站 20 世纪 70—90 年代径流量相对较低，平均值分别为 2.47 亿 m³、2.48 亿 m³ 和 2.14 亿 m³，比多年平均值分别低 0.42 亿 m³、0.41 亿 m³ 和 0.75 亿 m³；1959—1969 年和 21 世纪 00—10 年代径流量相对较高，平均分别为 2.93 亿 m³、3.25 亿 m³ 和 3.95 亿 m³，比多年平均值分别高 0.04 亿 m³、0.36 亿 m³ 和 1.06 亿 m³。

20 世纪 60 年代年均径流量为 2.93 亿 m³，最大值为 1964 年的 3.56 亿 m³，最小值为 1965 年的 2.44 亿 m³，两者相差 1.12 亿 m³，最大、最小年径流量比值 1.46；20 世纪 70 年代年均径流量 2.47 亿 m³，最大值为 1972 年的 3.29 亿 m³，最小值为 1976 年的 1.77 亿 m³，两者相差 1.52 亿 m³，最大、最小年径流量比值 1.85；20 世纪 80 年代年均径流量 2.48 亿 m³，最大值为 1981 年的 4.14 亿 m³，最小值为 1988 年的 1.76 亿 m³，两者相差 2.38 亿 m³，最大、最小年径流量比值 2.35；20 世纪 90 年代年均径流量 2.14 亿 m³，

表 5-2　　　　　　　　　　疏勒河流域潘家庄站年代际平均径流量统计结果

时　段	平均值 /亿 m³	最大值		最小值		最大值/ 最小值	距平百分率 /%	年景
		数值/亿 m³	年份	数值/亿 m³	年份			
1959—1969 年	2.93	3.56	1964	2.44	1965	1.46	1.41	平水年
1970—1979 年	2.47	3.29	1972	1.77	1976	1.85	−14.82	偏枯水年
1980—1989 年	2.48	4.14	1981	1.76	1988	2.35	−14.17	偏枯水年
1990—1999 年	2.14	3.01	1999	1.67	1992	1.81	−26.05	特枯水年
2000—2009 年	3.25	4.08	2007	2.50	2004	1.63	12.67	偏丰水年
2010—2020 年	3.95	5.13	2018	3.10	2011	1.66	36.84	特丰水年
1959—2020 年	2.89	5.13	2018	1.67	1992	3.07		

最大值为 1999 年的 3.01 亿 m³，最小值为 1992 年的 1.67 亿 m³，两者相差 1.34 亿 m³，最大、最小年径流量比值 1.81；21 世纪 00 年代年均径流量 3.25 亿 m³，最大值为 2007 年的 4.08 亿 m³，最小值为 2004 年的 2.50 亿 m³，两者相差 1.58 亿 m³，最大、最小年径流量比值 1.63；21 世纪 10 年代年均径流量 3.95 亿 m³，最大值为 2018 年的 5.13 亿 m³，最小值为 2011 年的 3.10 亿 m³，两者相差 2.03 亿 m³，最大、最小年径流量比值 1.66。1959—1969 年为平水年，平均径流为 2.93 亿 m³，1970—1979 年、1980—1989 年为偏枯水年，平均径流分别为 2.47 亿 m³ 和 2.48 亿 m³，1990—1999 年为特枯水年，平均径流为 2.14 亿 m³，2000—2009 年为偏丰水年，平均径流为 3.25 亿 m³，2010—2020 年为特丰水年，平均径流为 3.95 亿 m³。与多年平均值 2.89 亿 m³ 相比，1970—1979 年、1980—1989 年和 1990—1999 年分别减少 0.42 亿 m³、0.48 亿 m³ 和 0.75 亿 m³，1959—1969 年、2000—2009 年和 2010—2020 年分别增加 0.04 亿 m³ 和 0.36 亿 m³ 和 1.06 亿 m³。

5.2.3　双塔堡水库站

由表 5-3 可知，过去 65 年双塔堡水库站 20 世纪 50—90 年代径流相对较低，平均值分别为 2.80 亿 m³、2.86 亿 m³、2.56 亿 m³、3.02 亿 m³ 和 2.52 亿 m³，比多年平均值分别低 0.41 亿 m³、0.35 亿 m³、0.65 亿 m³、0.19 亿 m³ 和 0.69 亿 m³；21 世纪 00—10 年代径流量相对较高，平均分别为 3.78 亿 m³ 和 4.53 亿 m³，比多年平均值分别高 0.57 亿 m³ 和 1.32 亿 m³。

表 5-3　　　　　　　　　疏勒河流域双塔堡水库站年代际平均径流量统计结果

时　段	平均值 /亿 m³	最大值		最小值		最大值/ 最小值	距平百分率 /%	年景
		数值/亿 m³	年份	数值/亿 m³	年份			
1956—1959 年	2.80	3.50	1958	2.26	1956	1.55	−12.69	偏枯水年
1960—1969 年	2.86	3.33	1961	2.34	1965	1.43	−10.89	偏枯水年
1970—1979 年	2.56	3.70	1972	1.88	1978	1.97	−20.23	偏枯水年
1980—1989 年	3.02	5.65	1981	2.12	1980	2.66	−5.78	平水年

续表

时 段	平均值/亿 m³	最大值		最小值		最大值/最小值	距平百分率/%	年景
		数值/亿 m³	年份	数值/亿 m³	年份			
1990—1999 年	2.52	3.16	1999	2.24	1991	1.41	−21.45	特枯水年
2000—2009 年	3.78	4.63	2002	3.03	2000	1.53	17.89	特丰水年
2010—2020 年	4.53	5.64	2016	3.93	2011	1.43	41.40	特丰水年
1956—2020 年	3.21	5.64	2016	1.88	1978	3.00		

20 世纪 50 年代年均径流量为 2.80 亿 m³，最大值为 1958 年的 3.50 亿 m³，最小值为 1956 年的 2.26 亿 m³，两者相差 1.24 亿 m³，最大、最小年径流量比值 1.55；20 世纪 60 年代年均径流量 2.86 亿 m³，最大值为 1961 年的 3.33 亿 m³，最小值为 1965 年的 2.34 亿 m³，两者相差 0.99 亿 m³，最大、最小年径流量比值 1.43；20 世纪 70 年代年均径流量 2.56 亿 m³，最大值为 1972 年的 3.70 亿 m³，最小值为 1978 年的 1.88 亿 m³，两者相差 1.82 亿 m³，最大、最小年径流比值 1.97；20 世纪 80 年代年均径流量 3.02 亿 m³，最大值为 1981 年的 5.65 亿 m³，最小值为 1980 年的 2.12 亿 m³，两者相差 3.53 亿 m³，最大、最小年径流量比值 2.66；20 世纪 90 年代年均径流量 2.52 亿 m³，最大值为 1999 年的 3.16 亿 m³，最小值为 1991 年的 2.24 亿 m³，两者相差 0.92 亿 m³，最大、最小年径流量比值 1.41；21 世纪 00 年代年均径流量 3.78 亿 m³，最大值为 2002 年的 4.63 亿 m³，最小值为 2000 年的 3.03 亿 m³，两者相差 1.60 亿 m³，最大、最小年径流量比值 1.53；21 世纪 10 年代年均径流量 4.53 亿 m³，最大值为 2016 年的 5.64 亿 m³，最小值为 2011 年的 3.93 亿 m³，两者相差 1.71 亿 m³，最大、最小年径流量比值 1.43。1956—1959 年、1960—1969 年和 1970—1979 年为偏枯水年平均径流量分别为 2.80 亿 m³、2.86 亿 m³ 和 2.56 亿 m³，1980—1989 年为平水年，平均径流量为 3.02 亿 m³，1990—1999 年为特枯水年，平均径流量为 2.52 亿 m³，2000—2009 年、2010—2020 年为特丰水年，平均径流分别为 3.78 亿 m³ 和 4.53 亿 m³。与多年平均值 3.21 亿 m³ 相比，1956—1959 年、1960—1969 年、1970—1979 年、1980—1989 年和 1990—1999 年分别减少 0.41 亿 m³、0.35 亿 m³、0.65 亿 m³、0.19 亿 m³ 和 0.69 亿 m³，2000—2009 年和 2010—2020 年分别增加 0.57 亿 m³ 和 1.22 亿 m³。

5.2.4 党城湾站

由表 5−4 可知，过去 55 年党城湾站 20 世纪 60—70 年代和 21 世纪 00 年代径流相对较低，平均值分别为 2.96 亿 m³、3.19 亿 m³ 和 3.58 亿 m³，比多年平均值分别低 0.69 亿 m³、0.46 亿 m³ 和 0.07 亿 m³；20 世纪 80—90 年代和 21 世纪 10 年代径流量相对较高，平均分别为 3.67 亿 m³、3.85 亿 m³ 和 4.20 亿 m³，比多年平均值分别高 0.02 亿 m³、0.20 亿 m³ 和 0.55 亿 m³。

20 世纪 60 年代年均径流量为 2.96 亿 m³，最大值为 1966 年的 3.04 亿 m³，最小值为 1968 年的 2.79 亿 m³，两者相差 0.25 亿 m³，最大、最小年径流量比值 1.01；20 世纪 70 年代年均径流量 3.19 亿 m³，最大值为 1979 年的 3.60 亿 m³，最小值为 1975 年的 2.81 亿 m³，两者相差 0.79 亿 m³，最大、最小年径流量比值 1.28；20 世纪 80 年代年均径流

表 5－4　　　　　　　　　疏勒河流域党城湾站年代际平均径流量统计结果

时　段	平均值/亿 m³	最大值		最小值		最大值/最小值	距平百分率/%	年景
		数值/亿 m³	年份	数值/亿 m³	年份			
1966—1969 年	2.96	3.04	1966	2.79	1968	1.01	−19.05	偏枯水年
1970—1979 年	3.19	3.60	1979	2.81	1975	1.28	−12.66	偏枯水年
1980—1989 年	3.67	4.26	1988	3.16	1980	1.35	0.46	平水年
1990—1999 年	3.85	4.84	1996	3.38	1998	1.43	5.51	平水年
2000—2009 年	3.58	4.15	2002	3.17	2009	1.31	−2.05	平水年
2010—2020 年	4.20	5.04	2019	3.17	2014	1.59	14.87	特丰水年
1966—2020 年	3.65	5.04	2019	2.79	1968	1.81		

量 3.67 亿 m³，最大值为 1988 年的 4.26 亿 m³，最小值为 1980 年的 3.16 亿 m³，两者相差 1.10 亿 m³，最大、最小年径流量比值 1.35；20 世纪 90 年代年均径流量 3.85 亿 m³，最大值为 1996 年的 4.84 亿 m³，最小值为 1998 年的 3.38 亿 m³，两者相差 1.46 亿 m³，最大、最小年径流量比值 1.43；21 世纪 00 年代年均径流量 3.58 亿 m³，最大值为 2002 年的 4.15 亿 m³，最小值为 2009 年的 3.17 亿 m³，两者相差 0.98 亿 m³，最大、最小年径流量比值 1.31；21 世纪 10 年代年均径流量 4.20 亿 m³，最大值为 2019 年的 5.04 亿 m³，最小值为 2014 年的 3.17 亿 m³，两者相差 1.87 亿 m³，最大、最小年径流量比值 1.59。1966—1969 年和 1970—1979 年为偏枯水年，平均径流分别为 2.96 亿 m³ 和 3.19 亿 m³，1980—1989 年、1990—1999 年、2000—2009 年为平水年，平均径流分别为 3.67 亿 m³、3.85 亿 m³ 和 3.58 亿 m³。2010—2020 年为特丰水年，平均径流分别为 4.20 亿 m³。与多年平均值 3.65 亿 m³ 相比，1966—1969 年、1970—1979 年和 2000—2010 年分别减少 0.69 亿 m³、0.46 亿 m³ 和 0.07 亿 m³，1980—1989 年、1990—1999 年和 2010—2020 年分别增加 0.02 亿 m³、0.20 亿 m³ 和 0.55 亿 m³。

5.2.5　党河水库站

由表 5－5 可知，过去 44 年党河水库站 20 世纪 70—90 年代和 21 世纪 00 年代径流相对较低，平均值分别为 2.73 亿 m³、3.14 亿 m³、2.96 亿 m³、3.45 亿 m³，比多年平均值分别低 0.73 亿 m³、0.32 亿 m³、0.50 亿 m³、0.01 亿 m³；20 世纪 10 年代径流量相对较高，平均为 4.53 亿 m³，比多年平均值分别高 1.07 亿 m³。

表 5－5　　　　　　　　　疏勒河流域党河水库站年代际平均径流量统计结果

时　段	平均值/亿 m³	最大值		最小值		最大值/最小值	距平百分率/%	年景
		数值/亿 m³	年份	数值/亿 m³	年份			
1977—1979 年	2.73	2.79	1977	2.62	1979	1.06	−21.21	偏枯水年
1980—1989 年	3.14	3.64	1982	2.64	1980	1.38	−9.18	平水年
1990—1999 年	2.96	3.24	1993	2.67	1997	1.22	−14.58	偏枯水年
2000—2009 年	3.45	3.91	2007	3.04	2001	1.28	−0.26	平水年
2010—2020 年	4.53	8.54	2016	3.17	2014	2.70	31.00	特丰水年
1977—2020 年	3.46	8.54	2016	2.62	1979	3.26		

20 世纪 70 年代年均径流量 2.73 亿 m^3，最大值为 1977 年的 2.79 亿 m^3，最小值为 1979 年的 2.62 亿 m^3，两者相差 0.53 亿 m^3，最大、最小年径流量比值 1.06；20 世纪 80 年代年均径流量 3.14 亿 m^3，最大值为 1982 年的 3.64 亿 m^3，最小值为 1980 年的 2.64 亿 m^3，两者相差 1.00 亿 m^3，最大、最小年径流量比值 1.38；20 世纪 90 年代年均径流量 2.96 亿 m^3，最大值为 1993 年的 3.24 亿 m^3，最小值为 1997 年的 2.67 亿 m^3，两者相差 0.57 亿 m^3，最大、最小年径流量比值 1.22；21 世纪 00 年代年均径流量 3.45 亿 m^3，最大值为 2007 年的 3.91 亿 m^3，最小值为 2001 年的 3.04 亿 m^3，两者相差 0.87 亿 m^3，最大、最小年径流量比值 1.28；21 世纪 10 年代年均径流量 4.53 亿 m^3，最大值为 2016 年的 8.54 亿 m^3，最小值为 2014 年的 3.17 亿 m^3，两者相差 5.37 亿 m^3，最大、最小年径流量比值 2.70。1977—1979 年、1990—1999 年为偏枯水年平均径流分别为 2.73 亿 m^3 和 2.96 亿 m^3，1980—1989 年、2000—2009 年为平水年，平均径流分别为 3.14 亿 m^3 和 3.45 亿 m^3，2010—2020 年为特丰水年，平均径流为 4.53 亿 m^3。与多年平均值 3.46 亿 m^3 相比，1977—1979 年、1980—1989 年、1990—1999 年和 2000—2010 年分别减少 0.73 亿 m^3、0.32 亿 m^3、0.50 亿 m^3、0.01 亿 m^3；2010—2020 年分别增加 1.07 亿 m^3。

5.3 径流季节变化特征与规律

5.3.1 昌马堡站

从昌马堡站径流量季节变化和季节距平变化（图 5-11 和表 5-6）可知，该站春、夏、秋、冬四个季节均表现为径流量增加趋势，但各季增加速率略有差异。通过对比分析：昌马堡站夏季径流量增加速率最高，1956—2020 年平均量增加 0.94 亿 m^3，线性增加幅度 0.647 亿 m^3/10 年；秋季次之，线性增加幅度 0.290 亿 m^3/10 年；冬季线性增加幅度 0.126 亿 m^3/10 年；春季线性增加幅度 0.135 亿 m^3/10 年。结果表明该站夏季径流量增加对年径流量增加的贡献最大。

表 5-6　　　　　　　　　　昌马堡站径流量季节距平变化表　　　　　　　　单位：亿 m^3

年　代	春季	夏季	秋季	冬季
20 世纪 50 年代	−0.57	−1.38	−0.62	−0.32
20 世纪 60 年代	−0.18	−1.23	−0.57	−0.27
20 世纪 70 年代	−0.15	−0.79	−0.27	−0.13
20 世纪 80 年代	−0.04	−0.60	−0.32	−0.09
20 世纪 90 年代	−0.19	−0.75	−0.30	−0.11
21 世纪 00 年代	0.37	1.13	0.61	0.29
21 世纪 10 年代	0.37	2.54	1.00	0.40

对于径流量的季节变化，存在以下特点：①春季：平均径流量距平值 20 世纪 50—90 年代为负，21 世纪 00—10 年代为正；20 世纪 50 年代平均年径流量最小，比多年平均径流量小 0.57 亿 m^3；21 世纪 00 年代、10 年代最大，比多年平均径流量大 0.37 亿 m^3。②夏季：平均径流量距平值 20 世纪 50—90 年代为负，21 世纪 00—10 年代为正；20 世纪 50

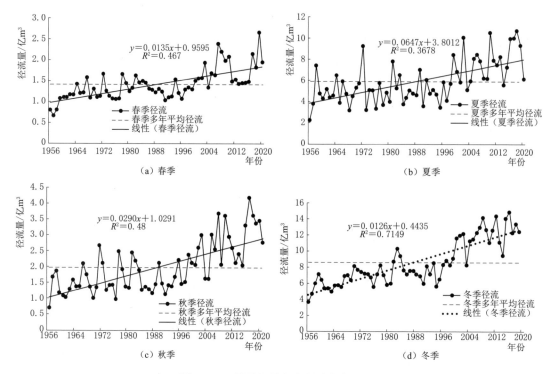

图 5-11　昌马堡站径流量季节变化图

年代平均年径流量最小，比多年平均径流量小 1.38 亿 m³；21 世纪 10 年代最大，比多年平均径流量大 2.54 亿 m³。③秋季：平均径流量距平值 20 世纪 50—90 年代以来为负，21世纪 00—10 年代为正，20 世纪 50 年代平均径流量最小，比多年平均径流量小 0.62 亿 m³；21 世纪 10 年代最大，比多年平均径流量大 1.00 亿 m³。④冬季：平均径流量距平值 20 世纪 50—90 年代以来为负，21 世纪 00—10 年代为正，20 世纪 50 年代平均径流量最小，比多年平均径流量小 0.32 亿 m³；21 世纪 10 年代最大，比多年平均径流量大 0.40亿 m³。

5.3.2　潘家庄站

从潘家庄站径流量季节变化和季节距平变化（表 5-7 和图 5-12）可知，该站春、夏、秋三个季节均表现为径流量增加趋势，但冬季表现出减少的趋势。通过对比分析：潘家庄站夏季径流量增加速率最高，1959—2020 年平均量增加 0.96 亿 m³，线性增加幅度 0.157 亿 m³/10 年；秋季次之，线性增加幅度 0.086 亿 m³/10 年；冬季线性减少幅度 0.062 亿 m³/10 年；春季线性增加幅度 0.021 亿 m³/10 年。结果表明该站夏季径流量增加对年径流量增加的贡献最大。

表 5-7　　　　　　　　　　　　潘家庄站径流量季节距平变化表　　　　　　　　　　单位：亿 m³

年　代	春季	夏季	秋季	冬季
20 世纪 60 年代	0.14	-0.23	-0.02	0.17
20 世纪 70 年代	-0.07	-0.26	-0.15	0.08

续表

年　代	春季	夏季	秋季	冬季
20 世纪 80 年代	-0.07	-0.22	-0.17	0.07
20 世纪 90 年代	-0.25	-0.13	-0.27	-0.08
21 世纪 00 年代	-0.04	0.30	0.24	-0.12
21 世纪 10 年代	0.30	0.54	0.36	-0.12

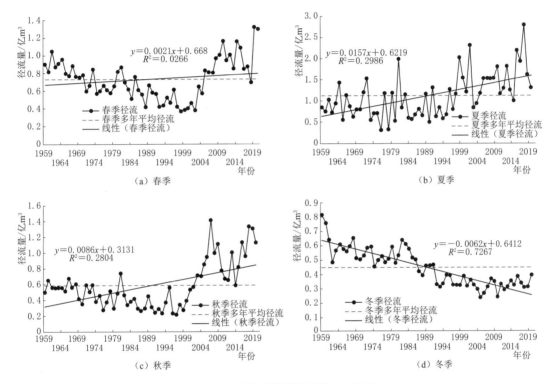

图 5-12　潘家庄站径流量季节变化图

对于径流量的季节变化，存在以下特点：①春季：平均径流量距平值 20 世纪 60 年代为正，20 世纪 70 年代至 21 世纪 00 年代为负，21 世纪 10 年代为正；20 世纪 90 年代年均年径流量最小，比多年平均年径流量小 0.25 亿 m^3；21 世纪 10 年代最大，比多年平均年径流量大 0.30 亿 m^3。②夏季：平均径流量距平值 20 世纪 60—90 年代为负，21 世纪 00—10 年代为正；20 世纪 70 年代平均年径流量最小，比多年平均年径流量小 0.26 亿 m^3；21 世纪 10 年代最大，比多年平均年径流量大 0.54 亿 m^3。③秋季：平均径流量距平值 20 世纪 60—90 年代以来为负，21 世纪 00—10 年代为正，20 世纪 90 年代平均径流量最小，比多年平均径流量小 0.27 亿 m^3；21 世纪 10 年代最大，比多年平均径流量大 0.36 亿 m^3。④冬季：平均径流量距平值 20 世纪 90 年代至 21 世纪 10 年代为负，20 世纪 60—80 年代为正，21 世纪 00 年代和 10 年代平均径流量最小，比多年平均径流量小 0.12 亿 m^3；20 世纪 60 年代最大，比多年平均径流量大 0.17 亿 m^3。

5.3.3 双塔堡水库站

从双塔堡水库站径流量季节变化和季节距平变化（图 5-13 和表 5-8）可知，该站春、夏、秋、冬四个季节均表现为径流量增加趋势，但各季增加速率略有差异。通过对比分析：昌马堡站夏季年径流量增加速率最高，1956—2020 年线性增加幅度 0.124 亿 m³/10 年；秋季线性增加幅度 0.068 亿 m³/10 年；冬季线性增加幅度 0.076 亿 m³/10 年；春季线性增加幅度 0.024 亿 m³/10 年。结果表明该站冬季径流量增加对年径流量增加的贡献最大。

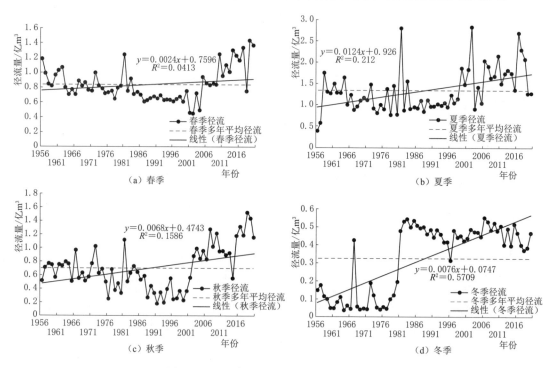

图 5-13 双塔堡水库站径流量季节变化图

表 5-8　　　　　　　　　　双塔堡水库站径流量季节距平变化表　　　　　　　　单位：亿 m³

年　代	春季	夏季	秋季	冬季
20 世纪 50 年代	0.12	−0.29	0.00	−0.17
20 世纪 60 年代	0.02	−0.09	−0.01	−0.21
20 世纪 70 年代	−0.07	−0.20	−0.10	−0.23
20 世纪 80 年代	−0.07	−0.12	−0.11	0.17
20 世纪 90 年代	−0.20	−0.18	−0.38	0.13
21 世纪 00 年代	−0.13	0.38	0.20	0.17
21 世纪 10 年代	0.33	0.51	0.41	0.13

对于径流量的季节变化，存在以下特点：①春季：平均径流量距平值 20 世纪 70 年代至 21 世纪 00 年代为负，20 世纪 50—60 年代和 21 世纪 10 年代为正；20 世纪 90 年代平均径流量最小，比多年平均径流量小 0.20 亿 m³；21 世纪 10 年代最大，比多年平均径流量大 0.33 亿 m³。②夏季：平均径流量距平值 20 世纪 50—90 年代为负，21 世纪 00—10

年代为正；20 世纪 50 年代平均年径流量最小，比年均径流量小 0.29 亿 m^3；21 世纪 10 年代最大，比多年平均径流量大 0.51 亿 m^3。③秋季：平均径流量距平值 20 世纪 60—90 年代以来为负，21 世纪 00—10 年代为正，20 世纪 90 年代平均径流量最小，比多年平均径流量小 0.38 亿 m^3；21 世纪 10 年代最大，比多年平均径流量大 0.41 亿 m^3。④冬季：平均径流量距平值 20 世纪 50—70 年代以来为负，20 世纪 80 年代至 21 世纪 10 年代为正，20 世纪 70 年代平均径流量最小，比多年平均径流量小 0.23 亿 m^3；20 世纪 80 年代和 21 世纪 00 年代最大，比多年平均径流量大 0.17 亿 m^3。

5.3.4 党城湾站

从党城湾站径流量季节变化和季节距平变化（图 5-14 和表 5-9）可知，该站春、夏、秋、冬四个季节均表现为径流量增加趋势，但各季增加速率略有差异。通过对比分析：党城湾站夏季径流量增加速率最高，线性增加幅度 0.118 亿 m^3/10 年；秋季次之，线性增加幅度 0.045 亿 m^3/10 年；冬季线性增加幅度 0.006 亿 m^3/10 年；春季线性增加幅度 0.04 亿 m^3/10 年。结果表明该站夏季径流量增加对年径流量增加的贡献最大。

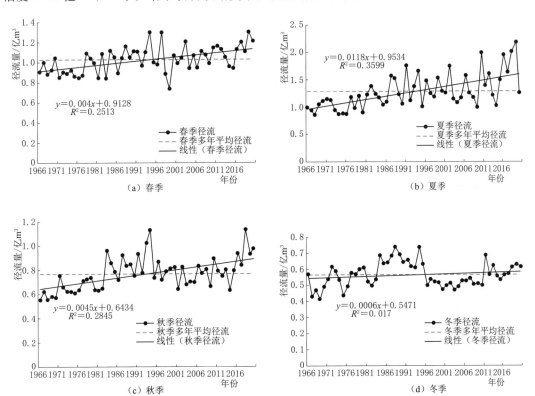

图 5-14 党城湾站径流量季节变化图

表 5-9　　　　　　　党城湾站径流量季节距平变化表　　　　　单位：亿 m^3

年　代	春季	夏季	秋季	冬季
20 世纪 60 年代	−0.09	−0.29	−0.17	−0.08
20 世纪 70 年代	−0.08	−0.22	−0.08	−0.01

年　代	春季	夏季	秋季	冬季
20 世纪 80 年代	−0.01	−0.01	0.03	0.07
20 世纪 90 年代	0.03	0.09	0.10	0.04
21 世纪 00 年代	0.04	0.08	0.01	−0.05
21 世纪 10 年代	0.11	0.36	0.11	0.03

对于径流量的季节变化，存在以下特点：①春季：平均径流量距平值 20 世纪 50—90 年代为负，20 世纪 90 年代至 21 世纪 10 年代为正；20 世纪 60 年代年均径流量最小，比多年平均径流量小 0.09 亿 m³；20 世纪 10 年代最大，比多年平均径流量大 0.11 亿 m³。②夏季：平均径流量距平值 20 世纪 60—80 年代为负，20 世纪 90 至 21 世纪 10 年代为正；20 世纪 60 年代平均年径流量最小，比多年平均径流量小 0.29 亿 m³；20 世纪 10 年代最大，比多年平均径流量大 0.36 亿 m³。③秋季：平均径流量距平值 20 世纪 60—70 年代为负，20 世纪 80 至 21 世纪 10 年代为正，20 世纪 60 年代平均径流量最小，比多年平均径流量小 0.17 亿 m³；21 世纪 10 年代最大，比多年平均径流量大 0.11 亿 m³。④冬季：平均径流量距平值 20 世纪 60—70 年代和 21 世纪 00 年代为负，20 世纪 80—90 年代和 21 世纪 10 年代为正，20 世纪 60 年代平均径流量最小，比多年平均径流量小 0.08 亿 m³；20 世纪 80 年代最大，比多年平均径流量大 0.07 亿 m³。

5.3.5　党河水库站

从党河水库站径流量季节变化和季节距平变化（图 5-15 和表 5-10）可知，该站春、夏、秋、冬四个季节均表现为径流量增加趋势，但各季增加速率略有差异。通过对比分

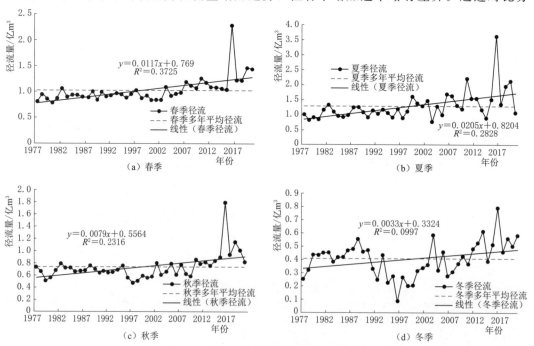

图 5-15　党河水库站径流量季节变化图

析：党河水库站夏季年径流量增加速率最高，线性增加幅度 0.205 亿 m³/10 年；秋季线性增加幅度 0.079 亿 m³/10 年；冬季线性增加幅度 0.033 亿 m³/10 年；春季线性增加幅度 0.117 亿 m³/10 年，表明该站夏季径流量增加对年径流量增加的贡献最大。

表 5-10　　　　　党河水库站径流量季节距平变化表　单位：亿 m³

年　代	春季	夏季	秋季	冬季
20 世纪 70 年代	0.04	−0.13	0.05	0.03
20 世纪 80 年代	−0.78	−0.90	−0.54	−0.28
20 世纪 90 年代	0.11	0.07	0.03	−0.04
21 世纪 00 年代	0.16	0.27	0.07	0.07
21 世纪 10 年代	0.47	0.69	0.38	0.22

对于径流量的季节变化，存在以下特点：①春季：平均径流量距平值 20 世纪 80 年代为负，20 世纪 70 年代、20 世纪 90 年代至 21 世纪 10 年代为正；20 世纪 80 年代年均径流量最小，比多年平均径流量小 0.78 亿 m³；21 世纪 10 年代最大，比多年平均径流量大 0.47 亿 m³。②夏季：平均径流量距平值 20 世纪 70—80 年代为负，20 世纪 90 年代至 21 世纪 10 年代为正；20 世纪 80 年代平均径流量最小，比多年平均径流量小 0.90 亿 m³；21 世纪 10 年代最大，比多年平均径流量大 0.69 亿 m³。③秋季：平均径流量距平值 20 世纪 80 年代以来为负，20 世纪 70 年代、20 世纪 90 年代至 21 世纪 10 年代为正，20 世纪 80 年代平均径流量最小，比多年平均径流量小 0.54 亿 m³；21 世纪 10 年代最大，比多年平均径流量大 0.38 亿 m³。④冬季：平均径流量距平值 20 世纪 80—90 年代为负，20 世纪 70 年代、21 世纪 00—10 年代为正，20 世纪 80 年代平均径流量最小，比多年平均径流量小 0.28 亿 m³；21 世纪 10 年代最大，比多年平均径流量大 0.22 亿 m³。

5.4　径流空间变化特征与规律

从空间分布来看，昌马堡站、潘家庄站、双塔堡水库站、党城湾站、党河水库站的径流都呈增加趋势，其中：昌马堡站增加幅度最大，以 1.2202 亿 m³/10 年的速率增加；潘家庄站增加幅度最小，以 0.193 亿 m³/10 年的速率增加。双塔堡水库站和党城湾站略有增加，分别以 0.293 亿 m³/10 年和 0.210 亿 m³/10 年的速率增加。从径流量来看，昌马堡站年均径流量最大，潘家庄最小，其中：昌马堡年均径流量 10.22 亿 m³，潘家庄年均径流量 2.89 亿 m³，双塔堡水库站年均径流量 3.21 亿 m³，党城湾站年均径流量 3.65 亿 m³，党河水库站年均径流量 3.46 亿 m³。

从疏勒河各水文站径流量空间变化图（图 5-16）可以看出，整体来看，疏勒河流域径流自东南向西北递减，全年径流量表现出昌马堡站明显大于其余水文站；春季径流量表现出昌马堡站＞党城湾站和党河水库站＞双塔堡水库站＞潘家庄站；夏季、秋季径流量表现出昌马堡站大于其他站，径流量分布与全年一致；冬季径流量表现出昌马堡站＞党城湾站＞党河水库站、双塔堡水库站和潘家庄站。

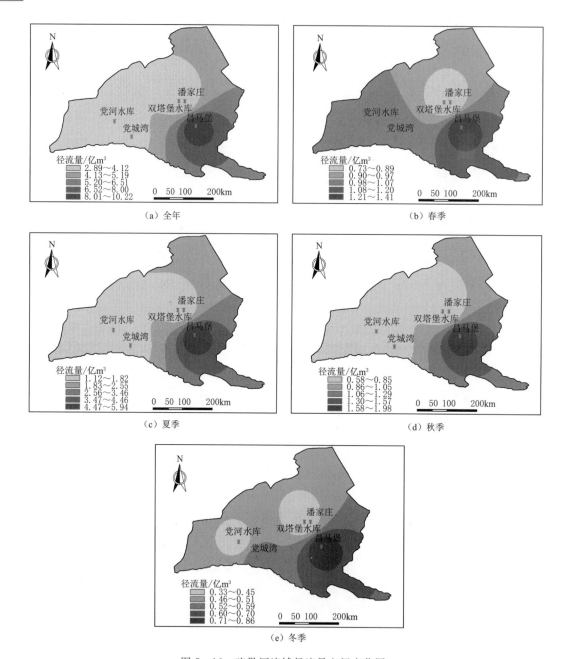

图 5-16　疏勒河流域径流量空间变化图

5.5　径流突变性分析

5.5.1　昌马堡站

由图 5-17（a）可知，昌马堡站全年径流量在 20 世纪 50 年代至 21 世纪 10 年代 U_{fk} 均为正值，平均径流量呈现增加趋势，特别是 21 世纪初，径流量增加趋势超过 95% 临界线（$U_{0.05}=1.96$），表明昌马堡站平均径流量在这一时段上升趋势显著。U_{fk} 和 U_{bk} 主要相交于 2000 年，且交点在临界线（±1.96）之间，说明昌马堡站平均径流量在 2000 年发生突变，2000 年为突变点，因此，昌马堡站全年平均径流量划分为 1956—2000 年和 2001—2020 年两个时段。

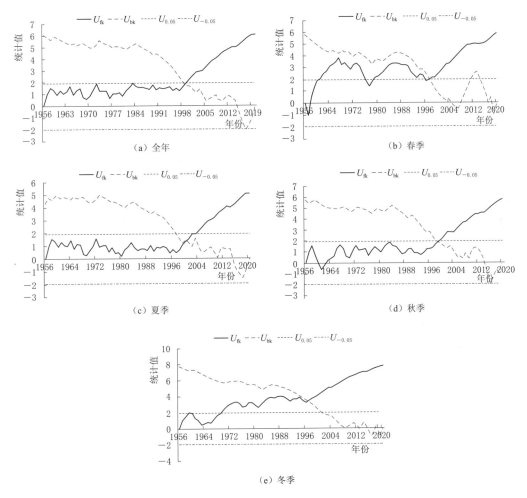

图 5-17 昌马堡站径流量突变检验曲线

图 5-17（b）可知，昌马堡站春季径流量在 20 世纪 50 年代后期至 21 世纪 10 年代 U_{fk} 均为正值，平均径流量呈现增加趋势，特别是 20 世纪 60 年代至 21 世纪 10 年代，径流量增加趋势超过 95％临界线（$U_{0.05}=1.96$），表明昌马堡站平均径流量在这一时段上升趋势显著。U_{fk} 和 U_{bk} 主要相交于 1998 年，且交点在临界线（±1.96）之间，说明昌马堡站平均径流量在 1998 年发生突变，1998 年为突变点，因此，昌马堡站春季平均径流量划分为 1956—1998 年和 1999—2020 年两个时段。

图 5-17（c）可知，昌马堡站夏季径流量在 20 世纪 50 年代至 21 世纪 10 年代 U_{fk} 均为正值，平均径流量呈现增加趋势，特别是 21 世纪前期至 21 世纪 10 年代，径流量增加趋势超过 95％临界线（$U_{0.05}=1.96$），表明昌马堡站平均径流量在这一时段上升趋势显

著。U_{fk} 和 U_{bk} 主要相交于 2001 年，且交点在临界线（±1.96）之间，说明昌马堡站平均径流量在 2001 年发生突变，2001 年为突变点，因此，昌马堡站夏季平均径流量划分为 1956—2001 年和 2002—2020 年两个时段。

图 5-17（d）可知，昌马堡站秋季径流量在 20 世纪 50 年代至 60 年代初和 60 年代末以后 U_{fk} 均为正值，平均径流量呈现增加趋势，特别是 2001 年以后，径流量增加趋势超过 95％临界线（$U_{0.05}=1.96$），表明昌马堡站平均径流量在这一时段上升趋势显著。U_{fk} 和 U_{bk} 主要相交于 2000 年左右，且交点在临界线（±1.96）之间，说明昌马堡站平均径流量在 2000 年左右发生突变，2000 年左右为突变点，因此，昌马堡站秋季平均径流量划分为 1956—2000 年和 2001—2020 年两个时段。

图 5-17（e）可知，昌马堡站冬季径流量在 20 世纪 50 年代至 21 世纪 10 年代 U_{fk} 为正值，说明在冬季径流量呈现增加的变化趋势；U_{fk} 和 U_{bk} 主要相交于 1997 年，但交点不在临界线（±1.96）之间，说明昌马堡站冬季平均径流量未发生突变。

5.5.2 潘家庄站

由图 5-18（a）可知，潘家庄站全年径流量在 21 世纪 10 年代以后 U_{fk} 为正值，平均

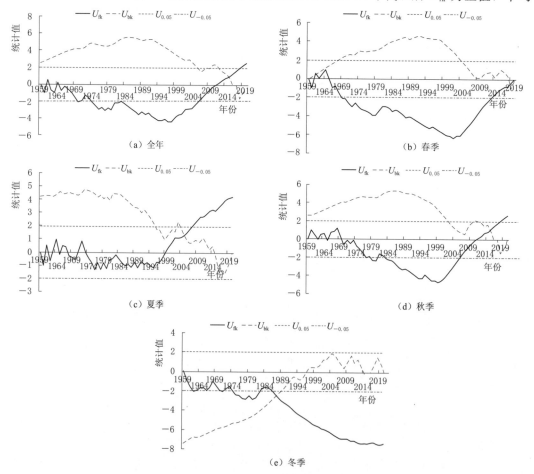

图 5-18 潘家庄站径流量突变检验曲线

径流量呈现增加趋势。U_{fk} 和 U_{bk} 主要相交于 2016 年，且交点在临界线（±1.96）之间，说明潘家庄站平均径流量在 2016 年发生突变，2016 年为突变点，因此，潘家庄站全年平均径流量划分为 1959—2016 年和 2017—2020 年两个时段。

由图 5-18（b）可知，潘家庄站春季径流量在 20 世纪 60 年代初期 U_{fk} 为正值，平均径流量呈现增加趋势，其余时期为负值，平均径流量呈现减小趋势，U_{fk} 和 U_{bk} 主要相交于 1962 年，且交点在临界线（±1.96）之间，说明潘家庄站平均径流量在 1962 年发生突变，1962 年为突变点，因此，潘家庄站春季平均径流量划分为 1959—1962 年和 1963—2020 年两个时段。

由图 5-18（c）可知，潘家庄站夏季径流量自 21 世纪开始 U_{fk} 为正值，平均径流量呈现增加趋势，特别是 21 世纪 10 年代，径流量增加趋势超过 95% 临界线（$U_{0.05}=$ 1.96），表明潘家庄站平均径流量在这一时段上升趋势显著。U_{fk} 和 U_{bk} 主要相交于 2005 年，且交点在临界线（±1.96）之间，说明潘家庄站平均径流量在 2005 年发生突变，2005 年为突变点，因此，潘家庄站夏季平均径流量划分为 1959—2006 年和 2007—2020 年两个时段。

由图 5-18（d）可知，潘家庄站秋季径流量在 20 世纪 60 年代和 21 世纪 10 年代 U_{fk} 均为正值，平均径流量呈现增加趋势，特别是 2010 年前后，径流量增加趋势超过 95% 临界线（$U_{0.05}=1.96$），表明潘家庄站平均径流量在这一时段上升趋势显著。U_{fk} 和 U_{bk} 主要相交于 2015 年左右，且交点在临界线（±1.96）之间，说明潘家庄站平均径流量在 2015 年左右发生突变，2015 年左右为突变点，因此，潘家庄站秋季平均径流量划分为 1959—2015 年和 2016—2020 年两个时段。

由图 5-18（e）可知，潘家庄站冬季径流量全部时期 U_{fk} 为负值，说明在冬季径流量呈现减小趋势。U_{fk} 和 U_{bk} 主要相交于 1986 年，但是交点不在临界线（±1.96）之间，说明潘家庄站冬季平均径流量没有突变点。

5.5.3 双塔堡水库站

由图 5-19（a）可知，双塔堡水库站全年径流量在 20 世纪 50 年代至 60 年代中期和 21 世纪 00 年代中期至 10 年代 U_{fk} 均为正值，平均径流量呈现增加趋势，特别是 21 世纪 10 年代径流量增加趋势超过 95% 临界线（$U_{0.05}=1.96$），表明双塔堡水库站平均径流在这一时段上升趋势显著。U_{fk} 和 U_{bk} 主要相交于 2006 年，且交点在临界线（±1.96）之间，说明双塔堡水库站平均径流量在 2006 年发生突变，2006 年为突变点，因此，双塔堡水库站全年平均径流量划分为 1956—2006 年和 2007—2020 年两个时段。

由图 5-19（b）可知，双塔堡水库站春季径流量在全部时期 U_{fk} 均为负值，平均径流量呈现减小趋势，U_{fk} 和 U_{bk} 主要相交于 2019 年，且交点在临界线（±1.96）之间，说明昌马堡站平均径流量在 2019 年发生突变，2019 年为突变点，因此，双塔堡水库站春季平均径流量划分为 1956—2019 年和 2020 年两个时段。

由图 5-19（c）可知，双塔堡水库站夏季径流量在 20 世纪 50 年代至 60 年代中期和 21 世纪 00 年代 U_{fk} 均为正值，平均径流量呈现增加趋势，特别是 21 世纪 10 年代，径流量增加趋势超过 95% 临界线（$U_{0.05}=1.96$），表明双塔堡水库站平均径流量在这一时段上升趋势显著。U_{fk} 和 U_{bk} 主要相交于 2001 年，且交点在临界线（±1.96）之间，说明双塔

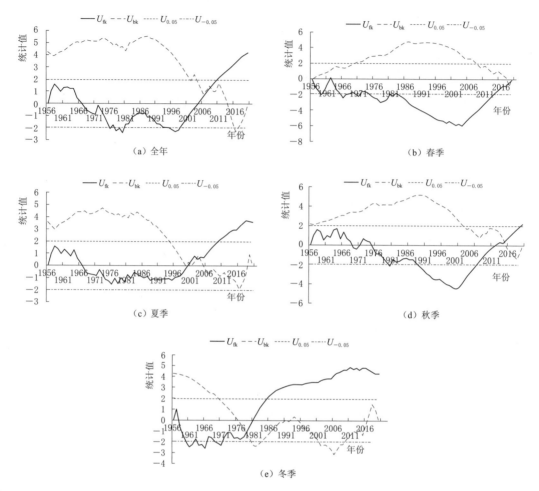

图 5 - 19　双塔堡水库站径流量突变检验曲线

堡水库站平均径流量在 2001 年为突变点，因此，双塔堡水库站夏季平均径流量划分为 1956—2001 年和 2002—2020 年两个时段。

由图 5 - 19（d）可知，双塔堡水库站秋季径流量在 20 世纪 50 年代至 60 年代和 21 世纪 10 年代以后 U_{fk} 均为正值，平均径流量呈现增加趋势。U_{fk} 和 U_{bk} 主要相交于 2015 年左右，且交点在临界线（±1.96）之间，说明双塔堡水库站平均径流量在 2015 年左右发生突变，2015 年左右为突变点，因此，双塔堡水库站秋季平均径流量划分为 1956—2015 年和 2016—2020 年两个时段。

由图 5 - 19（e）可知，双塔堡水库站冬季径流量在 20 世纪 80 年代为正值，说明在冬季径流量呈现增加变化趋势。U_{fk} 和 U_{bk} 主要相交于 1979 年，且交点在临界线（±1.96）之间，说明双塔堡水库站平均径流量在 1979 年发生突变，1979 年为突变点，因此，双塔堡水库站冬季平均径流量划分为 1956—1979 年和 1980—2020 年两个时段。

5.5.4　党城湾站

由图 5 - 20（a）可知，党城湾站全年径流量在 20 世纪 70 年代至 21 世纪 10 年代 U_{fk}

均为正值，平均径流量呈现增加趋势，特别是 20 世纪 80 年代前期至 21 世纪 10 年代径流量增加趋势超过 95％临界线（$U_{0.05}=1.96$），表明党城湾平均径流量在这一时段上升趋势显著。U_{fk} 和 U_{bk} 主要相交于 1982 年，且交点在临界线（±1.96）之间，说明党城湾站平均径流量在 1982 年发生突变，1982 年为突变点，因此，党城湾站全年平均径流量划分为 1966—1982 年和 1983—2020 年两个时段。

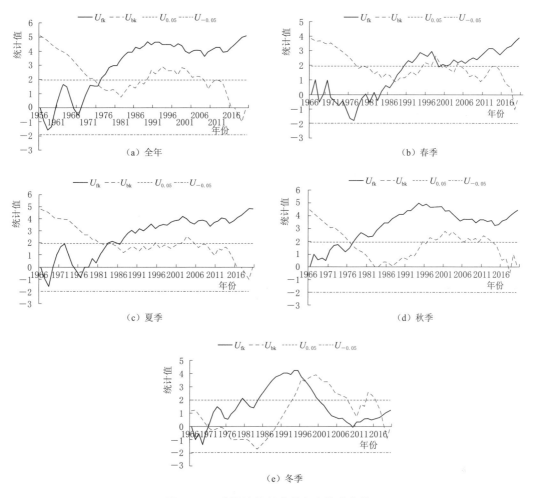

图 5－20　党城湾站径流量突变检验曲线

由图 5－20（b）可知，党城湾站春季径流量在 20 世纪 60 年代和 80 年代至 21 世纪 10 年代 U_{fk} 均为正值，平均径流量呈现增加趋势，特别是 20 世纪 90 年代径流量增加趋势超过 95％临界线（$U_{0.05}=1.96$），表明党城湾站平均径流量在这一时段上升趋势显著。U_{fk} 和 U_{bk} 主要相交于 1987 年和 2001 年，且 1987 年交点在临界线（±1.96）之间，说明党城湾站平均径流量在 1987 年发生突变，1987 年为突变点，因此，党城湾站春季平均径流量划分为 1966—1987 年和 1988—2020 年两个时段。

由图 5－20（c）可知，党城湾站夏季径流量在 20 世纪 60 年代中期至 70 年代末期和 20 世纪 70 年代中期至 21 世纪 10 年代 U_{fk} 均为正值，平均径流量呈现增加趋势，特

137

别是 20 世纪 80 年代中期径流增加趋势超过 95％临界线（$U_{0.05}=1.96$），表明党城湾站平均径流量在这一时段上升趋势显著。U_{fk} 和 U_{bk} 主要相交于 1983 年，且交点在临界线（±1.96）之间，说明党城湾站平均径流量在 1983 年发生突变，1983 年为突变点，因此，党城湾站夏季平均径流划分为 1966—1983 年和 1984—2020 年两个时段。

由图 5-20（d）可知，党城湾站秋季径流量在全部径流时期 U_{fk} 均为正值，平均径流量呈现增加趋势，特别是 1978 年前后，径流量增加趋势超过 95％临界线（$U_{0.05}=1.96$），表明党城湾站平均径流量在这一时段上升趋势显著。U_{fk} 和 U_{bk} 主要相交于 1977 年左右，且交点在临界线（±1.96）之间，说明党城湾站平均径流量在 1977 年左右发生突变，1977 年左右为突变点，因此，党城湾站秋季平均径流量划分为 1966—1978 年和 1979—2020 年两个时段。

由图 5-20（e）可知，党城湾站冬季径流量在 20 世纪 70 年代至 21 世纪 10 年代前期 U_{fk} 为正值，说明在冬季径流量呈现先减后增再减的变化趋势。U_{fk} 和 U_{bk} 主要相交于 1971 年、1996 年、2011 年，且 1971 年、2011 年交点在临界线（±1.96）之间，说明党城湾站平均径流量在 1971 年和 2018 年发生突变，1971 年和 2018 年为突变点，因此，党城湾站冬季平均径流量划分为 1966—1971 年、1972—2018 年和 2019—2020 年 3 个时段。

5.5.5　党河水库站

由图 5-21（a）可知，党河水库站全年径流量在 20 世纪 80 年代至 90 年代末期和 21 世纪 00 年代至 10 年代 U_{fk} 均为正值，平均径流量呈现增加趋势，特别是 21 世纪 10 年代径流量增加趋势超过 95％临界线（$U_{0.05}=1.96$），表明党河水库站平均径流量在这一时段上升趋势显著。U_{fk} 和 U_{bk} 主要相交于 2007 年，且交点在临界线（±1.96）之间，说明党河水库站平均径流量在 2007 年发生突变，2007 年为突变点，因此，党河水库站全年平均径流量划分为 1977—2007 年和 2008—2020 年两个时段。

由图 5-21（b）可知，党河水库站春季径流量在 20 世纪 70 年代末期至 21 世纪 10 年代 U_{fk} 均为正值，平均径流量呈现增加趋势，特别是 21 世纪 10 年代径流量增加趋势超过 95％临界线（$U_{0.05}=1.96$），表明党河水库站平均径流量在这一时段上升趋势显著。U_{fk} 和 U_{bk} 主要相交于 2007 年，且交点在临界线（±1.96）之间，说明党河水库站平均径流量在 2007 年发生突变，2007 年为突变点，因此，党河水库站春季平均径流量划分为 1977—2007 和 2008—2020 年两个时段。

由图 5-21（c）可知，党河水库站夏季径流量在 20 世纪 70 年代末期至 21 世纪 10 年代 U_{fk} 均为正值，平均径流量呈现增加趋势，特别是 21 世纪 00 年代径流量增加趋势超过 95％临界线（$U_{0.05}=1.96$），表明党河水库站平均径流量在这一时段上升趋势显著。U_{fk} 和 U_{bk} 主要相交于 1999 年，且交点在临界线（±1.96）之间，说明党河水库站平均径流量在 1999 年发生突变，1999 年为突变点，因此，党河水库站夏季平均径流量划分为 1977—1999 年和 2000—2020 年两个时段。

由图 5-21（d）可知，党河水库站秋季径流量在 20 世纪 80—90 年代和 21 世纪 10 年代以后 U_{fk} 均为正值，平均径流量呈现增加趋势，特别是 2017 年前后，径流量增加趋势超过 95％临界线（$U_{0.05}=1.96$），表明党河水库站平均径流量在这一时段上升趋势显著。U_{fk} 和 U_{bk} 主要相交于 2014 年左右，且交点在临界线（±1.96）之间，说明党河水库站平

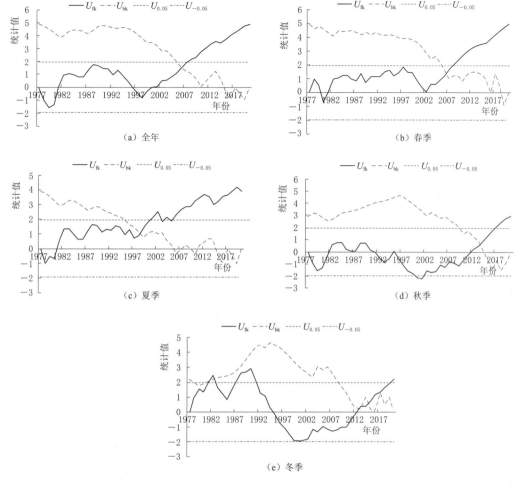

图 5-21 党河水库站径流量突变检验曲线

均径流量在 2014 年左右发生突变，2014 年左右为突变点，因此，党河水库站秋季平均径流量划分为 1977—2014 年和 2015—2020 年两个时段。

由图 5-21（e）可知，党河水库站冬季径流量在 20 世纪 70 年代至 20 世纪 90 年代前期和 21 世纪 10 年代 U_{fk} 为正值，说明在冬季径流量呈现先增后减再增的变化趋势。U_{fk} 和 U_{bk} 主要相交于 2013 年和 2018 年，且交点在临界线（±1.96）之间，说明党河水库站平均径流量在 2013 年发生突变，2013 年为突变点，因此，党河水库站冬季平均径流量划分为 1977—2013 年和 2014—2020 年两个时段。

5.6 径流趋势性分析

5.6.1 昌马堡站

昌马堡站 65 年全年及春、夏、秋、冬四季径流量变化趋势的分析结果见表 5-11。从表 5-11 中可以看出全年、春季、夏季、秋季、冬季径流量的 Sen's 指标均为正值，有

增加的趋势，其中全年、春季、夏季、秋季和冬季分别以 1.202 亿 m³/10 年、0.135 亿 m³/10 年、0.647 亿 m³/10 年、0.290 亿 m³/10 年和 0.126 亿 m³/10 年的速率增长。根据 M - K 趋势检验计算得 Z 值分别为 6.09、5.85、5.07、5.75 和 7.74，采用信度为 95% 的显著性检验发现 $|Z| > 1.96$，通过了显著性检验，增长趋势显著。

表 5 - 11　　　　　　　　　　昌马堡站径流量变化趋势的分析结果

项目	线性回归系数	Sen's 指标	M - K 趋势检验 Z 值	趋势	显著程度
全年	0.1202	0.114	6.09	上升	显著
春季	0.0135	0.012	5.85	上升	显著
夏季	0.0647	0.063	5.07	上升	显著
秋季	0.0290	0.026	5.75	上升	显著
冬季	0.0126	0.012	7.74	上升	显著

5.6.2　潘家庄站

潘家庄站 62 年全年及春、夏、秋、冬四季径流量变化趋势的分析结果见表 5 - 12。从表 5 - 12 中可以看出全年、春季、夏季、秋季径流量的 Sen's 指标均为正值，有增加的趋势，其中全年、春季、夏季和秋季分别以 0.193 亿 m³/10 年、0.021 亿 m³/10 年、0.157 亿 m³/10 年和 0.086 亿 m³/10 年的速率增长。根据 M - K 趋势检验计算得 Z 值，采用信度为 95% 的显著性检验发现春季 $|Z| < 1.96$，未通过显著性检验，增长趋势不显著；全年、夏季、秋季增长显著，而冬季径流量的 Sen's 指标为负值，有降低的趋势，以 0.062 亿 m³/10 年速率降低，通过 M - K 趋势检验计算得 $|Z| > 1.96$，通过显著性检验，降低趋势显著。

表 5 - 12　　　　　　　　　　潘家庄站径流量变化趋势的分析结果

项目	线性回归系数	Sen's 指标	M - K 趋势检验 Z 值	趋势	显著程度
全年	0.0193	0.017	2.563	上升	显著
春季	0.0021	0.0002	0.05	上升	不显著
夏季	0.0157	0.015	4.23	上升	显著
秋季	0.0086	0.0063	2.63	上升	显著
冬季	−0.0062	−0.006	−7.35	下降	显著

5.6.3　双塔堡水库站

双塔堡水库站 65 年全年及春、夏、秋、冬四季径流量变化趋势的分析结果见表 5 - 13。从表 5 - 13 中可以看出全年、春季、夏季、秋季、冬季径流量的 Sen's 指标均为正值，有增加的趋势，其中全年、春季、夏季、秋季和冬季分别以 0.293 亿 m³/10 年、0.024 亿 m³/10 年、0.124 亿 m³/10 年、0.068 亿 m³/10 年和 0.076 亿 m³/10 年的速率增长。根据 M - K 趋势检验计算得 Z 值，采用信度为 95% 的显著性检验发现只有春季 $|Z| < 1.96$，未通过显著性检验，增长趋势不显著；而全年、夏季、秋季和冬季增长都较为显著。

表 5 - 13 双塔堡水库站径流量变化趋势的分析结果

项目	线性回归系数	Sen's 指标	M-K 趋势检验 Z 值	趋势	显著程度
全年	0.0293	0.027	4.64	上升	显著
春季	0.0024	0.0003	0.106	上升	不显著
夏季	0.0124	0.012	3.95	上升	显著
秋季	0.0068	0.0058	2.358	上升	显著
冬季	0.0076	0.0064	4.754	上升	显著

5.6.4 党城湾站

党城湾站 55 年全年及春、夏、秋、冬四季径流量变化趋势的分析结果见表 5 - 14。从表 5 - 14 中可以看出全年、春季、夏季、秋季、冬季径流量的 Sen's 指标均为正值，有增加的趋势，其中全年和春季、夏季、秋季分别以 0.21 亿 m^3/10 年、0.04 亿 m^3/10 年、0.018 亿 m^3/10 年和 0.045 亿 m^3/10 年的速率增长。根据 M - K 趋势检验计算得 Z 值分别为 4.362、3.298、4.107 和 3.808，采用信度为 95% 的显著性检验发现 $|Z| > 1.96$，通过了显著性检验，增长趋势显著；而冬季以 0.006 亿 m^3/10 年速率增长，根据 M - K 趋势检验计算得 Z 值为 1.027，采用信度为 95% 的显著性检验发现 $|Z| < 1.96$，未通过显著性检验，增长趋势不显著。

表 5 - 14 党城湾站径流量变化趋势的分析结果

项目	线性回归系数	Sen's 指标	M-K 趋势检验 Z 值	趋势	显著程度
全年	0.021	0.0206	4.362	上升	显著
春季	0.004	0.0039	3.298	上升	显著
夏季	0.0018	0.0105	4.107	上升	显著
秋季	0.0045	0.0048	3.808	上升	显著
冬季	0.0006	0.001	1.027	上升	不显著

5.6.5 党河水库站

党河水库站 44 年全年及春、夏、秋、冬四季径流量变化趋势的分析结果见表 5 - 15。从表 5 - 15 中可以看出全年、春季、夏季、秋季、冬季径流量的 Sen's 指标均为正值，有增加的趋势，其中全年、春季、夏季、秋季、冬季分别以 0.437 亿 m^3/10 年、0.117 亿 m^3/10 年、0.205 亿 m^3/10 年、0.079 亿 m^3/10 年和 0.033 亿 m^3/10 年的速率增长，根据 M - K 趋势检验计算得 Z 值，采用信度为 95% 的显著性检验发现秋季和冬季 $|Z| < 1.96$，未通过显著性检验，增长趋势不显著；而全年、春季、夏季径流量增长显著。

表 5 - 15 党河水库站径流量变化趋势的分析结果

项目	线性回归系数	Sen's 指标	M-K 趋势检验 Z 值	趋势	显著程度
全年	0.0437	0.029	3.018	上升	显著
春季	0.0117	0.0082	3.043	上升	显著
夏季	0.0205	0.0153	2.408	上升	显著
秋季	0.0079	0.0054	1.798	上升	不显著
冬季	0.0033	0.0032	1.357	上升	不显著

5.7　径 流 周 期 性 分 析

5.7.1　昌马堡站

采用小波分析法计算昌马堡站近 65 年来全年和四季径流小波分析变换系数，并作出小波实部图和小波方差图。结合图 5 - 22（a）可知，昌马堡站全年径流的小波实部图主要存在 55～60 年、25～30 年和 5～10 年三个特征时间尺度；小波方差图表明全年径流存在三个明显的峰值，其第一主周期为 57 年，第二主周期为 28 年，第三主周期为 9 年。

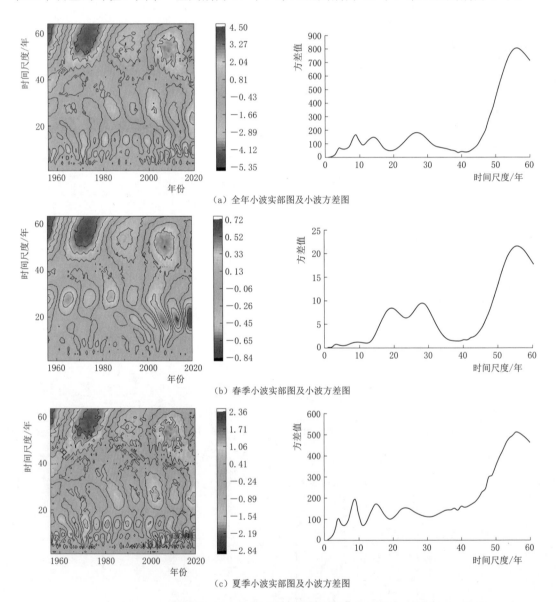

（a）全年小波实部图及小波方差图

（b）春季小波实部图及小波方差图

（c）夏季小波实部图及小波方差图

图 5 - 22（一）　昌马堡站全年及四季径流的小波周期性分析结果（参见文后彩图）

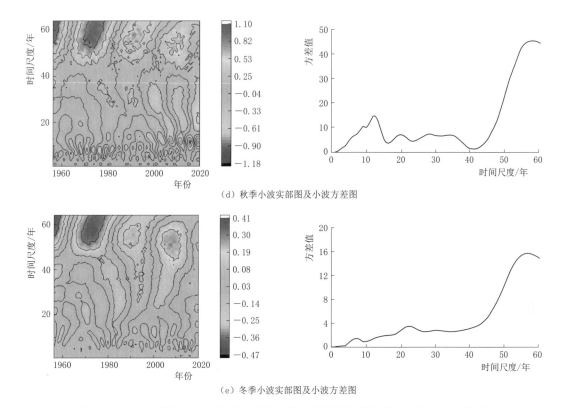

（d）秋季小波实部图及小波方差图

（e）冬季小波实部图及小波方差图

图 5-22（二） 昌马堡站全年及四季径流的小波周期性分析结果（参见文后彩图）

由图 5-22（b）可知，昌马堡站春季径流的小波实部图主要存在 55～60 年、28～30 年和 18～22 年三个特征时间尺度小波方差图表明春季径流存在三个明显的峰值，其第一主周期为 58 年，第二主周期为 29 年，第三主周期为 19 年。

由图 5-22（c）可知，昌马堡站夏季径流的小波实部图主要存在 55～60 年、21～27 年、12～18 年和 8～10 年四个特征时间尺度；小波方差图表明夏季径流存在四个明显的峰值，第一主周期为 58 年，第二主周期为 9 年，第三主周期为 15 年，第四主周期为 25 年。

由图 5-22（d）可知，昌马堡站秋季径流的小波实部图主要存在 55～60 年和 10～15 年两个特征时间尺度；小波方差图表明秋季径流存在两个明显的峰值，其第一主周期为 59 年，第二主周期为 12 年。

由图 5-22（e）可知，昌马堡站冬季径流的小波实部图主要存在 55～60 年和 20～25 年两个特征时间尺度；小波方差图表明冬季径流存在两个明显的峰值，其第一主周期为 59 年，第二主周期为 21 年。

5.7.2 潘家庄

采用小波分析法计算潘家庄站近 62 年来全年和四季径流小波分析变换系数，并作出小波实部图和小波方差图。结合图 5-23（a）可知，潘家庄站全年径流的小波实部图主要存在 55～60 年、30～40 年和 12～15 年三个特征时间尺度小波方差图表明全年径流存在三个明显的峰值，其第一主周期为 59 年，第二主周期为 38 年，第三主周期为 13 年。

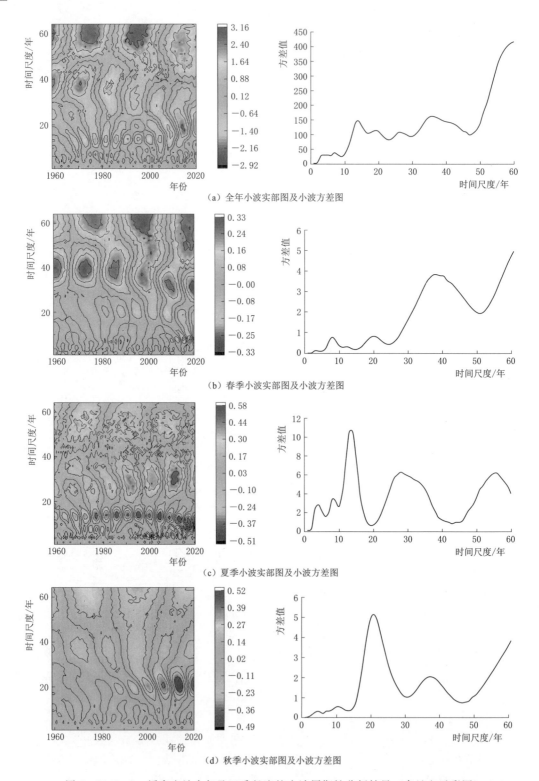

（a）全年小波实部图及小波方差图

（b）春季小波实部图及小波方差图

（c）夏季小波实部图及小波方差图

（d）秋季小波实部图及小波方差图

图 5-23（一） 潘家庄站全年及四季径流的小波周期性分析结果（参见文后彩图）

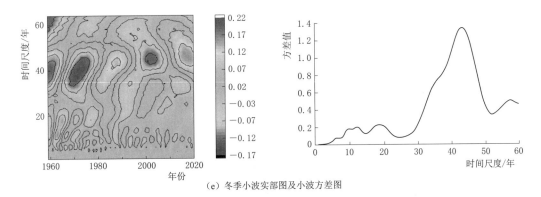

（e）冬季小波实部图及小波方差图

图 5-23（二） 潘家庄站全年及四季径流的小波周期性分析结果（参见文后彩图）

由图 5-23（b）可知，潘家庄站春季径流的小波实部图主要存在 55～60 年、35～42 年、18～22 年和 5～8 年四个特征时间尺度；小波方差图表明春季径流存在四个明显的峰值，其第一主周期为 60 年，第二主周期为 40 年，第三主周期为 20 年，第四主周期为 7 年。

由图 5-23（c）可知，潘家庄站夏季径流的小波实部图主要存在 12～15 年、28～32 年、51～58 年、10～15 年和 3～5 年五个特征时间尺度；小波方差图表明夏季径流存在五个明显的峰值，第一主周期为 13 年，第二主周期为 29 年，第三主周期为 55 年，第四主周期为 8 年，第五主周期为 3 年。

由图 5-23（d）可知，潘家庄站秋季径流的小波实部图主要存在 18～25 年、58～64 年和 35～42 年三个特征时间尺度；小波方差图表明秋季径流存在三个明显的峰值，其第一主周期为 21 年，第二主周期为 63 年，第三主周期为 39 年。

由图 5-23（e）可知，潘家庄站冬季径流的小波实部图主要存在 40～48 年和 57～60 年两个特征时间尺度；小波方差图表明冬季径流存在两个明显的峰值，其第一主周期为 41 年，第二主周期为 59 年。

5.7.3 双塔堡水库站

采用小波分析法计算双塔堡水库站近 65 年来全年和四季径流小波分析变换系数，并作出小波实部图和小波方差图。结合图 5-24（a）可知，双塔堡水库站全年径流的小波实部图主要存在 58～60 年、35～45 年、25～30 年和 10～20 年四个特征时间尺度；小波方差图表明全年径流存在四个明显的峰值，其第一主周期为 59 年，第二主周期为 40 年，第三主周期为 28 年，第四主周期为 15 年。

由图 5-24（b）可知，双塔堡水库站春季径流的小波实部图主要存在 58～64 年和 40～50 年两个特征时间尺度；小波方差图表明春季径流存在两个明显的峰值，其第一主周期为 60 年，第二主周期为 42 年。

由图 5-24（c）可知，双塔堡水库站夏季径流的小波实部图主要存在 50～60 年、20～30 年、13～20 年、5～10 年和 3～5 年五个特征时间尺度；小波方差图表明夏季径流存在五个明显的峰值，第一主周期为 53 年，第二主周期为 25 年，第三主周期为 15 年，第四主周期为 8 年，第五主周期为 3 年。

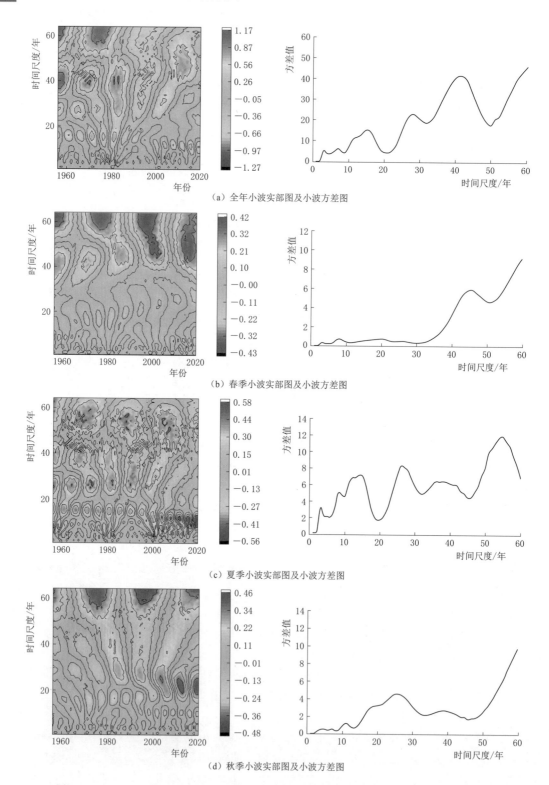

(a) 全年小波实部图及小波方差图

(b) 春季小波实部图及小波方差图

(c) 夏季小波实部图及小波方差图

(d) 秋季小波实部图及小波方差图

图 5-24 (一)　双塔堡水库站全年及四季径流的小波周期性分析结果 (参见文后彩图)

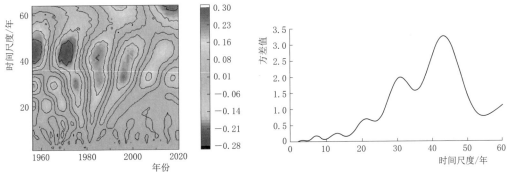

(e) 冬季小波实部图及小波方差图

图 5-24（二） 双塔堡水库站全年及四季径流的小波周期性分析结果（参见文后彩图）

由图 5-24 (d) 可知，双塔堡水库站秋季径流的小波实部图主要存在 58～64 年、22～30 年和 15～21 年三个特征时间尺度；小波方差图表明秋季径流存在三个明显的峰值，其第一主周期为 60 年，第二主周期为 27 年，第三主周期为 18 年。

由图 5-24 (e) 可知，双塔堡水库站冬季径流的小波实部图主要存在 40～50 年和 30～35 年两个特征时间尺度；小波方差图表明冬季径流存在两个明显的峰值，其第一主周期为 45 年，第二主周期为 32 年。

5.7.4 党城湾站

采用小波分析法计算党城湾站近 55 年来全年和四季径流小波分析变换系数，并作出实部图和小波方差图。结合图 5-25 (a) 可知，党城湾站全年径流的小波实部图主要存在 53～60 年和 40～45 年两个特征时间尺度；小波方差图表明全年径流存在两个明显的峰值，其第一主周期为 57 年，第二主周期为 45 年。

由图 5-25 (b) 可知，党城湾站春季径流的小波实部图主要存在 53～60 年和 40～45 年两个特征时间尺度；小波方差图表明春季径流存在两个明显的峰值，其第一主周期为 57 年，第二主周期为 45 年。

由图 5-25 (c) 可知，党城湾站夏季径流的小波实部图主要存在 40～50 年和 50～60 年两个特征时间尺度；小波方差图表明夏季径流存在两个明显的峰值，第一主周期为 45 年，第二主周期为 58 年。

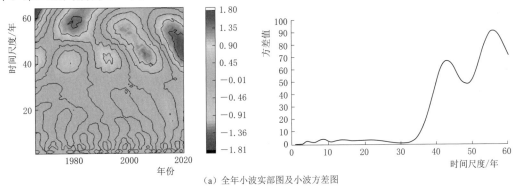

(a) 全年小波实部图及小波方差图

图 5-25（一） 党城湾站全年及四季径流的小波周期性分析结果（参见文后彩图）

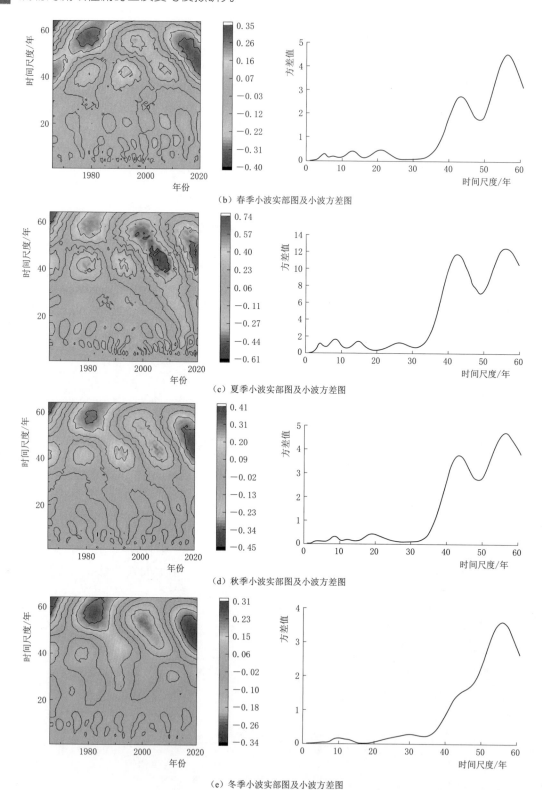

（b）春季小波实部图及小波方差图

（c）夏季小波实部图及小波方差图

（d）秋季小波实部图及小波方差图

（e）冬季小波实部图及小波方差图

图 5-25（二） 党城湾站全年及四季径流的小波周期性分析结果（参见文后彩图）

由图 5-25（d）可知，党城湾站秋季径流的小波实部图主要存在 55～60 年和 40～50 年两个特征时间尺度；小波方差图表明秋季径流存在两个明显的峰值，其第一主周期为 58 年，第二主周期为 45 年。

由图 5-25（e）可知，党城湾站冬季径流的小波实部图主要存在 56～60 年一个特征时间尺度；小波方差图表明冬季径流存在一个明显的峰值，其第一主周期为 58 年。

5.7.5 党河水库站

采用小波分析法计算党河水库站近 44 年来全年和四季径流小波分析变换系数，并作出实部图和小波方差图。结合图 5-26（a）可知，党河水库站全年径流的小波实部图主要存在 40～45 和 25～35 年两个特征时间尺度；小波方差图表明全年径流存在两个明显的峰值，其第一主周期为 43 年，第二主周期为 30 年。

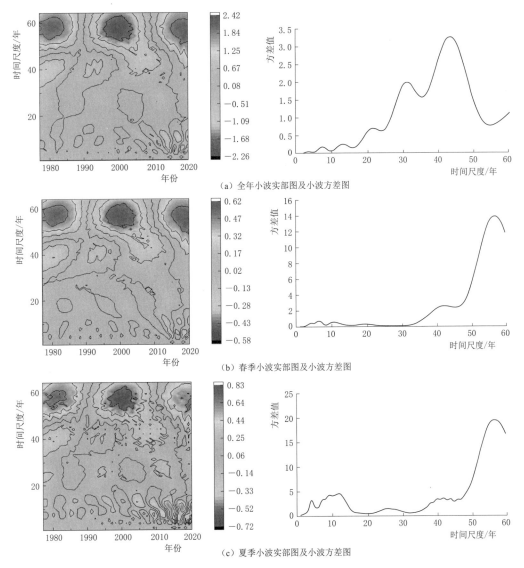

（a）全年小波实部图及小波方差图

（b）春季小波实部图及小波方差图

（c）夏季小波实部图及小波方差图

图 5-26（一） 党河水库站全年及四季径流的小波周期性分析结果（参见文后彩图）

149

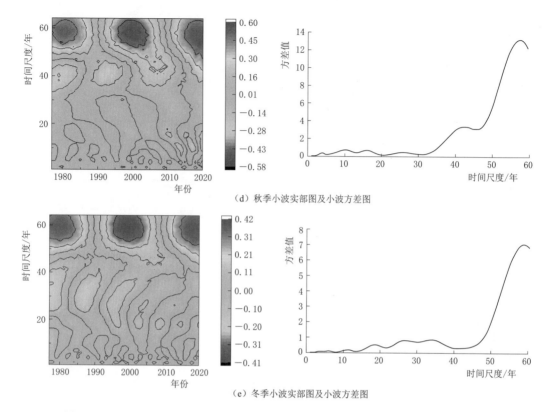

（d）秋季小波实部图及小波方差图

（e）冬季小波实部图及小波方差图

图 5-26（二） 党河水库站全年及四季径流的小波周期性分析结果（参见文后彩图）

由图 5-26（b）可知，党河水库站春季径流的小波实部图主要存在 55~60 年和 40~45 年两个特征时间尺度；小波方差图表明春季径流存在两个明显的峰值，其第一主周期为 58 年，第二主周期为 41 年。

由图 5-26（c）可知，党河水库站夏季径流的小波实部图主要存在 55~60 年、10~13 年和 40~45 年三个特征时间尺度；小波方差图表明夏季径流存在三个明显的峰值，第一主周期为 58 年，第二主周期为 11 年，第三主周期为 41 年。

由图 5-26（d）可知，党河水库站秋季径流的小波实部图主要存在 55~60 年和 40~45 年两个特征时间尺度；小波方差图表明秋季径流存在两个明显的峰值，其第一主周期为 58 年，第二主周期为 41 年。

由图 5-26（e）可知，党河水库站冬季径流的小波实部图主要存在 56~64 年一个特征时间尺度；小波方差图表明冬季径流存在一个明显的峰值，其第一主周期为 60 年。

5.8 径流持续性分析

5.8.1 昌马堡站

昌马堡站全年及四季径流的 Hurst 指数计算结果见图 5-27 和表 5-16。结合计算结果可知，该站全年、四季径流的 Hurst 指数分别为 0.8280、0.8127、0.7353、0.8155、

0.9422，均大于 0.5，这表明径流量表现出正持续性特征，故可预测未来一段时间该站径流量将出现增加趋势。其中冬季的 Hurst 指数最大为 0.9422，夏季的 Hurst 指数最小为 0.7353，都表现出较强的正持续性。

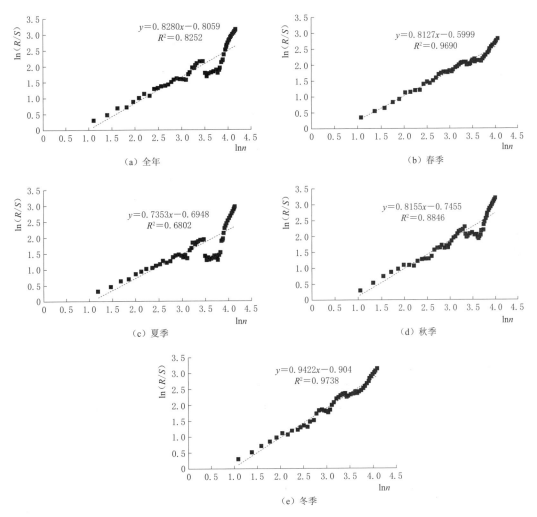

图 5-27　昌马堡站全年及四季径流的 Hurst 指数计算结果图

表 5-16　　　　　　　　昌马堡站全年及四季径流的 Hurst 指数计算结果表

项目	全年	春季	夏季	秋季	冬季
Hurst 指数	0.8280	0.8127	0.7353	0.8155	0.9422
R^2	0.8252	0.9690	0.6802	0.8846	0.9738

5.8.2　潘家庄站

潘家庄站全年及四季径流的 Hurst 指数计算结果见图 5-28 和表 5-17。结合计算结果可知，该站全年和四季径流的 Hurst 指数分别 0.9194、0.9939、0.7716、0.9581、1.0141，均大于 0.5，即表现出正持续性特征，故可预测未来一段时间该站径流量将出现增加趋势。其中冬季的 Hurst 指数最大为 1.0141，夏季的 Hurst 指数最小为 0.7716，夏季表现出很强的正持续性。

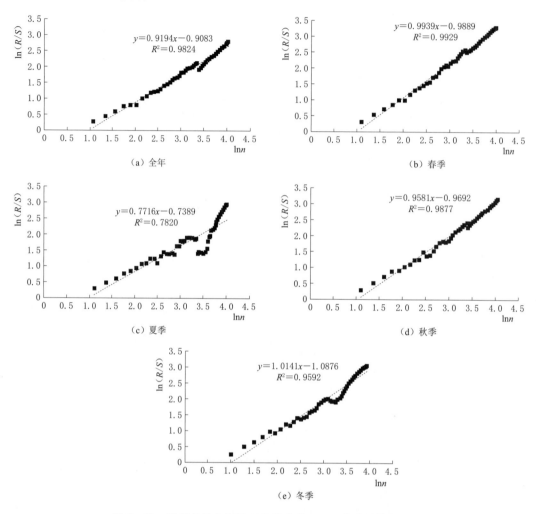

图 5-28　潘家庄站全年及四季径流的 Hurst 指数计算结果图

表 5-17　　　　　　潘家庄站全年及四季径流的 Hurst 指数计算结果表

项目	全年	春季	夏季	秋季	冬季
Hurst 指数	0.9194	0.9939	0.7716	0.9581	1.0141
R^2	0.9824	0.9929	0.7820	0.9877	0.9592

5.8.3　双塔堡水库站

双塔堡水库站全年及四季径流的 Hurst 指数计算结果见图 5-29 和表 5-18。结合计算结果可知，该站全年和四季径流的 Hurst 指数分别 0.7292、0.9134、0.7243、0.9241、1.1153，均大于 0.5，即表现出正持续性特征，故可预测未来一段时间该站径流量将出现增加趋势。其中冬季的 Hurst 指数最大为 1.1153，夏季的 Hurst 指数最小为 0.7243，都表现出较强的正持续性。

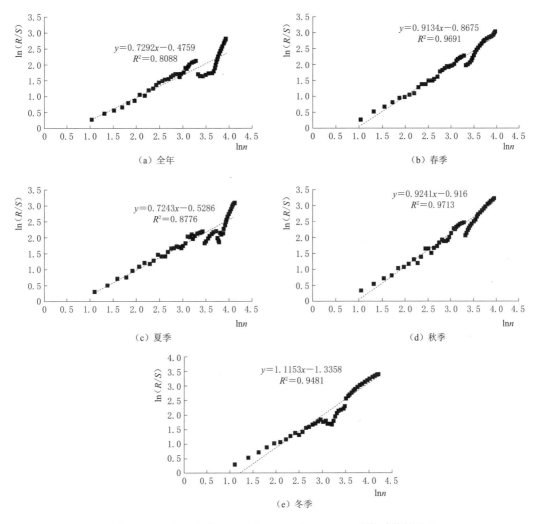

图 5-29 双塔堡水库站全年及四季径流的 Hurst 指数计算结果图

表 5-18　　　　　双塔堡水库站全年及四季径流的 Hurst 指数计算结果表

项目	全年	春季	夏季	秋季	冬季
Hurst 指数	0.7292	0.9134	0.7243	0.9241	1.1153
R^2	0.8088	0.9691	0.8776	0.9713	0.9481

5.8.4　党城湾站

党城湾站全年及四季径流的 Hurst 指数计算结果见图 5-30 和表 5-19。结合计算结果可知，该站全年和四季径流的 Hurst 指数分别为 0.9316、0.8306、0.9029、0.9642、0.9142，均大于 0.5，即表现出正持续性特征，故可预测未来一段时间该站径流量将出现增加趋势。其中秋季的 Hurst 指数最大为 0.9642，春季的 Hurst 指数最小为 0.8306，都表现出较强的正持续性。

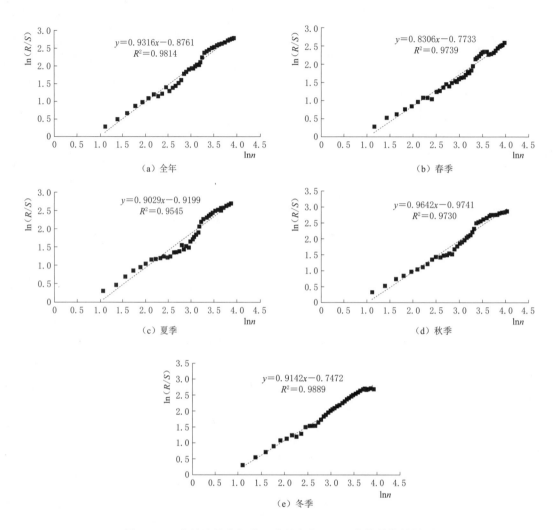

图 5-30 党城湾站全年及四季径流的 Hurst 指数计算结果图

表 5-19 党城湾站全年及四季径流的 Hurst 指数计算结果表

项目	全年	春季	夏季	秋季	冬季
Hurst 指数	0.9316	0.8306	0.9029	0.9642	0.9142
R^2	0.9814	0.9739	0.9545	0.9730	0.9889

5.8.5 党河水库站

党河水库站全年及四季径流的 Hurst 指数计算结果见图 5-31 和表 5-20。结合计算结果可知，该站全年和四季径流的 Hurst 指数分别 0.7685、0.8358、0.7958、0.7522、0.8857，均大于 0.5，即表现出正持续性特征，故可预测未来一段时间该站径流量将出现增加趋势。其中冬季的 Hurst 指数最大为 0.8857，秋季的 Hurst 指数最小为 0.7522，都表现出较强的正持续性。

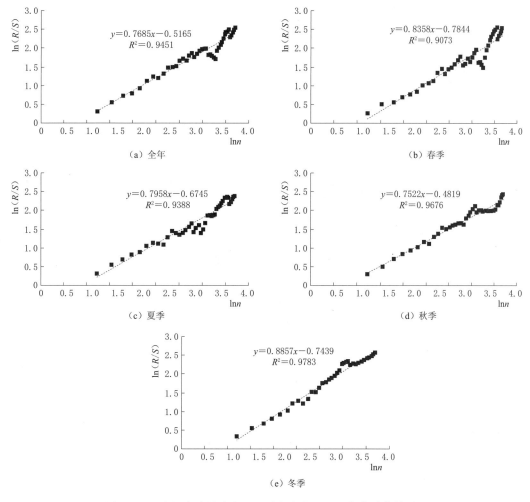

图 5-31 党河水库站全年及四季径流的 Hurst 指数计算结果图

表 5-20   党河水库站全年及四季径流的 Hurst 指数计算结果表

项目	全年	春季	夏季	秋季	冬季
Hurst 指数	0.7685	0.8358	0.7958	0.7522	0.8857
R^2	0.9451	0.9073	0.9388	0.9676	0.9783

5.9 径流集中度、集中期与不均匀性变化分析

在描述径流年内分配特征时，常用径流年内分配不均匀系数，最开始时用于径流完全年调节的计算中，后来逐步引入到径流的年内分配计算中。从水文分析的角度讲，它表示了径流年内分配的某种特性。径流年内分配不均匀系数表征了河川径流量年内分配的不均匀程度，不均匀系数越大，月径流量序列间的差异越大，即年内各月径流相差越大，径流年内分配不均匀程度越高。

5.9.1 昌马堡站

昌马堡站径流集中度的年际变化如图5－32所示。1956—2020年共65年的径流集中度为0.39～0.65，平均值为0.52，1984年最小为0.39，1958年最大为0.65，昌马堡站65年的径流集中度整体表现出持续下降趋势，通过趋势分析得线性拟合递减率为0.006/10年。集中度逐渐减小的过程，表明径流在全年分配趋于均匀化。昌马堡站径流不均匀系数的年际变化如图5－33所示。昌马堡站径流不均匀系数在0.23～0.45之间，平均值为0.35，1958年和1971年最大为0.45，1973年最小为0.23，整体趋势表现出径流序列间差异不大，径流年内分配相对均匀，径流年内分配不均匀系数呈微弱减小趋势，递减率为0.004/10年，表明径流年内分配有均匀化趋势。昌马堡站径流集中期的年际变化如图5－34所示。1956—2020年共65年的集中期均值为0.0071，变化趋势不明显。

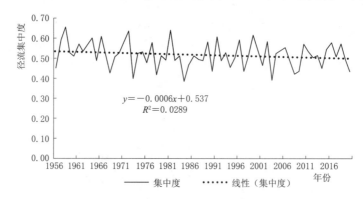

图5－32 昌马堡站径流集中度的年际变化图

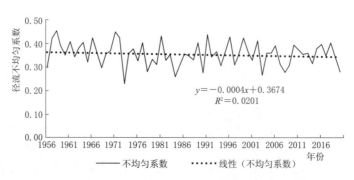

图5－33 昌马堡站径流不均匀系数的年际变化图

5.9.2 潘家庄站

潘家庄站径流集中度的年际变化如图5－35所示。1959—2020年共62年的集中度为0.01～0.56，平均值为0.52，1975年最小值为0.01，2002年最大值为0.56，潘家庄站62年的径流集中度整体表现出持续上升趋势，通过趋势分析得线性拟合递增率为0.0056/10年。集中度逐渐增加的过程，表明径流在全年分配趋于不均匀化且成上升趋势。潘家庄站径流不均匀系数的年际变化如图5－36所示。潘家庄径流年内分配不均匀系数在0.10～0.48之间，平均值为0.24，1999年最大为0.45，1965年最小为0.10，整体趋势

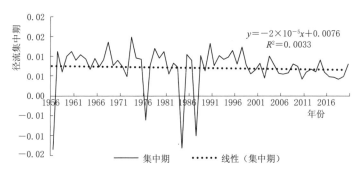

图 5 - 34　昌马堡站径流集中期的年际变化图

表现出径流序列间差异不大，径流年内分配相对均匀，径流年内分配不均匀系数呈微弱增加趋势，递增率为 0.0025/10 年，表明径流年内分配有不均匀化趋势。潘家庄站径流集中期的年际变化如图 5 - 37 所示。1959—2020 年共 62 年的集中期均值为 0.01，变化趋势不明显。

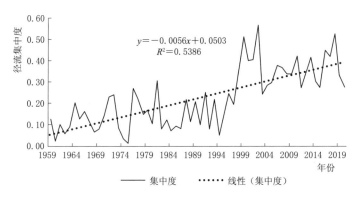

图 5 - 35　潘家庄站径流集中度的年际变化图

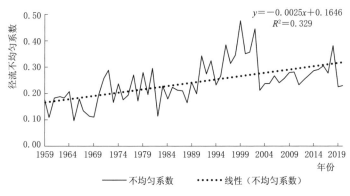

图 5 - 36　潘家庄站径流不均匀系数的年际变化图

5.9.3　双塔堡水库站

双塔堡水库站径流集中度的年际变化如图 5 - 38 所示。1956—2020 年共 65 年的集中度为 0.09～0.57，平均值 0.36，1982 年最小为 0.09，2002 年最大为 0.57，双塔堡水库

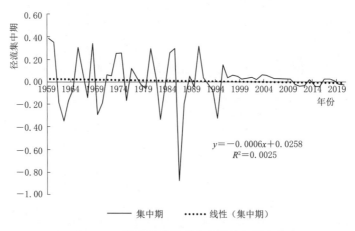

图 5 - 37　潘家庄站径流集中期的年际变化

站 65 年的集中度整体表现出持续下降趋势，通过趋势分析得线性拟合递减率为 0.007/10年。集中度逐渐减小的过程，表明径流在全年分配趋于均匀化。双塔堡水库站径流不均匀系数的年际变化如图 5 - 39 所示。双塔堡水库站径流年内分配不均匀系数在 0.17~0.48之间，平均值为 0.28，2002 年最大为 0.48，1985 年、1986 年和 1967 年最小为 0.17，整体趋势表现出径流序列间差异不大，径流年内分配相对均匀，径流年内分配不均匀系数呈微弱增加趋势，增加率为 0.02/10 年，表明径流年内分配有均匀化趋势。双塔堡水库站径流集中期的年际变化如图 5 - 40 所示。1959—2020 年共 65 年的集中期平均值为 −0.19。

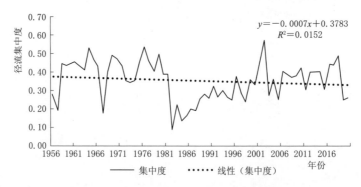

图 5 - 38　双塔堡水库站径流集中度的年际变化

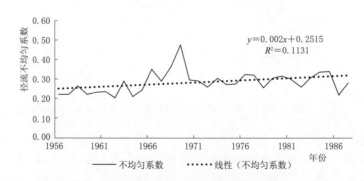

图 5 - 39　双塔堡水库站径流不均匀系数的年际变化

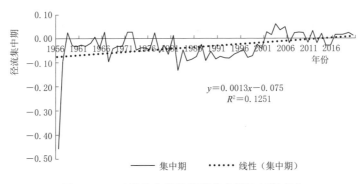

图 5-40 双塔堡水库站径流集中期的年际变化

5.9.4 党城湾站

党城湾站径流集中度的年际变化如图 5-41 所示。1966—2020 年共 55 年的集中度为 0.14～0.34，平均值为 0.22，1985 年最小为 0.14，2010 年最大为 0.34，党城湾 55 年的径流集中度整体表现出持续上升趋势，通过趋势分析得线性拟合递增率为 0.013/10 年。集中度逐渐增加的过程，表明径流在全年分配趋于均匀化。党城湾站径流集中度的年际变化如图 5-42 所示。党城湾站径流年内分配不均匀系数在 0.10～0.23 之间，平均值为 0.15，2010 年最大为 0.23，1995 年最小为 0.10，整体趋势表现出径流序列间差异不大，径流年内分配相对均匀，径流年内分配不均匀系数呈微弱增加趋势，递增率为 0.007/10 年，表明径流年内分配有均匀化趋势。党城湾站径流集中期的年际变化如图 5-43 所示。1966—2020 年共 55 年的集中期均值-0.32。

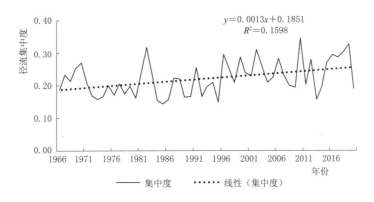

图 5-41 党城湾站径流集中度的年际变化

5.9.5 党河水库站

党河水库站径流集中度的年际变化如图 5-44 所示。1977—2020 年共 44 年的集中度为 0.16～0.37，平均值为 0.25，1996 年最大为 0.37，2003 年最小为 0.16，党河水库站 44 年的径流集中度整体表现出持续上升趋势，通过趋势分析得线性拟合递增率为 0.01/10 年。集中度逐渐减小的过程，表明径流在全年分配趋于均匀化且呈显著下降趋势。党河水库站径流不均匀系数的年际变化如图 5-45 所示。党河水库站径流年内分配不均匀系数在

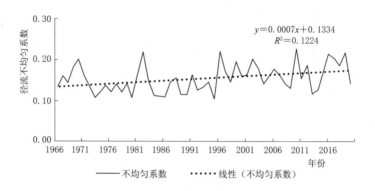

图 5 - 42　党城湾站径流不均匀系数的年际变化

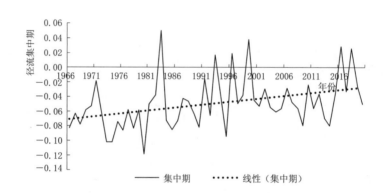

图 5 - 43　党城湾站径流集中期的年际变化

0.05～0.32 之间，平均值为 0.19，2006 年最大为 0.32，1975 年最小为 0.05，整体趋势表现出径流序列间差异不大，径流年内分配相对均匀，径流年内分配不均匀系数呈微弱增加趋势，递增率为 0.0119/10 年，表明径流年内分配有均匀化趋势。党河水库站径流集中期的年际变化如图 5 - 46 所示。1977—2020 年共 44 年的集中期均值 -0.41。

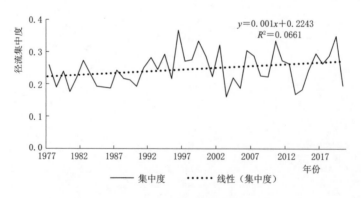

图 5 - 44　党河水库站径流集中度的年际变化

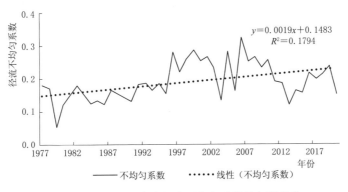

图 5-45 党河水库站径流不均匀系数的年际变化

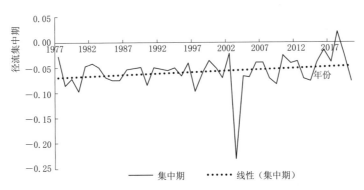

图 5-46 党河水库站径流集中期的年际变化

5.10 径 流 模 拟 分 析

5.10.1 昌马堡站

采用灰色预测法模拟昌马堡站全年和四季的径流量，结果如图5-47所示。全年和四季的模拟误差分别为3.1%、3.0%、5.9%、5.5%和1.9%，可以看出误差较小。并以1956—2020年为验证阶段，预测2021—2030年的径流量，结果见表5-21。可以看出，2021—2030年昌马堡站全年径流从14.88亿m³增长到16.61亿m³。春季径流从1.90亿m³增长到2.08亿m³，夏季径流从8.43亿m³增长到9.32亿m³，秋季径流从3.16亿m³增长到3.64亿m³，冬季径流从1.36亿m³增长到1.56亿m³。

表 5-21　　　　　　　　　　昌马堡站径流预测结果　　　　　　　　单位：亿 m³

年份	全年	春季	夏季	秋季	冬季
2021	14.88	1.90	8.43	3.16	1.36
2022	15.06	1.92	8.52	3.21	1.38
2023	15.25	1.94	8.62	3.26	1.40
2024	15.43	1.96	8.71	3.31	1.42

续表

年份	全年	春季	夏季	秋季	冬季
2025	15.62	1.98	8.81	3.36	1.44
2026	15.81	2.00	8.91	3.42	1.47
2027	16.01	2.02	9.01	3.47	1.49
2028	16.21	2.04	9.12	3.53	1.51
2029	16.40	2.06	9.22	3.58	1.54
2030	16.61	2.08	9.32	3.64	1.56

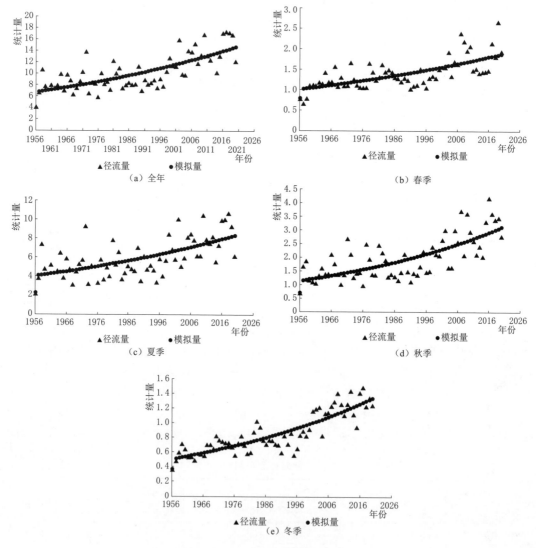

图 5-47　昌马堡站径流模拟分析结果

5.10.2 潘家庄

采用灰色预测法模拟潘家庄站全年和四季的径流量，结果如图 5-48 所示。全年和四季的模拟误差分别为 5.5%、10.2%、14.8%、12.3%和 2.1%，可以看出误差较小。以 1959—2020 年为验证阶段，预测 2021—2030 年的径流量，结果见表 5-22。2021—2030 年潘家庄站全年径流从 3.72 亿 m^3 增长到 4.03 亿 m^3，春季径流从 0.83 亿 m^3 增长到 0.86 亿 m^3，夏季径流从 1.75 亿 m^3 增长到 2.01 亿 m^3，秋季径流从 0.97 亿 m^3 增长到 1.15 亿 m^3，冬季径流从 0.27 亿 m^3 减小到 0.24 亿 m^3。

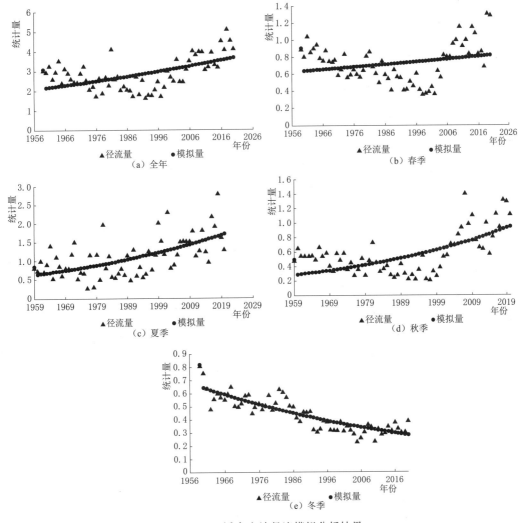

图 5-48 潘家庄站径流模拟分析结果

表 5-22 　　　　　　　　　　　潘家庄站径流预测结果 　　　　　　　　　　单位：亿 m^3

年份	全年	春季	夏季	秋季	冬季
2021	3.72	0.83	1.75	0.97	0.27
2022	3.75	0.83	1.77	0.99	0.26

年份	全年	春季	夏季	秋季	冬季
2023	3.79	0.83	1.80	1.01	0.26
2024	3.82	0.84	1.83	1.03	0.26
2025	3.85	0.84	1.86	1.05	0.25
2026	3.89	0.84	1.89	1.07	0.25
2027	3.92	0.85	1.92	1.09	0.25
2028	3.96	0.85	1.95	1.11	0.24
2029	3.99	0.86	1.98	1.13	0.24
2030	4.03	0.86	2.01	1.15	0.24

5.10.3　双塔堡水库站

采用灰色预测法模拟双塔堡水库站全年和四季的径流量，结果如图5-49所示。全年

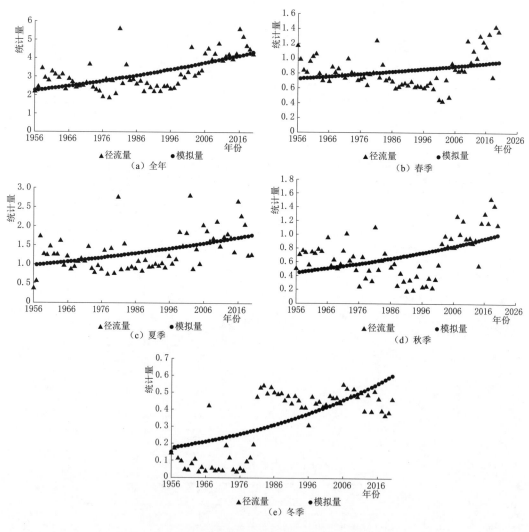

图 5-49　双塔堡水库站径流模拟分析结果

和四季的模拟误差分别为 3.9%、6.3%、8.9%、24.3%和 82%，可以看出除了秋季和冬季，其他时期误差都较小。以 1956—2020 年为验证阶段，预测 2021—2030 年的径流量，结果见表 5-23。2021—2030 年双塔堡水库站全年径流从 4.38 亿 m³ 增长到 4.80 亿 m³，春季径流从 0.96 亿 m³ 增长到 0.99m³，夏季径流从 1.79 亿 m³ 增长到 1.95 亿 m³，秋季径流从 1.01 亿 m³ 增长到 1.13 亿 m³，冬季径流从 0.61 亿 m³ 增长到 0.73 亿 m³。

表 5-23　　　　　　　　　　　双塔堡水库站径流预测结果　　　　　　　　　　单位：亿 m³

年份	全年	春季	夏季	秋季	冬季
2021	4.38	0.96	1.79	1.01	0.61
2022	4.43	0.96	1.81	1.02	0.62
2023	4.47	0.96	1.83	1.03	0.64
2024	4.52	0.97	1.84	1.05	0.65
2025	4.57	0.97	1.86	1.06	0.66
2026	4.61	0.98	1.88	1.07	0.67
2027	4.66	0.98	1.90	1.09	0.69
2028	4.71	0.98	1.91	1.10	0.70
2029	4.75	0.99	1.93	1.11	0.71
2030	4.80	0.99	1.95	1.13	0.73

5.10.4　党城湾站

采用灰色预测法模拟党城湾站全年和四季的径流量，结果如图 5-50 所示。全年和四季的模拟误差分别为 1.2%、1.2%、3.3%、2.0%和 1.7%，可以看出误差较小。以 1966—2020 年为验证阶段，预测 2021—2030 年的径流量，结果见表 5-24。2021—2030 年党城湾站全年径流从 4.26 亿 m³ 增长到 4.48 亿 m³，春季径流从 1.14 亿 m³ 增长到 1.18 亿 m³，夏季径流从 1.65 亿 m³ 增长到 1.79 亿 m³，秋季径流从 0.89 亿 m³ 增长到 0.94 亿 m³，冬季径流从 0.58 亿 m³ 增长到 0.59 亿 m³。

表 5-24　　　　　　　　　　　党城湾站径流预测结果　　　　　　　　　　单位：亿 m³

年份	全年	春季	夏季	秋季	冬季
2021	4.26	1.14	1.65	0.89	0.58
2022	4.29	1.14	1.66	0.90	0.58
2023	4.31	1.15	1.68	0.90	0.58
2024	4.33	1.15	1.69	0.91	0.58
2025	4.36	1.16	1.71	0.91	0.58
2026	4.38	1.16	1.72	0.92	0.59
2027	4.41	1.17	1.74	0.92	0.59
2028	4.43	1.17	1.76	0.93	0.59
2029	4.46	1.17	1.77	0.93	0.59
2030	4.48	1.18	1.79	0.94	0.59

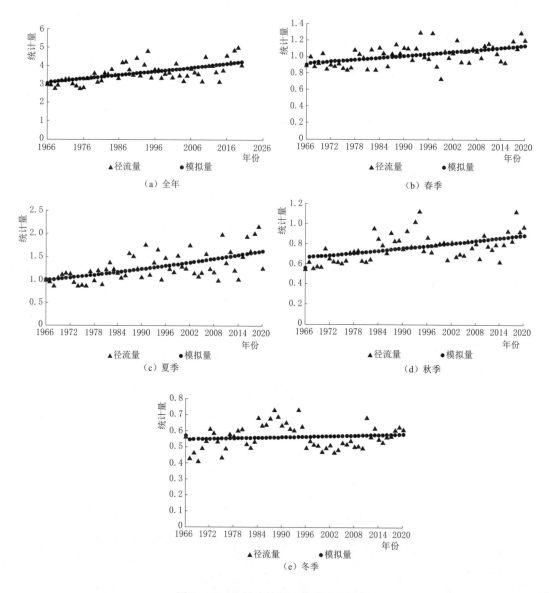

图 5-50　党城湾站径流模拟分析结果

5.10.5　党河水库站

采用灰色预测法模拟党河水库站全年和四季的径流量，结果如图 5-51 所示。全年和四季的模拟误差分别为 2.2%、1.6%、6.0%、3.4% 和 15.1%，可以看出误差较小。1977—2020 年为验证阶段，预测 2021—2030 年的径流量，结果见表 5-25。2021—2030 年党河水库站全年径流从 4.63 亿 m³ 增长到 5.24 亿 m³，春季径流从 1.34 亿 m³ 增长到 1.50 亿 m³，夏季径流从 1.82 亿 m³ 增长到 2.12 亿 m³，秋季径流从 0.96 亿 m³ 增长到 1.07 亿 m³，冬季径流从 0.49 亿 m³ 增长到 0.53 亿 m³。

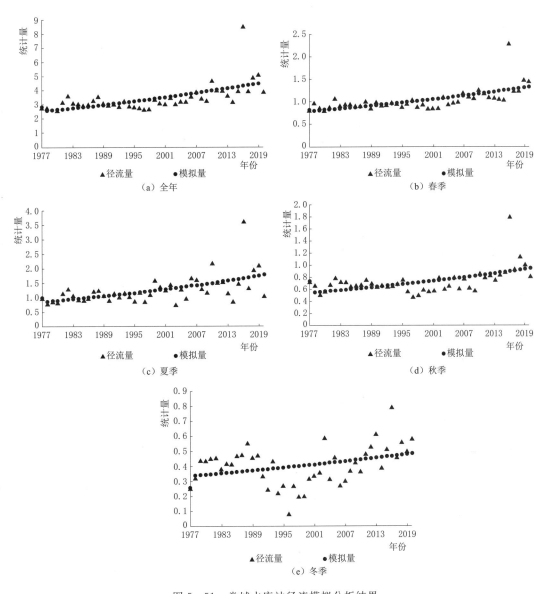

图 5-51 党城水库站径流模拟分析结果

表 5-25 党城水库站径流预测结果 单位：亿 m³

年份	全年	春季	夏季	秋季	冬季
2021	4.63	1.34	1.82	0.96	0.49
2022	4.69	1.36	1.85	0.97	0.49
2023	4.76	1.37	1.89	0.98	0.50
2024	4.83	1.39	1.92	1.00	0.50
2025	4.89	1.41	1.95	1.01	0.51
2026	4.96	1.42	1.98	1.02	0.51

年份	全年	春季	夏季	秋季	冬季
2027	5.03	1.44	2.02	1.03	0.51
2028	5.10	1.46	2.05	1.05	0.52
2029	5.17	1.48	2.09	1.06	0.52
2030	5.24	1.50	2.12	1.07	0.53

5.11　小　　结

基于疏勒河昌马堡站、潘家庄站、双塔堡水库站、党城湾站、党河水库站全年及四季径流量数据，研究径流量变化特征，结果如下：

（1）疏勒河流域昌马堡站、潘家庄站、双塔堡水库站、党城湾站、党河水库站多年平均径流量分别为 10.22 亿 m^3、2.89 亿 m^3、3.21 亿 m^3、3.65 亿 m^3 和 3.46 亿 m^3，年均径流量分别以 1.202 亿 m^3/10 年、0.193 亿 m^3/10 年、0.293 亿 m^3/10 年、0.21 亿 m^3/10 年和 0.437 亿 m^3/10 年的速率增加，65 年、62 年、65 年、55 年和 44 年内分别增加了 7.81 亿 m^3，1.2 亿 m^3，1.905 亿 m^3，1.15 亿 m^3 和 1.92 亿 m^3。

（2）疏勒河流域昌马堡站 20 世纪 60—90 年代径流量较低，21 世纪 00—10 年代径流量较高；潘家庄站 20 世纪 70—90 年代径流量较低，20 世纪 60—70 年代和 21 世纪 00—10 年代径流量较高；双塔堡水库站 20 世纪 50—90 年代径流量较低，21 世纪 00—10 年代径流量相对较高；党城湾站 20 世纪 60—70 年代和 21 世纪 00 年代径流量较低，20 世纪 80—90 年代和 21 世纪 10 年代径流量相对较高；党河水库站 20 世纪 70—90 年代和 21 世纪 00 年代径流量较低，21 世纪 10 年代径流量相对较高。

（3）昌马堡站、潘家庄站、党城湾站和党河水库分别呈现夏季径流量增加对平均径流量增加的贡献最大，双塔堡水库站冬季径流量增加对平均径流量增加的贡献最大。

（4）疏勒河流域全年、春季、夏季、秋季五个水文站径流量自东南向西北递减。

（5）M-K 法检测结果显示，疏勒河流域昌马堡站、潘家庄站、双塔堡水库站、党城湾站和党河水库站全年和不同季节径流量表现出不同程度的突变，呈现不同时间突变点。昌马堡站、潘家庄站、双塔堡水库站、党城湾站和党河水库站年平均径流量突变点分别为 2000 年、2016 年、2006 年、1982 年和 2007 年。

（6）疏勒河流域昌马堡站全年及四季径流均呈现上升趋势；潘家庄站初冬季外，其他季节和全年径流呈现上升趋势；双塔堡水库站、党城湾和党河水库站全年和四季均呈现上升趋势。

（7）疏勒河流域昌马堡站、潘家庄站、双塔堡水库站、党城湾站、党河水库站中全年径流量的第一主周期多数以 58 年左右为主，除党城湾站第一主周期为 43 年；春季径流量第一主周期为 59 年左右；夏季径流量第一主周期为 59 年左右，除潘家庄站第一主周期为 13 年、党城湾站第一主周期为 45 年；秋季径流量第一主周期为 59 年左右，除潘家庄站第一主周期为 21 年；冬季径流量第一主周期为 58 年左右，除潘家庄站第一主周期为 41

年、双塔堡水库站第一主周期为 45 年。

（8）疏勒河流域昌马堡站、潘家庄站、双塔堡水库站、党城湾站、党河水库站全年及四季径流的 Hurst 指数总体上均大于 0.5，表明这 5 个站表现出正持续性特征，未来径流量将出现增长趋势。

（9）疏勒河昌马堡站、潘家庄站、双塔堡水库站、党城湾站、党河水库站的年径流量的不均匀系数、集中度等年内分配指标，昌马堡站和双塔堡水库站实测径流量年内分配均匀，潘家庄、党城湾和党河水库站年内分配不均匀。

（10）通过灰色预测法模拟，2021—2030 年昌马堡站全年径流从 14.88 亿 m³ 增长到 16.61 亿 m³，春季径流从 1.90 亿 m³ 增长到 2.08 亿 m³，夏季径流从 8.43 亿 m³ 增长到 9.32 亿 m³，秋季径流从 3.16 亿 m³ 增长到 3.64 亿 m³，冬季径流从 1.36 亿 m³ 增长到 1.56 亿 m³。潘家庄站全年径流从 3.72 亿 m³ 增长到 4.03 亿 m³，春季径流从 0.83 亿 m³ 增长到 0.86 亿 m³，夏季径流从 1.75 亿 m³ 增长到 2.01 亿 m³，秋季径流从 0.97 亿 m³ 增长到 1.15 亿 m³，冬季径流从 0.27 亿 m³ 减小到 0.24 亿 m³。双塔堡水库站全年径流从 4.38 亿 m³ 增长到 4.80 亿 m³，春季径流从 0.96 亿 m³ 增长到 0.99m³，夏季径流从 1.79 亿 m³ 增长到 1.95 亿 m³，秋季径流从 1.01 亿 m³ 增长到 1.13 亿 m³，冬季径流从 0.61 亿 m³ 增长到 0.73 亿 m³。党城湾站全年径流从 4.26 亿 m³ 增长到 4.48 亿 m³，春季径流从 1.14 亿 m³ 增长到 1.18 亿 m³，夏季径流从 1.65 亿 m³ 增长到 1.79 亿 m³，秋季径流从 0.89 亿 m³ 增长到 0.94 亿 m³，冬季径流从 0.58 亿 m³ 增长到 0.59 亿 m³。党河水库站全年径流从 4.63 亿 m³ 增长到 5.24 亿 m³，春季径流从 1.34 亿 m³ 增长到 1.50 亿 m³，夏季径流从 1.82 亿 m³ 增长到 2.12 亿 m³，秋季径流从 0.96 亿 m³ 增长到 1.07 亿 m³，冬季径流从 0.49 亿 m³ 增长到 0.53 亿 m³。

第6章

疏勒河流域水面蒸发时空演变
与模拟研究

选取疏勒河流域内昌马堡站、双塔堡水库站、党城湾站、党河水库站 1980—2020 年逐月、逐年水面蒸发数据作为基础资料，采用气候倾向率、累积距平、滑动平均、M-K 趋势检验法、R/S 分析法、小波分析等方法，分析了疏勒河流域水面蒸发年变化、年代际变化、季节变化和空间变化特征，并分析了水面蒸发突变性、趋势性、周期性、持续性、不均匀性和集中度变化，利用 BP 神经网络构建预测模型，模拟预测了疏勒河流域 2021—2026 年水面蒸发量。

6.1 水面蒸发年变化特征与规律

6.1.1 昌马堡站

昌马堡站 1980—2020 年多年平均年水面蒸发量为 1745.51mm，整体呈现减少趋势，趋势方程为 $y=-3.2979x+8341.4$，年水面蒸发量以 32.979mm/10 年的速率减少，41 年内减少了 135.21mm。该站年水面蒸发量年际变化大，最大值为 2002 年的 2165.1mm，最小值为 2019 年的 1030.0mm，相差 1135.1m，最大、最小年蒸发量比值 2.10。从该站年水面蒸发量变化的 5 年滑动平均曲线（图 6-1）可以看出，年蒸发量 1980—2004 年呈现增加趋势，2005—2020 年呈现减少趋势；从年蒸发量累积距平变化曲线（图 6-2）可以看出，年蒸发量 1980—1989 年和 2010—2020 年呈现缓慢减少趋势，1990—2009 年呈现急剧增加趋势。

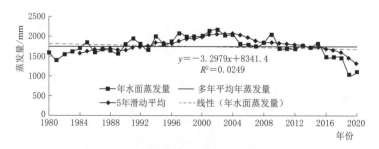

图 6-1　1980—2020 年疏勒河流域昌马堡站年水面蒸发量变化曲线

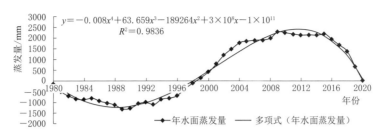

图 6-2 1980—2020 年疏勒河流域昌马堡站年水面蒸发量累积距平变化曲线

6.1.2 双塔堡水库站

双塔堡水库站 1980—2020 年多年平均水面蒸发量为 1996.61mm，整体呈现减少趋势，趋势方程为 $y = -18.712x + 39420$，年水面蒸发量以 187.12mm/10 年的速率减少，41 年内减少了 767.19mm，减少趋势显著。该站年水面蒸发量年际变化大，最大值为 1983 年的 2873.7mm，最小值为 2020 年的 1428.3mm，相差 1445.4m，最大、最小年蒸发量比值 2.01。从该站年蒸发量变化的 5 年滑动平均曲线（图 6-3）可以看出，年蒸发量 1980—2020 年总体呈现波动减少趋势；从年蒸发量累积距平变化曲线（图 6-4）可以看出，年蒸发量 1980—2006 年呈现波动增加趋势，2007—2020 年呈现急剧减少趋势。

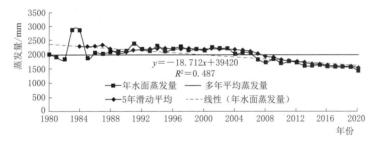

图 6-3 1980—2020 年疏勒河流域双塔堡水库站年蒸发量变化曲线

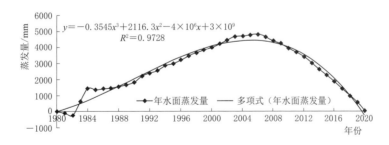

图 6-4 1980—2020 年疏勒河流域双塔堡水库站年蒸发量累积距平变化曲线

6.1.3 党城湾站

党城湾站 1980—2020 年多年平均水面蒸发量为 1374.98mm，整体呈现减少趋势，趋势方程为 $y = -2.9993x + 7373.6$，年水面蒸发量以 29.993mm/10 年的速率减少，41 年内减少了 122.97mm。该站年水面蒸发量年际变化大，最大值为 1997 年的 1696.9mm，最小值为 2018 年的 1050.8mm，相差 646.1m，最大、最小年蒸发量比值 1.61（表 6-

3)。从该站年水面蒸发量变化的 5 年滑动平均曲线（图 6-5）可以看出，年蒸发量 1980—2000 年呈现增加趋势，2001—2020 年呈现减少趋势；从年蒸发量累积距平变化曲线（图 6-6）可以看出，年蒸发量 1980—1986 年和 2010—2020 年呈现急剧减少趋势，1987—2009 年呈现波动增加趋势。

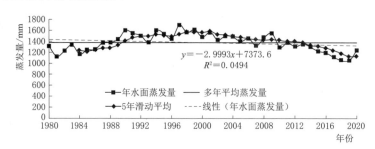

图 6-5　1980—2020 年疏勒河流域党城湾年水面蒸发量变化曲线

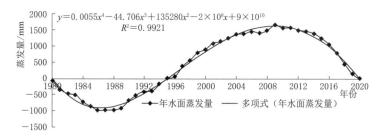

图 6-6　1980—2020 年疏勒河流域党城湾年蒸发量累积距平变化曲线

6.1.4　党河水库站

党河水库站 1980—2020 年多年平均水面蒸发量为 1748.85mm，整体呈现减少趋势，趋势方程为 $y=-17.821x+37390$，年水面蒸发量以 178.21mm/10 年的速率减少，41 年内减少了 730.66mm，减少趋势显著。该站年水面蒸发量年际变化大，最大值为 2001 年的 2242.7mm，最小值为 2020 年的 1213.8mm，相差 1028.9m，最大、最小年蒸发量比值 1.85。从该站年水面蒸发量变化的 5 年滑动平均曲线（图 6-7）可以看出，年蒸发量 1980—2005 年呈现增加趋势，2006—2020 年呈现减少趋势，其中 2005—2012 年期间减少趋势急剧，2012—2020 年减少趋势平缓；从年蒸发量累积距平变化曲线（图 6-8）可以看出，年蒸发量 1980—2006 年呈现急剧增加趋势，2007—2020 年呈现急剧减少趋势。

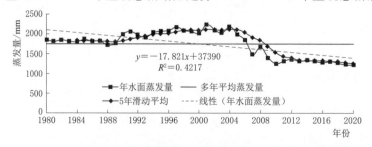

图 6-7　1980—2020 年疏勒河流域党河水库站年水面蒸发量变化曲线

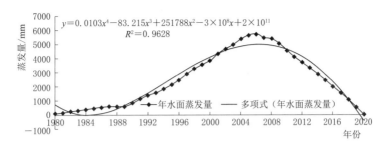

图 6-8 1980—2020 年疏勒河流域党河水库站年水面蒸发量累积距平变化曲线

6.2 水面蒸发年代际变化特征与规律

6.2.1 昌马堡站

疏勒河流域昌马堡站年代际平均水面蒸发量统计结果见表 6-1。由表 6-1 可知，过去 41 年该站 20 世纪 80 年代和 21 世纪 10 年代水面蒸发量较低，分别为 1613.5mm、1536.7mm，比多年平均值分别低 132.0mm、208.8mm；20 世纪 90 年代和 21 世纪 00 年代蒸发量较高，分别为 1892.6mm、1960.1mm，比多年平均值分别高 147.1mm、214.6mm。

表 6-1 疏勒河流域昌马堡站年代际平均水面蒸发量统计结果

时 段	平均值 /mm	最大值		最小值		最大值/最小值
		数值/mm	年份	数值/mm	年份	
1980—1989 年	1613.5	1838.4	1985	1398.6	1981	1.31
1990—1999 年	1892.6	2082.6	1997	1646.5	1993	1.26
2000—2009 年	1960.1	2165.1	2002	1741.8	2007	1.24
2010—2020 年	1536.7	1812.7	2015	1030.0	2019	1.76
1980—2020 年	1745.5	2165.1	2002	1030.0	2019	2.10

由表 6-1 可知，20 世纪 80 年代年均水面蒸发量 1613.5mm，最大值为 1985 年的 1838.4mm，最小值为 1981 年的 1398.6mm，两者相差 439.8mm，最大、最小年蒸发量比值 1.31；20 世纪 90 年代年均蒸发量 1892.6mm，最大值为 1997 年的 2082.6mm，最小值为 1993 年的 1646.5mm，两者相差 436.1mm，最大、最小年蒸发量比值 1.26；21 世纪 00 年代年均蒸发量 1960.1mm，最大值为 2002 年的 2165.1mm，最小值为 2007 年的 1741.8mm，两者相差 423.3mm，最大、最小年蒸发量比值 1.24；21 世纪 10 年代，年均蒸发量 1536.7mm，最大值为 2015 年的 1812.7mm，最小值为 2019 年的 1030.0mm，两者相差 782.7mm，最大、最小年蒸发量比值 1.76。

6.2.2 双塔堡水库站

疏勒河流域双塔堡水库站年代际平均水面蒸发量统计结果见表 6-2。由表 6-2 可知，过去 41 年 20 世纪 10 年代水面蒸发量较低，为 1610.7mm，比多年平均低 385.9mm；20

世纪 80 年代至 21 世纪 00 年代蒸发量较高，分别为 2166.2mm、2211.9mm、2036.2mm，比多年平均值分别高 169.6mm、215.3mm、39.6mm。

表 6-2　　　　疏勒河流域双塔堡水库站年代际平均水面蒸发量统计结果

时　　段	平均值/mm	最大值		最小值		最大值/最小值
		数值/mm	年份	数值/mm	年份	
1980—1989 年	2166.2	2873.7	1983	1837.0	1982	1.56
1990—1999 年	2211.9	2390.5	1991	2137.7	1990	1.12
2000—2009 年	2036.2	2247.4	2001	1728.0	2008	1.30
2010—2020 年	1610.7	1755.4	2011	1428.3	2020	1.23
1980—2020 年	1996.6	2873.7	1983	1428.3	2020	2.01

由表 6-2 可知，20 世纪 80 年代年均水面蒸发量 2166.2mm，最大值为 1983 年的 2873.7mm，最小值为 1982 年的 1837.0mm，两者相差 1036.7mm，最大、最小年蒸发量比值 1.56；20 世纪 90 年代年均蒸发量 2211.9mm，最大值为 1991 年的 2390.5mm，最小值为 1990 年的 2137.7mm，两者相差 252.8mm，最大、最小年蒸发量比值 1.12；21 世纪 00 年代年均蒸发量 2036.2mm，最大值为 2001 年的 2247.4mm，最小值为 2008 年的 1728.0mm，两者相差 519.4mm，最大、最小年蒸发量比值 1.30；21 世纪 10 年代，年均蒸发量 1610.7mm，最大值为 2011 年的 1755.4mm，最小值为 2020 年的 1428.3mm，两者相差 327.1mm，最大、最小年蒸发量比值 1.23。

6.2.3　党城湾站

疏勒河流域党城湾站年代际平均水面蒸发量统计结果见表 6-3。由表 6-3 可知，过去 41 年该站 20 世纪 80 年代和 21 世纪 10 年代水面蒸发量较低，分别为 1284.1mm、1224.4mm，比多年平均值分别低 90.9mm、150.6mm；20 世纪 90 年代和 21 世纪 00 年代蒸发量较高，分别为 1546.7mm、1459.8mm，比多年平均值分别高 171.7mm 和 84.8mm。

表 6-3　　　　疏勒河流域党城湾站年代际平均水面蒸发量统计结果

时　　段	平均值/mm	最大值		最小值		最大值/最小值
		数值/mm	年份	数值/mm	年份	
1980—1989 年	1284.1	1439.2	1989	1118.5	1981	1.29
1990—1999 年	1546.7	1696.9	1997	1374.4	1993	1.23
2000—2009 年	1459.8	1568.0	2001	1313.4	2007	1.19
2010—2020 年	1224.4	1373.6	2011	1050.8	2018	1.31
1980—2020 年	1375.0	1696.9	1997	1050.8	2018	1.61

由表 6-3 可知，20 世纪 80 年代年均水面蒸发量 1284.1mm，最大值为 1989 年的 1439.2mm，最小值为 1981 年的 1118.5mm，两者相差 320.7mm，最大、最小年蒸发量比值 1.29；20 世纪 90 年代年均蒸发量 1546.7mm，最大值为 1997 年的 1696.9mm，最小值为 1993 年的 1374.4mm，两者相差 322.5mm，最大、最小年蒸发量比值 1.23；21

世纪 00 年代年均蒸发量 1459.8mm，最大值为 2001 年的 1568.0mm，最小值为 2007 年的 1313.4mm，两者相差 254.6mm，最大、最小年蒸发量比值 1.19；21 世纪 10 年代，年均蒸发量 1224.4mm，最大值为 2011 年的 1373.6mm，最小值为 2018 年的 1050.8mm，两者相差 322.8mm，最大、最小年蒸发量比值 1.31。

6.2.4 党河水库站

疏勒河流域党河水库站年代际平均水面蒸发量统计结果见表 6-4。由表 6-4 可知，过去 41 年该站 21 世纪 10 年代水面蒸发量较低，为 1289.0mm，比多年平均值低 459.9mm；20 世纪 80 年代至 21 世纪 00 年代蒸发量较高，分别为 1809.8mm、2046.6mm、1895.9mm，比多年平均值分别高 60.9mm、297.7mm 和 147.0mm。

表 6-4   疏勒河流域党河水库站年代际平均水面蒸发量统计结果

时　段	平均值 /mm	最大值		最小值		最大值/最小值
		数值/mm	年份	数值/mm	年份	
1980—1989 年	1809.8	1858.7	1985	1717.4	1988	1.08
1990—1999 年	2046.6	2180.1	1997	1912.2	1993	1.14
2000—2009 年	1895.9	2242.7	2001	1392.5	2009	1.61
2010—2020 年	1289.0	1363.8	2012	1213.8	2020	1.12
1980—2020 年	1748.9	2242.7	2001	1213.8	2020	1.85

由表 6-4 可知，20 世纪 80 年代年均水面蒸发量 1809.8mm，最大值为 1985 年的 1858.7mm，最小值为 1988 年的 1717.4mm，两者相差 141.3mm，最大、最小年蒸发量比值 1.08；20 世纪 90 年代年均蒸发量 2046.6mm，最大值为 1997 年的 2180.1mm，最小值为 1993 年的 1912.2mm，两者相差 267.9mm，最大、最小年蒸发量比值 1.14；21 世纪 00 年代年均蒸发量 1895.9mm，最大值为 2001 年的 2242.7mm，最小值为 2009 年的 1392.5mm，两者相差 850.2mm，最大、最小年蒸发量比值 1.61；21 世纪 10 年代，年均蒸发量 1289.0mm，最大值为 2012 年的 1363.8mm，最小值为 2020 年的 1213.8mm，两者相差 150.0mm，最大、最小年蒸发量比值 1.12。

6.3   水面蒸发季节变化特征与规律

6.3.1 昌马堡站

从昌马堡站水面蒸发量季节距平变化和季节变化（表 6-5 和图 6-9）可知，该站春、夏、秋、冬四个季节均表现出蒸发量减少趋势，但各个季节的减少速率不同。通过对比分析可知：该站夏季蒸发量减少速率最高，1980—2020 年夏季水面蒸发量减少 95.47mm，线性减少幅度 23.285mm/10 年；秋季和冬季次之，分别减少 13.04mm 和 8.38mm，线性减少幅度分别为 3.181mm/10 年和 2.045mm/10 年；春季蒸发量减少幅度最小为 2.81mm，线性减少幅度 0.686mm/10 年，表明夏季蒸发量减少对该站平均蒸发量减少的贡献最大。

①春季：平均水面蒸发量距平值 20 世纪 90 年代、21 世纪 00 年代为正，20 世纪 80 年代、21 世纪 10 年代为负；21 世纪 00 年代平均水面蒸发量最高，比多年平均值高

63.66mm；21 世纪 10 年代最低，比多年平均值低 49.11mm。②夏季：平均水面蒸发量距平值 20 世纪 90 年代、21 世纪 00 年代为正，20 世纪 80 年代、21 世纪 10 年代为负；21 世纪 10 年代平均蒸发量最低，比多年平均值低 111.81mm；21 世纪 00 年代最高，比多年平均值高 109.02mm。③秋季：平均水面蒸发量距平值 20 世纪 90 年代、21 世纪 00 年代为正，20 世纪 80 年代、21 世纪 10 年代为负；21 世纪 10 年代平均蒸发量最低，比多年平均值低−34.62mm；20 世纪 90 年代最高，比多年平均值高 29.52mm。④冬季：平均水面蒸发量距平值 20 世纪 90 年代、21 世纪 00 年代为正，20 世纪 80 年代、21 世纪 10 年代为负；21 世纪 10 年代平均蒸发量最低，比多年平均值低 19.86mm；21 世纪 00 年代最高，比多年平均值高 20.37mm。

表 6 - 5　　　　　　　昌马堡站水面蒸发量季节距平变化表　　　　　　　单位：mm

年　代	春季	夏季	秋季	冬季
20 世纪 80 年代	−46.74	−57.75	−15.42	−9.75
20 世纪 90 年代	37.14	71.76	29.52	11.19
21 世纪 00 年代	63.66	109.02	24.00	20.37
21 世纪 10 年代	−49.11	−111.81	−34.62	−19.86

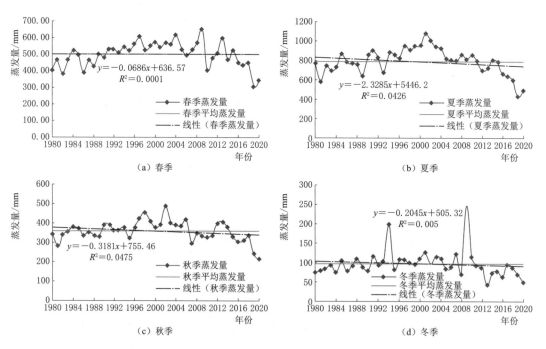

图 6 - 9　昌马堡站水面蒸发量季节变化图

6.3.2　双塔堡水库站

从双塔堡水库站水面蒸发量季节距平变化和季节变化（表 6 - 6 和图 6 - 10）可知，该站春、夏、秋、冬四个季节均表现出蒸发量减少趋势，但各个季节的减少速率不同。通过对比分析：该站夏季减少速率最高，1980—2020 年夏季蒸发量减少 361.10mm，线性减少幅度 88.073mm/10 年；春季和秋季次之，平均蒸发量分别减少 214.54mm 和

154.39mm，线性减少幅度分别为 52.328mm/10 年和 37.655mm/10 年；冬季蒸发量减少幅度最小为 37.38mm，线性减少幅度 9.117mm/10 年，表明夏季蒸发量减少对该站平均蒸发量减少的贡献最大。

表 6-6　　　　　　　双塔堡水库站水面蒸发量季节距平变化表　　　　　　单位：mm

年　代	春季	夏季	秋季	冬季
20 世纪 80 年代	47.88	−57.75	40.95	5.43
20 世纪 90 年代	65.34	71.76	36.66	13.11
21 世纪 00 年代	2.58	109.02	4.83	3.36
21 世纪 10 年代	−105.24	−111.81	−74.94	−19.89

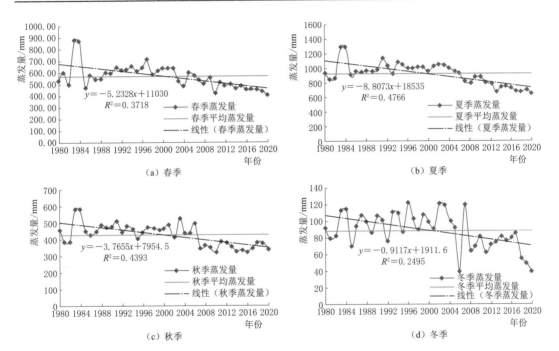

图 6-10　双塔堡水库站水面蒸发量季节变化图

①春季：平均水面蒸发量距平值 20 世纪 80 年代、20 世纪 90 年代、21 世纪 00 年代为正，21 世纪 10 年代为负；21 世纪 10 年代平均蒸发量最低，比多年平均值低 105.24mm；20 世纪 90 年代最高，比多年平均值高 65.34mm。②夏季：平均水面蒸发量距平值 20 世纪 90 年代、21 世纪 00 年代为正，20 世纪 80 年代、21 世纪 10 年代为负；21 世纪 10 年代平均蒸发量最低，比多年平均值低 111.81mm；21 世纪 00 年代最高，比多年平均值高 109.02mm。③秋季：平均水面蒸发量距平值 20 世纪 80 年代、20 世纪 90 年代、21 世纪 00 年代为正，21 世纪 10 年代为负；21 世纪 10 年代平均蒸发量最低，比多年平均值低 74.94mm；20 世纪 80 年代最高，比多年平均值高 40.95mm。④冬季：平均水面蒸发量距平值 20 世纪 80 年代、20 世纪 90 年代、21 世纪 00 年代为正，21 世纪 10 年代为负；21 世纪 10 年代平均蒸发量最低，比多年平均值低 19.89mm；20 世纪 90 年代最高，

比多年平均值高 13.11mm。

6.3.3 党城湾站

从党城湾站水面蒸发量季节距平变化和季节变化（表 6-7 和图 6-11）可知，该站春季水面蒸发量表现出增加趋势，夏、秋、冬三个季节水面蒸发量均表现出减少趋势，但各个季节的减少速率不同。通过对比分析：该站秋季蒸发量减少速率最高，1980—2020 年秋季蒸发量减少 82.16mm，线性减少幅度 20.04mm/10 年；夏季次之，蒸发量减少55.43mm，线性减少幅度为 13.52mm/10 年；冬季最小，蒸发量减少 6.32mm，线性减少幅度为 1.541mm/10 年；春季蒸发量增加 20.92mm，线性增加幅度 5.103mm/10 年，表明秋季蒸发量减少对该站蒸发量减少的贡献最大。

表 6-7　　　　　　　　　党城湾站水面蒸发量季节距平变化表　　　　　　　　单位：mm

年　代	春季	夏季	秋季	冬季
20 世纪 80 年代	−47.28	−40.65	1.35	5.43
20 世纪 90 年代	39.78	68.91	52.23	13.11
21 世纪 00 年代	28.35	59.31	0.39	3.36
21 世纪 10 年代	−18.9	−79.65	−49.08	−19.89

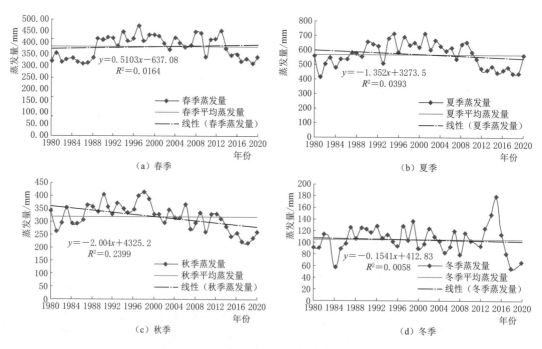

图 6-11　党城湾站水面蒸发量季节变化图

①春季：平均水面蒸发量距平值 20 世纪 90 年代、21 世纪 00 年代为正，20 世纪 80年代、21 世纪 10 年代为负；20 世纪 80 年代平均蒸发量最低，比多年平均值低47.28mm；20 世纪 90 年代最高，比多年平均值高 39.78mm。②夏季：平均水面蒸发量距平值 20 世纪 90 年代、21 世纪 00 年代为正，20 世纪 80 年代、21 世纪 10 年代为负；21世纪 10 年代平均蒸发量最低，比多年平均值低 79.65mm；20 世纪 90 年代最高，比多年

平均值高 68.91mm。③秋季：平均水面蒸发量距平值 20 世纪 80 年代、20 世纪 90 年代、21 世纪 00 年代为正，21 世纪 10 年代为负；21 世纪 10 年代平均蒸发量最低，比多年平均值低 49.08mm；20 世纪 90 年代最高，比多年平均值高 52.23mm。④冬季：平均水面蒸发量距平值 20 世纪 80 年代、20 世纪 90 年代、21 世纪 00 年代为正，21 世纪 10 年代为负；21 世纪 10 年代平均蒸发量最低，比多年平均值低 19.89mm；20 世纪 90 年代最高，比多年平均值高 13.11mm。

6.3.4　党河水库站

从党河水库站水面蒸发量季节距平变化和季节变化（表 6-8 和图 6-12）可知，该站春、夏、秋、冬四个季节均表现出水面蒸发量减少趋势，但各个季节的蒸发量减少速率不同。通过对比分析：该站夏季减少速率最高，1980—2020 年夏季蒸发量减少 329.97mm，线性减少幅度 80.48mm/10 年；秋季和春季次之，蒸发量分别减少 189.48mm 和 168.29mm，线性减少幅度分别为 46.215mm/10 年和 41.046mm/10 年；冬季蒸发量减少幅度最小为 43.77mm，线性减少幅度 10.676mm/10 年，表明夏季蒸发量减少对该站平均蒸发量减少的贡献最大。

表 6-8　　　　　　　　党河水库站水面蒸发量季节距平变化表　　　　　　　单位：mm

年　代	春季	夏季	秋季	冬季
20 世纪 80 年代	4.56	30.42	25.14	1.77
20 世纪 90 年代	79.05	126.72	71.37	23.64
21 世纪 00 年代	41.19	75.24	20.22	3.39
21 世纪 10 年代	−113.4	−211.23	−106.17	−26.13

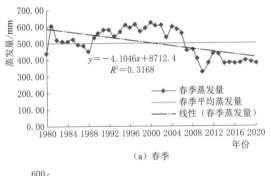

（a）春季

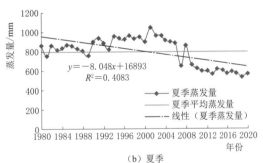

（b）夏季

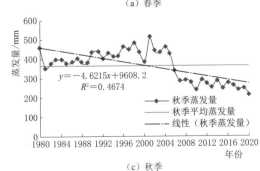

（c）秋季

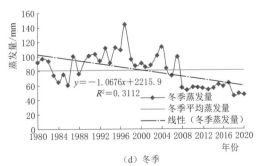

（d）冬季

图 6-12　党河水库站水面蒸发量季节变化图

①春季：平均水面蒸发量距平值 20 世纪 80 年代、20 世纪 90 年代、21 世纪 00 年代为正，21 世纪 10 年代为负；21 世纪 10 年代平均蒸发量最低，比多年平均值低113.4mm；20 世纪 90 年代最高，比多年平均值高 79.05mm。②夏季：平均水面蒸发量距平值 20 世纪 80 年代、20 世纪 90 年代、21 世纪 00 年代为正，21 世纪 10 年代为负；21世纪 10 年代平均蒸发量最低，比多年平均值低 211.23mm；20 世纪 90 年代最高，比多年平均值高 126.72mm。③秋季：平均水面蒸发量距平值 20 世纪 80 年代、20 世纪 90 年代、21 世纪 00 年代为正，21 世纪 10 年代为负；21 世纪 10 年代平均蒸发量最低，比多年平均值低 106.17mm；20 世纪 90 年代最高，比多年平均值高 71.37mm。④冬季：平均水面蒸发量距平值 20 世纪 80 年代、20 世纪 90 年代、21 世纪 00 年代为正，21 世纪 10 年代为负；21 世纪 10 年代平均蒸发量最低，比多年平均值低 26.13mm；20 世纪 90 年代最高，比多年平均值高 23.64mm。

6.4　水面蒸发空间变化特征与规律

从疏勒河各水文站水面蒸发空间变化图（图 6-13）可以看出，全年水面蒸发量总体由北向南呈先增后减趋势，由西向东呈先减后增趋势，其中双塔堡水库站、党河水库站、

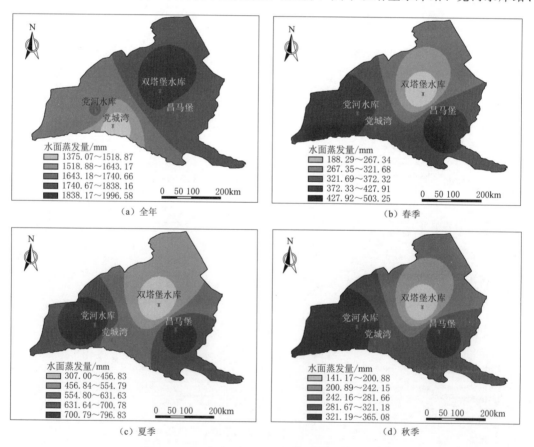

图 6-13（一）　疏勒河流域水面蒸发量空间变化图

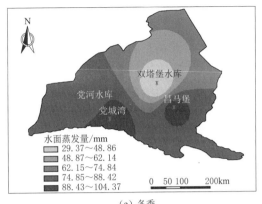

（e）冬季

图 6-13（二） 疏勒河流域水面蒸发量空间变化图

昌马堡站和党城湾站蒸发量均呈现减少趋势，年均蒸发量分别以 187.12mm/10 年、178.21mm/10 年、32.979mm/10 年、29.993mm/10 年的速率递减，党城湾站水面蒸发量减少速率最小；四季蒸发量总体由南向北呈先增后减趋势，由西向东呈先减后增趋势。流域多年平均水面蒸发量分布总体呈从北向南一直减少，其中双塔堡水库站年均蒸发量最大为 1996.61mm，党城湾站年均蒸发量最小为 1374.98mm。

6.5 水面蒸发突变性分析

6.5.1 昌马堡站

从昌马堡站全年水面蒸发量突变检验曲线［图 6.14（a）］可知，U_{fk} 与 U_{bk} 有 2 个交点，且交点在置信区间内，说明年蒸发量在 1982 年、2018 年发生突变，突变点分别为 1982 年、2018 年，因此年水面蒸发量划分为 1980—1982 年、1983—2018 年、2019—2020 年 3 个时段。其中 1980—1983 年 $U_{fk}<0$，但是并没有超过临界线，表明水面蒸发量呈不显著减少趋势；其他年份均 $U_{fk}>0$，表明在此时间阶段内年蒸发量呈增加趋势。尤其是在 1991—2016 年，U_{fk} 超过临界线，表明在此近 25 年间，年水面蒸发量增加趋势十分显著。

从昌马堡站春季水面蒸发量突变检验曲线［图 6.14（b）］可知，U_{fk} 与 U_{bk} 有 3 个交点，且交点在置信区间内，说明春季蒸发量在 1981 年、1982 年、1983 年发生突变，突变点分别为 1981 年、1982 年、1983 年，因此春季水面蒸发量划分为 1980—1981 年、1982年、1983 年、1984—2020 年 4 个时段。其中 1982—1983 年 $U_{fk}<0$，但是并没有超过临界线，表明水面蒸发量呈不显著减少趋势；其他年份均 $U_{fk}>0$，表明在此时间阶段内春季蒸发量呈增加趋势。尤其是在 1992—2017 年，U_{fk} 超过临界线，表明在此近 25 年间，春季水面蒸发量增加趋势十分显著。

从昌马堡站夏季水面蒸发量突变检验曲线［图 6-14（c）］可知，U_{fk} 与 U_{bk} 有 1 个交点，且交点在置信区间内，说明夏季蒸发量在 2018 年发生突变，突变点为 2018 年，因此夏季水面蒸发量划分为 1980—2018 年、2019—2020 年 2 个时段。其中 1980—1985 年、

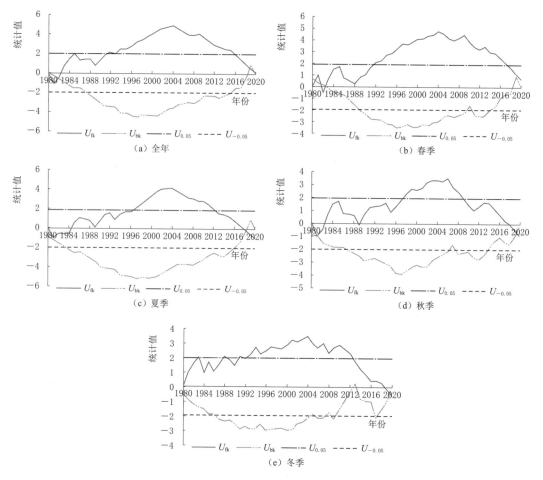

图 6 - 14　昌马堡站水面蒸发量突变检验曲线

2017—2020 年 $U_{fk}<0$，但是并没有超过临界线，表明水面蒸发量呈不显著减少趋势；其他年份均 $U_{fk}>0$，表明在此时间阶段内夏季蒸发量呈增加趋势。尤其是在 1997—2012 年，U_{fk} 超过临界线，表明在此近 15 年间，夏季水面蒸发量增加趋势十分显著。

从昌马堡站秋季水面蒸发量突变检验曲线 ［图 6 - 14（d）］可知，U_{fk} 与 U_{bk} 有 2 个交点，且交点在置信区间内，说明秋季蒸发量在 1981 年、2019 年发生突变，突变点为 1981 年、2019 年，因此秋季水面蒸发量划分为 1980—1981 年、1982—2019 年、2020 年 3 个时段。其中 1980—1983 年、2018—2020 年 $U_{fk}<0$，但是并没有超过临界线，表明水面蒸发量呈不显著减少趋势；其他年份均 $U_{fk}>0$，表明在此时间阶段内秋季蒸发量呈增加趋势。尤其是在 1997—2009 年，U_{fk} 超过临界线表，表明在此时间阶段内秋季蒸发量增加趋势十分显著。

从昌马堡站冬季水面蒸发量突变检验曲线 ［图 6 - 14（e）］可知，U_{fk} 与 U_{bk} 有 1 个交点，且交点在置信区间内，说明冬季蒸发量在 2019 年发生突变，突变点为 2019 年，因此冬季水面蒸发量划分为 1980—2019 年、2020 年 2 个时段。其中 2019—2020 年 $U_{fk}<0$，但是并没有超过临界线，表明水面蒸发量呈不显著减少趋势；其他年份均 $U_{fk}>0$，表明在此时间阶段内冬季蒸发量呈增加趋势。尤其是在 1992—2013 年，U_{fk} 超过临界线，表明在此近 20 年间，冬季水面蒸发量增加趋势十分显著。

6.5.2 双塔堡水库站

从双塔堡水库站全年蒸发量突变检验曲线 ［图 6-15（a）］ 可知，U_{fk} 与 U_{bk} 有 1 个交点，但是交点不在置信区间内，1980—2020 年年蒸发未发生突变。其中 1980—1983 年、2009—2020 年 $U_{fk} < 0$，但是 1980—1983 年并没有超过临界线，表明水面蒸发量呈不显著减少趋势；2009—2020 年超过临界线，表明年水面蒸发量减少趋势十分显著；其他年份均 $U_{fk} > 0$，表明在此时间阶段内年蒸发量呈增加趋势。尤其是在 1996—2004 年，U_{fk} 超过临界线，表明在此近 8 年间，年水面蒸发量增加趋势十分显著。

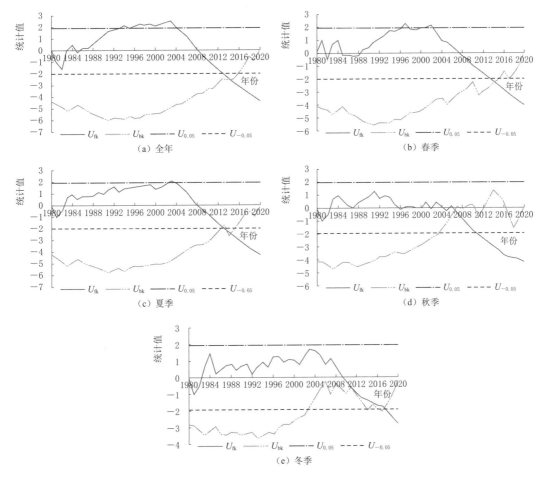

图 6-15 双塔堡水库站水面蒸发量突变检验曲线

从双塔堡水库站春季蒸发量突变检验曲线 ［图 6-15（b）］ 可知，U_{fk} 与 U_{bk} 有 1 个交点，但是交点不在置信区间内，1980—2020 年春季蒸发未发生突变。其中 2008—2020 年 $U_{fk} < 0$，但是 2008—2014 年并没有超过临界线，表明水面蒸发量呈不显著减少趋势；2014 年以后超过临界线，表明春季水面蒸发量减少趋势十分显著；其他年份均 $U_{fk} > 0$，表明在此时间阶段内春季蒸发量呈增加趋势。

从夏季蒸发量突变检验曲线［图 6-15 (c)］可知，U_{fk} 与 U_{bk} 有 1 个交点，且交点在置信区间内，说明夏季蒸发量在 2013 年发生突变，突变点为 2013 年，因此夏季水面蒸发量划分为 1980—2013 年、2014—2020 年 2 个时段。其中 1980—1983 年、2013—2020 年 $U_{fk}<0$，但是 1980—1983 年并没有超过临界线，表明夏季水面蒸发量呈不显著减少趋势；2014—2020 年超过临界线，表明夏季水面蒸发量减少趋势十分显著；其他年份均 $U_{fk}>0$，表明在此时间阶段内夏季蒸发量呈不显著增加趋势。

从秋季蒸发量突变检验曲线［图 6-15 (d)］可知，U_{fk} 与 U_{bk} 有 1 个交点，且交点在置信区间内，说明秋季蒸发量在 2006 年发生突变，突变点为 2006 年，因此秋季水面蒸发量划分为 1980—2006 年、2007—2020 年 2 个时段。其中 1980—1983 年、2007—2020 年 $U_{fk}<0$，表明秋季水面蒸发量呈不显著减少趋势；2011—2020 年超过临界线，表明秋季水面蒸发量减少趋势十分显著；其他年份并没有超过临界线，表明秋季水面蒸发量呈不显著减少趋势；其他年份均 $U_{fk}>0$，表明在此时间阶段秋季水面蒸发量呈不显著增加。

从冬季蒸发量突变检验曲线［图 6-15 (e)］可知，U_{fk} 与 U_{bk} 有 2 个交点，且交点在置信区间内，说明冬季蒸发量在 2011 年、2017 年发生突变，突变点为 2011 年、2017 年，因此冬季水面蒸发量划分为 1980—2011 年、2012—2017 年 和 2018—2020 年 3 个时段。其中 1980—1983 年、2010—2020 年 $U_{fk}<0$，表明秋季水面蒸发量呈不显著减少趋势；2017—2020 年超过临界线，表明在此 4 年间冬季水面蒸发量减少趋势十分显著；其他年份 $U_{fk}>0$，表明在此时间阶段冬季水面蒸发量呈不显著增加。

6.5.3　党城湾站

从党城湾站全年蒸发量突变检验曲线［图 6-16 (a)］可知，U_{fk} 与 U_{bk} 有 1 个交点，且交点在置信区间内，说明年蒸发量在 2016 年发生突变，突变点为 2016 年，因此年水面蒸发量划分为 1980—2016 年、2017—2020 年两个时段。其中 1980—1983 年、2017—2020 年 $U_{fk}<0$，表明在此些年间年水面蒸发量呈不显著减少趋势；其他年份均 $U_{fk}>0$，尤其是 1989—2011 年超过临界线，表明在此时间阶段年水面蒸发量增加十分显著。

从党城湾站春季蒸发量突变检验曲线［图 6-16 (b)］可知，U_{fk} 与 U_{bk} 有 1 个交点，且交点在置信区间内，说明春季蒸发量在 2019 年发生突变，突变点为 2019 年，因此春季水面蒸发量划分为 1980—2019 年、2020 年两个时段。其中 1986—1989 年 $U_{fk}<0$，表明在此些年间春季水面蒸发量呈不显著减少趋势；其他年份均 $U_{fk}>0$，尤其是 1992—2016 年超过临界线，表明在此时间阶段春季水面蒸发量增加十分显著。

从党城湾站夏季蒸发量突变检验曲线［图 6-16 (c)］可知，U_{fk} 与 U_{bk} 有 1 个交点，且交点在置信区间内，说明夏季蒸发量在 2014 年发生突变，突变点为 2014 年，因此夏季水面蒸发量划分为 1980—2014 年、2015—2020 年两个时段。其中 1980—1983 年、2009—2020 年 $U_{fk}<0$，表明在此些年间夏季水面蒸发量呈不显著减少趋势；其他年份均 $U_{fk}>0$，尤其是 1990—2012 年超过临界线，表明在此时间阶段夏季水面蒸发量增加十分显著。

从党城湾站秋季蒸发量突变检验曲线［图 6-16 (d)］可知，U_{fk} 与 U_{bk} 有 1 个交点，且交点在置信区间内，说明秋季蒸发量在 2013 年发生突变，突变点为 2013 年，因此秋季水面蒸发量划分为 1980—2013 年、2014—2020 年两个时段。其中 1986—1989 年 $U_{fk}<0$，

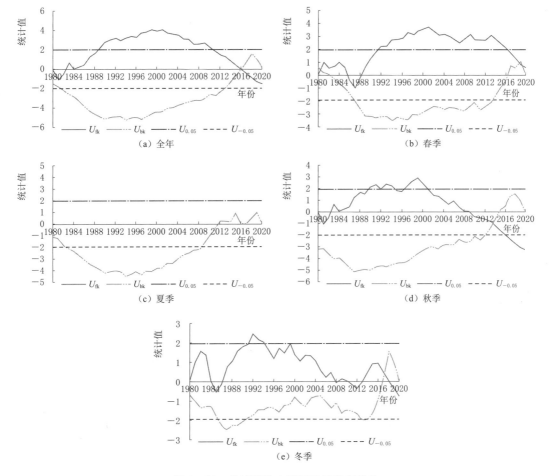

图 6-16 党城湾站水面蒸发量突变检验

表明在此些年间秋季水面蒸发量呈不显著减少趋势；但 2016 年以后超过临界线，说明秋季水面蒸发量减少十分显著；其他年份均 $U_{fk}>0$，表明在此些年间秋季水面蒸发量呈不显著减少趋势；但 2016 年以后超过临界线，说明秋季水面蒸发量减少十分显著；其他年份均 $U_{fk}>0$，尤其是 1997—2000 年超过临界线，表明在此时间阶段秋季水面蒸发量增加十分显著。

从党城湾站冬季蒸发量突变检验曲线［图 6-16（e）］可知，U_{fk} 与 U_{bk} 有 1 个交点，且交点在置信区间内，说明冬季蒸发量在 2017 年发生突变，突变点为 2017 年，因此冬季水面蒸发量划分为 1980—2017 年、2018—2020 年两个时段。其中 1984—1986 年、2009—2013 年、2018—2020 年 $U_{fk}<0$，表明在此些年间冬季水面蒸发量呈不显著减少趋势；其他年份均 $U_{fk}>0$，尤其是 1990—1994 年超过临界线，表明在此时间阶段冬季水面蒸发量增加十分显著。

6.5.4 党河水库站

从党河水库站全年水面蒸发量突变检验曲线［图 6-17（a）］可知，U_{fk} 与 U_{bk} 有 1 个交点，且交点在置信区间内，说明年水面蒸发量在 2017 年发生突变，突变点为 2017 年，因此年水面蒸发量划分为 1980—2017 年、2018—2020 年两个时段。其中 1980—1991 年、2012—2020 年 $U_{fk}<0$，表明在此些年间年水面蒸发量呈减少趋势；特别是 2017—2020 年超过临界线，表明年水面蒸发量减少十分显著；其他年份均 $U_{fk}>0$，尤其是 1995—2008 年超过临界线，表明在此时间阶段年水面蒸发量增加十分显著。

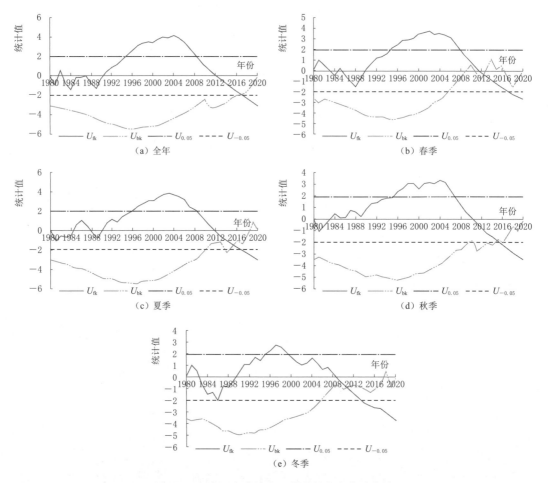

图 6-17　党河水库站水面蒸发量突变检验曲线

从党河水库站春季水面蒸发量突变检验曲线［图 6-17（b）］可知，U_{fk} 与 U_{bk} 有 1 个交点，且交点在置信区间内，说明春季水面蒸发量在 2012 年发生突变，突变点为 2012 年，因此春季水面蒸发量划分为 1980—2012 年、2013—2020 年两个时段。其中 1985—1990 年、2011—2020 年 $U_{fk}<0$，表明在此年间春季水面蒸发量呈减少趋势；尤其是 2017—2020 年超过临界线，减少趋势十分显著；其他年份均 $U_{fk}>0$，尤其是 1995—2008 年超过临界线，表明在此时间阶段春季水面蒸发量增加十分显著。

从党河水库站夏季水面蒸发量突变检验曲线［图 6-17（c）］可知，U_{fk} 与 U_{bk} 有 1 个交点，且交点在置信区间内，说明夏季水面蒸发量在 2015 年发生突变，突变点为 2015 年，因此夏季水面蒸发量划分为 1980—2015 年、2016—2020 年两个时段。其中 1985—1985 年、1988—1991 年、2015—2020 年 $U_{fk}<0$，表明在此年间夏季水面蒸发量呈减少趋

势；尤其是2017—2020年超过临界线，减少趋势十分显著；其他年份均$U_{fk}>0$，尤其是1996—2008年超过临界线，表明在此时间阶段夏季水面蒸发量增加十分显著。

从党河水库站秋季水面蒸发量序列突变检验曲线［图6-17（d）］可知，U_{fk}与U_{bk}有1个交点，且交点在置信区间内，说明秋季蒸发量在2015年发生突变，突变点为2015年，因此秋季水面蒸发量划分为1980—2015年、2016—2020年两个时段。其中1980—1983年、2010—2020年$U_{fk}<0$，表明在此年间秋季水面蒸发量呈减少趋势；尤其是2016—2020年超过临界线，减少趋势十分显著；其他年份均$U_{fk}>0$，尤其是1995—2007年超过临界线，表明在此时间阶段秋季水面蒸发量增加十分显著。

从党河水库站冬季蒸发量序列突变检验曲线［图6-17（e）］可知，U_{fk}与U_{bk}有1个交点，且交点在置信区间内，说明冬季蒸发量在2011年发生突变，突变点为2011年，因此冬季水面蒸发量划分为1980—2011年、2012—2020年两个时段。其中1983—1990年、2009—2020年$U_{fk}<0$，表明在此年间冬季水面蒸发量呈减少趋势；尤其是2013—2020年超过临界线，减少趋势十分显著；其他年份均$U_{fk}>0$，尤其是1995—2000年超过临界线，表明在此时间阶段冬季水面蒸发量增加十分显著。

6.6 水面蒸发趋势性分析

6.6.1 昌马堡站

昌马堡站41年全年及春、夏、秋、冬四季水面蒸发量变化趋势的分析结果见表6-9。从表6-9中可以看出全年、春季蒸发量的Sen's指标为正值，有增加的趋势，其中全年和春季分别以32.98mm/10年和0.69mm/10年的速率增长，根据M-K趋势检验计算得Z值分别为0.079和0.685，采用置信度为95%的显著性检验发现$|Z|<1.96$，均未通过显著性检验，增长趋势不显著；而夏季、秋季、冬季分别以23.29mm/10年、3.18mm/10年和2.05mm/10年速率减少，通过M-K趋势检验计算得$|Z|<1.96$，均未通过显著性检验，减少趋势不显著。

表6-9 昌马堡站水面蒸发量变化趋势的分析结果

项目	线性回归系数	Sen's指标	M-K趋势检验Z值	趋势	显著程度
全年	-3.298	0.248	0.079	增加	不显著
春季	-0.069	0.952	0.685	增加	不显著
夏季	-2.329	-1.903	-0.932	减少	不显著
秋季	-0.318	-0.489	-0.865	减少	不显著
冬季	-0.205	-0.172	-0.528	减少	不显著

6.6.2 双塔堡水库站

双塔堡水库站41年全年及春、夏、秋、冬四季水面蒸发量变化趋势的分析结果见表6-10。从表6-10中可以看出全年及春、夏、秋、冬四季水面蒸发量的Sen's指标均为负值，有减少的趋势，分别以187.12mm/10年、52.33mm/10年、88.07mm/10年、37.67mm/10年、9.12mm/10年速率减少，根据M-K趋势检验计算得Z值分别为

－4.369、－4.055、－4.257、－4.145、－2.797，采用置信度为95％的显著性检验发现$|Z|>1.96$，均通过了显著性检验，减少趋势十分显著。

表6-10　　　　　　　双塔堡水库站水面蒸发量变化趋势的分析结果

项目	线性回归系数	Sen's指标	M-K趋势检验Z值	趋势	显著程度
全年	－18.712	－20.504	－4.369	减少	显著
春季	－5.233	－5.481	－4.055	减少	显著
夏季	－8.807	－9.580	－4.257	减少	显著
秋季	－3.767	－3.960	－4.145	减少	显著
冬季	－0.912	－0.922	－2.797	减少	显著

6.6.3　党城湾站

党城湾站41年全年及春、夏、秋、冬四季水面蒸发量变化趋势的分析结果见表6-11。从表6-11中可以看出全年及春、夏、秋、冬四季水面蒸发量的Sen's指标均为负值，有减少的趋势，其中秋季以20.04mm/10年速率减少，根据M-K趋势检验计算得Z值为－3.719，采用信度为95％的显著性检验发现$|Z|>1.96$，通过了显著性检验，减少趋势十分显著；而全年、春季、夏季、冬季分别以29.99mm/10年、5.10mm/10年、13.52mm/10年和1.54mm/10年速率减少，通过M-K趋势检验计算得$|Z|<1.96$，均未通过显著性检验，减少趋势不显著。

表6-11　　　　　　　党城湾站水面蒸发量变化趋势的分析结果

项目	线性回归系数	Sen's指标	M-K趋势检验Z值	趋势	显著程度
全年	－2.999	－3.842	－1.516	减少	不显著
春季	0.510	－0.431	－0.573	减少	不显著
夏季	－1.352	－1.861	－1.134	减少	不显著
秋季	－2.004	－2.216	－3.179	减少	显著
冬季	－0.154	－0.295	－0.730	减少	不显著

6.6.4　党河水库站

党河水库站41年全年及春、夏、秋、冬四季水面蒸发量变化趋势的分析结果见表6-12。从表6-12中可以看出全年及春、夏、秋、冬四季水面蒸发量的Sen's指标均为负值，有减少的趋势，分别以178.21mm/10年、41.05mm/10年、80.48mm/10年、46.22mm/10年、10.68mm/10年速率减少，根据M-K趋势检验计算得Z值分别为－3.066、－2.684、－2.999、－3.448、－3.662，采用置信度为95％的显著性检验发现$|Z|>1.96$，通过了显著性检验，减少趋势十分显著。

表6-12　　　　　　　党河水库站水面蒸发量变化趋势的分析结果

项目	线性回归系数	Sen's指标	M-K趋势检验Z值	趋势	显著程度
全年	－17.821	－16.197	－3.066	减少	显著
春季	－4.105	－3.798	－2.684	减少	显著

项目	线性回归系数	Sen's 指标	M-K 趋势检验 Z 值	趋势	显著程度
夏季	-8.048	-7.60	-2.999	减少	显著
秋季	-4.622	-4.392	-3.448	减少	显著
冬季	-1.068	-1.134	-3.662	减少	显著

6.7 水面蒸发周期性分析

6.7.1 昌马堡站

采用小波分析法计算昌马堡站近 41 年来全年和四季水面蒸发量小波分析变换系数,并作出小波实部图和小波方差图。从图 6-18(a)小波方差图可以得出,1980—2020 年该站年平均蒸发量存在三个主周期,分别为 20 年、12 年、5 年,其中 20 年为第一主周期。结合图 6-18(a)小波实部图可知,对于 20 年的特征时间尺度,2005 年以后蒸发量变化比较明显,经历了减少—增加—减少的震荡;12 年和 5 年的时间尺度下,减少—增加震荡较为频繁。

从图 6-18(b)小波方差图可以得出,1980—2020 年该站春季平均蒸发量存在三个主周期,分别为 25 年、7 年、3 年,其中 25 年为第一主周期。结合图 6-18(b)小波实部图可知,对于 25 年的特征时间尺度,1995 年以后蒸发量变化比较明显,经历了增加—

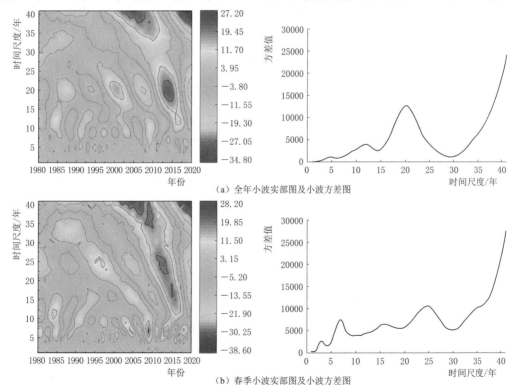

（a）全年小波实部图及小波方差图

（b）春季小波实部图及小波方差图

图 6-18（一） 1980—2020 年昌马堡站全年及四季水面蒸发量小波周期性分析结果（参见文后彩图）

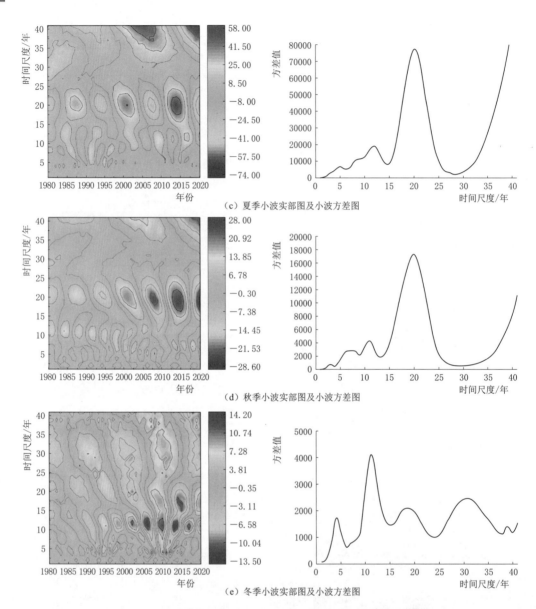

图 6-18（二）　1980—2020 年昌马堡站全年及四季水面蒸发量小波周期性分析结果（参见文后彩图）

减少—增加—减少的震荡；7 年时间尺度下，经历了增加—减少交替频繁震荡；3 年的时间尺度下，增加—减少震荡较为不明显。

从图 6-18（c）小波方差图可以得出，1980—2020 年该站夏季平均蒸发量存在两个主周期，分别为 20 年、12 年，其中 20 年为第一主周期。结合图 6-18（c）小波实部图可知，对于 25 年的特征时间尺度，蒸发量变化比较明显，经历了减少—增加的交替频繁震荡；7 年时间尺度下，2003 年以后蒸发量变化比较明显，经历了减少—增加交替频繁震荡。

从图 6-18（d）的小波方差图可以得出，1980—2020 年该站秋季平均蒸发量存在两个主周期，分别为 20 年、10 年，其中 20 年为第一主周期。结合图 6-18（d）小波实部图可知，对于 20 年的特征时间尺度，经历了增加—减少的交替频繁震荡；10 年的时间尺度下，大约 2005 年以前蒸发量变化比较明显，经历了增加—减少的交替频繁震荡。

从图 6-18（e）小波方差图可以得出，1980—2020 年间该站冬季平均蒸发量存在四个主周期，分别为 11 年、30 年、18 年、5 年，其中 11 年为第一主周期。结合图 6-18（e）小波实部图可知，对于 11 年的特征时间尺度，1995 年以后蒸发量变化比较明显，经历了增加—减少的交替频繁震荡；30 年的时间尺度下，大约 1987—2012 年蒸发量变化比较明显，经历了增加—减少—增加的交替频繁震荡。18 年的时间尺度下，2002 年以后，经历了减少—增加—减少—增加震荡；5 年的时间尺度下，减少—增加交替频繁震荡。

6.7.2　双塔堡水库站

采用小波分析法计算双塔堡水库站近 41 年来全年和四季水面蒸发量小波分析变换系数，并作出小波实部图和小波方差图。从图 6-19（a）小波方差图可以得出，1980—2020 年该站年平均蒸发量存在三个主周期，分别为 10 年、5 年、30 年，其中 10 年为第一主周期。结合图 6-19（a）小波实部图可知，对于 10 年的特征时间尺度，1995 年前蒸发量变化比较明显，经历了减少—增加—减少—增加的交替震荡；5 年的时间尺度下，大约 1980—1985 年蒸发量变化比较明显，经历了增加—减少—增加—减少的交替震荡。30 年的时间尺度下，经历了增加—减少交替震荡。

从图 6-19（b）小波方差图可以得出，1980—2020 年该站春季平均蒸发量存在三个主周期，分别为 10 年、5 年、30 年，其中 10 年为第一主周期。结合图 6-19（b）小波实部图可

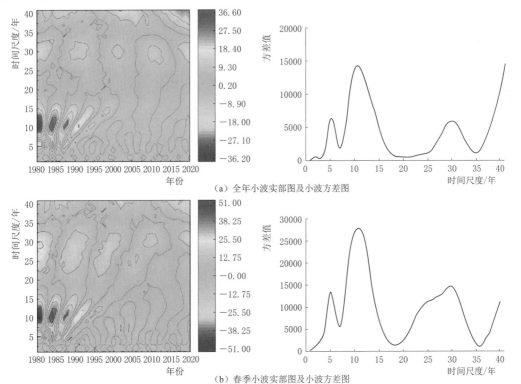

（a）全年小波实部图及小波方差图

（b）春季小波实部图及小波方差图

图 6-19（一）　1980—2020 年双塔堡水库站全年及四季水面蒸发量小波周期性分析结果（参见文后彩图）

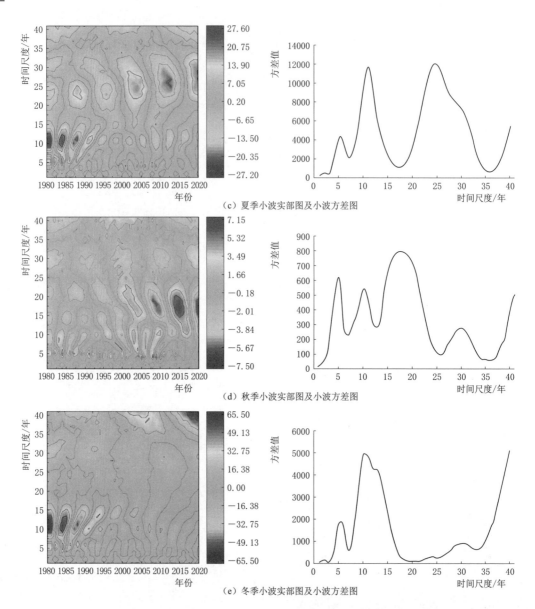

图 6-19（二）　1980—2020 年双塔堡水库站全年及四季水面蒸发量小波周期性分析结果（参见文后彩图）

知，对于 10 年的特征时间尺度，1992 年前蒸发量变化比较明显，经历了减少—增加—减少—增加的交替震荡；5 年的时间尺度下，1990 年以前年蒸发量变化比较明显，经历了增加—减少—增加—减少的交替震荡。30 年的时间尺度下，经历了增加—减少交替震荡。

　　从图 6-19（c）小波方差图可以得出，1980—2020 年该站夏季平均蒸发量存在两个主周期，分别为 10 年、5 年，其中 10 年为第一主周期。结合图 6-19（c）小波实部图可知，对于 10 年的特征时间尺度，1995 年前蒸发量变化比较明显，经历了减少—增加—减少—增加的交替震荡；5 年的时间尺度下，1990 年以前年蒸发量变化比较明显，经历了增加—减少—增加—减少的交替震荡。

从图 6-19（d）小波方差图可以得出，1980—2020 年该站秋季平均蒸发量存在三个主周期，分别为 25 年、10 年、5 年，其中 25 年为第一主周期。结合图 6-19（d）小波实部图可知，对于 25 年的特征时间尺度，蒸发量经历了减少—增加—减少—增加的交替震荡；10 年的时间尺度下，蒸发量变化经历了减少—增加的交替震荡；5 年的时间尺度下，蒸发量经历了增加—减少的交替震荡。

从图 6-19（e）小波方差图可以得出，1980—2020 年该站冬季平均蒸发量存在四个主周期，分别为 18 年、5 年、10 年、30 年，其中 18 年为第一主周期。结合图 6-19（e）小波实部图可知，对于 18 年的特征时间尺度，2000 年蒸发量变化比较大，经历了增加—减少—增加—减少的交替震荡；5 年的时间尺度下，蒸发量变化经历了增加—减少的交替震荡；10 年的时间尺度下，蒸发量经历了减少—增加的交替震荡；30 年的时间尺度下，蒸发量了增加—减少的交替震荡。

6.7.3 党城湾站

采用小波分析法计算党城湾站近 41 年来全年和四季水面蒸发量小波分析变换系数，并作出小波实部图和小波方差图。从图 6-20（a）小波方差图可以得出，1980—2020 年该站年平均蒸发量存在两个主周期，分别为 35 年、15 年，其中 35 年为第一主周期。结合图 6-20（a）小波实部图可知，对于 35 年的特征时间尺度，蒸发量经历了增加—减少—增加—减少的交替震荡；5 年的时间尺度下，蒸发量变化经历了增加—减少的交替震荡；15 年的时间尺度下，蒸发量经历了增加—减少的交替震荡。

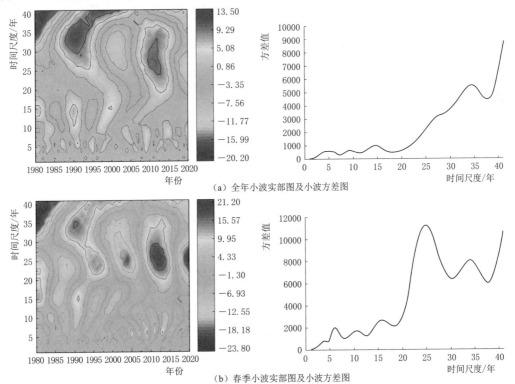

（a）全年小波实部图及小波方差图

（b）春季小波实部图及小波方差图

图 6-20（一）　1980—2020 年党城湾站全年及四季水面蒸发量小波周期性分析结果（参见文后彩图）

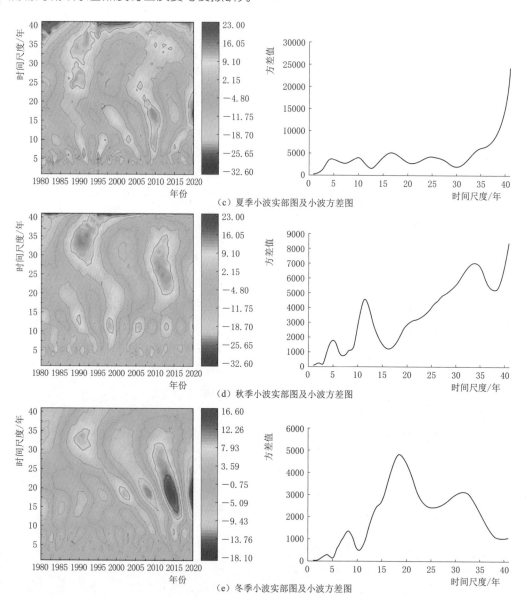

图 6-20（二）　1980—2020 年党城湾站全年及四季水面蒸发量小波周期性分析结果（参见文后彩图）

　　从图 6-20（b）小波方差图可以得出，1980—2020 年该站春季平均蒸发量存在三个主周期，分别为 25 年、35 年、15 年，其中 25 年为第一主周期。结合图 6-20（b）小波实部图可知，对于 25 年的特征时间尺度，蒸发量经历了减少—增加的交替震荡；35 年的时间尺度下，蒸发量变化经历了增加—减少的交替震荡；15 年的时间尺度下，蒸发量经历了减少—增加的交替震荡。

　　从图 6-20（c）小波方差图可以得出，1980—2020 年该站夏季平均蒸发量存在三个主周期，分别为 16 年、10 年、5 年，其中 16 年为第一主周期。结合图 6-20（c）小波实部图可知，对于 16 年的特征时间尺度，蒸发量震荡不明显；10 年的时间尺度下，蒸发量变化经历了减少—增加的交替频繁震荡；5 年的时间尺度下，蒸发量经历了增加—减少的交替震荡。

从图 6-20 (d) 小波方差图可以得出，1980—2020 年该站秋季平均蒸发量存在三个主周期，分别为 34 年、11 年、15 年，其中 34 年为第一主周期。结合图 6-20 (d) 小波实部图可知，对于 34 年的特征时间尺度，蒸发量经历了减少—增加的交替震荡；11 年的时间尺度下，1995 年以后蒸发量变化明显，经历了增加—减少的交替频繁震荡；15 年的时间尺度下，1995 年以前蒸发量变化明显，经历了减少—增加的交替震荡。

从图 6-20 (e) 小波方差图可以得出，1980—2020 年该站冬季平均蒸发量存在三个主周期，分别为 20 年、32 年、8 年，其中 20 年为第一主周期。结合图 6-20 (e) 小波实部图可知，对于 20 年的特征时间尺度，2005 年以后蒸发量经历了明显的减少—增加的震荡；32 年的时间尺度下，2005 年以前蒸发量经历了明显的减少—增加—减少的震荡；8 年的时间尺度下，蒸发量经历了减少—增加的交替频繁震荡。

6.7.4 党河水库站

采用小波分析法计算党河水库站近 41 年来全年和四季水面蒸发量小波分析变换系数，并作出小波实部图和小波方差图。从图 6-21 (a) 小波方差图可以得出，1980—2020 年间该站年平均蒸发量不存在明显周期性。

从图 6-21 (b) 小波方差图可以得出，1980—2020 年该站春季平均蒸发量存在两个主周期，分别为 30 年、18 年，其中 30 年为第一主周期。结合图 6-21 (b) 小波实部图可知，对于 30 年的特征时间尺度，蒸发量经历了明显的减少—增加的震荡；18 年的时间

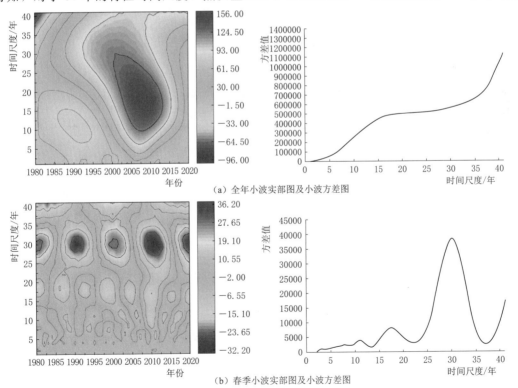

（a）全年小波实部图及小波方差图

（b）春季小波实部图及小波方差图

图 6-21 （一） 1980—2020 年党河水库站全年及四季水面蒸发量小波周期性分析结果（参见文后彩图）

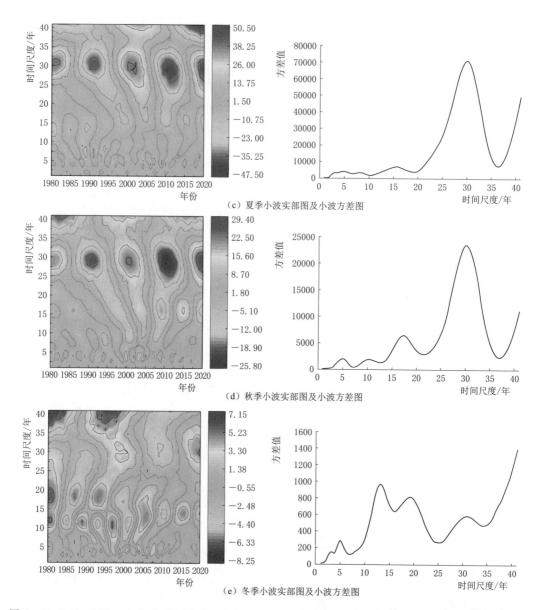

图 6-21（二）　1980—2020 年党河水库站全年及四季水面蒸发量小波周期性分析结果（参见文后彩图）

尺度下，蒸发量经历了明显的减少—增加的交替震荡。

　　从图 6-21（c）小波方差图可以得出，1980—2020 年该站夏季平均蒸发量存在一个主周期，为 30 年。结合图 6-21（c）小波实部图可知，对于 30 年的特征时间尺度，蒸发量经历了明显的减少—增加的震荡。

　　从图 6-21（d）小波方差图可以得出，1980—2020 年该站秋季平均蒸发量存在三个主周期，分别为 30 年、18 年、5 年。其中 30 年为第一主周期。结合图 6-21（d）小波实部图可知，对于 30 年的特征时间尺度，蒸发量经历了明显的减少—增加的交替震荡；18 年的时间尺度下，1995 年以后蒸发量经历了明显的减少—增加的交替震荡；5 年的时间尺度下，经历了减少—增加的交替频繁震荡。

从图 6-21（e）小波方差图可以得出，1980—2020 年该站冬季平均蒸发量存在三个主周期，分别为 14 年、20 年、30 年。其中 14 年为第一主周期。结合图 6-21（e）小波实部图可知，对于 14 年的特征时间尺度，蒸发量经历了明显的减少—增加的交替频繁震荡；20 年的时间尺度下，蒸发量经历了明显的减少—增加—减少的震荡；30 年的时间尺度下，震荡不明显。

6.8 水面蒸发持续性分析

6.8.1 昌马堡站

1980—2020 年昌马堡站全年及春、夏、秋、冬四季水面蒸发量的 Hurst 指数计算结果见表 6-13 和图 6-22。该站全年及春、夏、秋、冬四季水面蒸发量的 Hurst 指数均大于 0.5，分别为 0.9766、1.0018、0.9314、0.8778、0.7386，表现很强的正持续性特征，表明未来水面蒸发量将与过去 41 年的变化趋势相同，继续保持减少趋势。

表 6-13　　　　　　　　1980—2020 年昌马堡站水面蒸发量的 Hurst 指数计算结果表

项目	全年	春季	夏季	秋季	冬季
Hurst 指数	0.9766	1.0018	0.9314	0.8778	0.7386
R^2	0.9918	0.9709	0.9925	0.9840	0.9662

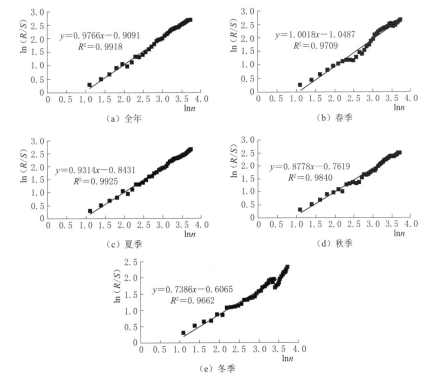

图 6-22　1980—2020 年昌马堡站水面蒸发量的 Hurst 指数计算结果图

6.8.2　双塔堡水库站

1980—2020 年双塔堡水库站全年及春、夏、秋、冬四季水面蒸发量的 Hurst 指数计算结果见表 6-14 和图 6-23。该站全年及春、夏、秋、冬四季水面蒸发量的 Hurst 指数分别为 0.8585、0.8071、0.8515、0.8760、0.8334，均大于 0.5，表现为很强的正持续性特征，表明未来水面蒸发量将与过去 41 年的变化趋势相同，继续保持下降趋势。

表 6-14　　　1980—2020 年双塔堡水库站水面蒸发量的 Hurst 指数计算结果表

项目	全年	春季	夏季	秋季	冬季
Hurst 指数	0.8585	0.8071	0.8515	0.8760	0.8334
R^2	0.9126	0.9269	0.8958	0.8760	0.8713

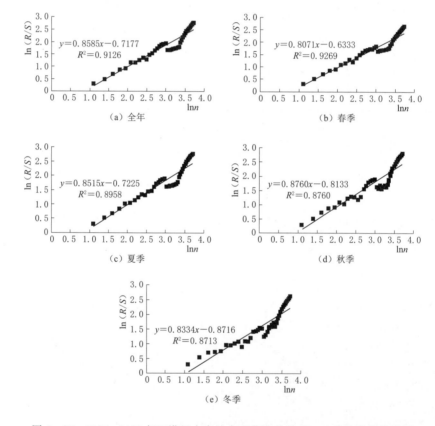

图 6-23　1980—2020 年双塔堡水库站水面蒸发量的 Hurst 指数计算结果图

6.8.3　党城湾站

1980—2020 年党城湾站全年及春、夏、秋、冬四季水面蒸发量的 Hurst 指数计算结果见表 6-15 和图 6-24。该站全年及春、夏、秋、冬四季水面蒸发量的 Hurst 指数分别为 1.0230、1.0457、1.0021、0.9311、0.7455，均大于 0.5，表现为很强的正持续性特征，表明未来水面蒸发量将与过去 41 年的变化趋势相同，全年、夏季、秋季、冬季将继续保持下降趋势，春季将继续保持增加趋势。

表 6-15　　　　　　1980—2020 年党城湾站水面蒸发量的 Hurst 指数计算结果表

项目	全年	春季	夏季	秋季	冬季
Hurst 指数	1.0230	1.0457	1.0021	0.9311	0.7455
R^2	0.9911	0.9724	0.9813	0.9934	0.9362

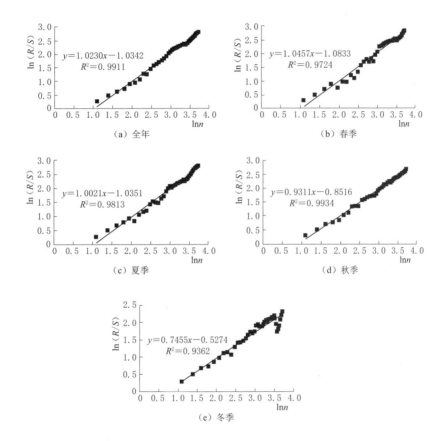

图 6-24　1980—2020 年党城湾站水面蒸发量的 Hurst 指数计算结果图

6.8.4　党河水库站

党河水库站全年及春、夏、秋、冬四季水面蒸发量的 Hurst 指数计算结果见表 6-16和图 6-25。该站全年及春、夏、秋、冬四季水面蒸发量的 Hurst 指数分别为 1.0344、1.0179、1.0015、1.0032、0.8957，均大于 0.5，表现为较强的正持续性，这表明未来水面蒸发量将与过去 41 年的变化趋势相同，将继续保持下降趋势。

表 6-16　　　　　　1980—2020 年党河水库站水面蒸发量的 Hurst 指数计算结果表

项目	全年	春季	夏季	秋季	冬季
Hurst 指数	1.0344	1.0179	1.0015	1.0032	0.8957
R^2	0.9848	0.9829	0.9810	0.9711	0.9732

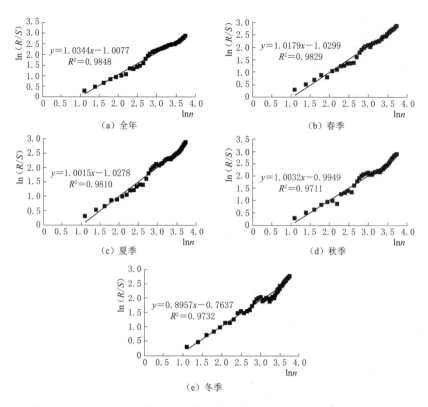

图 6-25　1980—2020 年党河水库站水面蒸发量的 Hurst 指数计算结果图

6.9　水面蒸发集中度与不均匀性变化分析

6.9.1　昌马堡站

由图 6-26 可知，1980—2020 年 41 年内昌马堡站水面蒸发量集中度呈现微弱下降趋势，倾向率为 0.003/10 年。集中度的变化范围为 0.33～0.50，多年平均值为 0.45，最大值 0.5 出现在 1995 年，最小值 0.33 出现在 2009 年，极差为 0.17，极差比为 1.52，若集中度的值比多年平均值小，则年蒸发量比较分散，反之，则年蒸发量相对集中；1980—

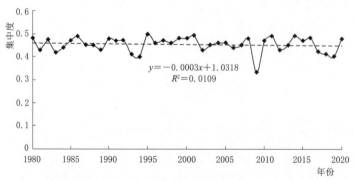

图 6-26　1980—2020 年昌马堡站集中度的年际变化图

2020 年，该站年蒸发量集中度有 23 年大于均值，说明蒸发量分配较集中，集中度越大蒸发量越集中，容易出现河流水位下降。

由图 6-27 可知，1980—2020 年 41 年内昌马堡站水面蒸发量年内分配不均匀系数呈微弱减小趋势，倾向率为 0.003/10 年。不均匀系数变化范围为 0.52~0.90，多年平均值为 0.67，最大值 0.90 出现在 2001 年，最小值 0.52 出现在 2018 年。

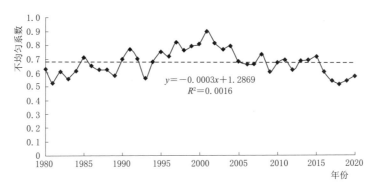

图 6-27　1980—2020 年昌马堡站不均匀系数的年际变化图

6.9.2　双塔堡水库站

由图 6-28 可知，1980—2020 年 41 年内双塔堡水库站水面蒸发量集中度呈现微弱下降趋势，倾向率为 0.002/10 年。集中度的变化范围为 0.43~0.51，多年平均值为 0.47，最大值 0.51 出现在 1992 年、2010 年，最小值 0.43 出现在 2013 年，极差为 0.08，极差比为 1.19，若集中度的值比多年平均值小，则年蒸发量比较分散，反之，则年蒸发量相对集中；1980—2020 年，该站年蒸发量集中度有 19 年大于均值，说明蒸发量分配一般集中，集中度越大蒸发量越集中，容易出现河流水位下降。

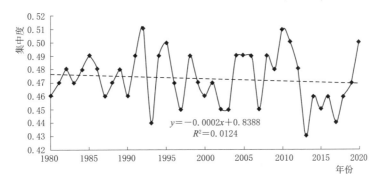

图 6-28　1980—2020 年双塔堡水库站集中度的年际变化图

由图 6-29 可知，1980—2020 年 41 年内双塔堡水库站水面蒸发量年内分配不均匀系数呈减小趋势，倾向率为 0.059/10 年。不均匀系数变化范围为 0.54~1.06，多年平均值为 0.70，最大值 1.06 出现在 1984 年，最小值 0.54 出现在 2013 年、2017 年。

6.9.3　党城湾站

由图 6-30 可知，1980—2020 年 41 年内党城湾站水面蒸发量集中度呈现极微弱下降

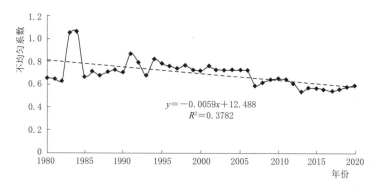

图 6-29 1980—2020 年双塔堡水库站不均匀系数的年际变化图

趋势，倾向率为 0.0007/10 年。集中度的变化范围为 0.24～0.45，多年平均值为 0.38，最大值 0.45 出现在 2020 年，最小值 0.24 出现在 2015 年，极差为 0.21，极差比为 1.875，若集中度比多年平均值小，则年蒸发量比较分散，反之，则年蒸发量相对集中；1980—2020 年，该站年蒸发量集中度有 20 年大于均值，说明蒸发量分配一般集中，集中度越大蒸发量越集中，容易出现河流水位下降。

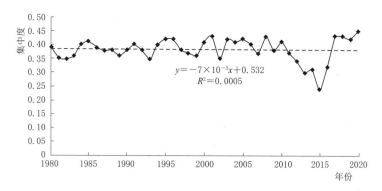

图 6-30 1980—2020 年党城湾站集中度的年际变化图

由图 6-31 可知，1980—2020 年 41 年内党城湾站水面蒸发量年内分配不均匀系数呈减小趋势，倾向率为 0.01/10 年。不均匀系数变化范围为 0.35～0.72，多年平均值为 0.57，最大值 0.72 出现在 1997 年，最小值 0.35 出现在 2015 年。

6.9.4 党河水库站

由图 6-32 可知，1980—2020 年 41 年内党河水库站水面蒸发量集中度呈现微弱下降趋势，倾向率为 0.002/10 年。集中度的变化范围为 0.42～0.51，多年平均值为 0.46，最大值 0.51 出现在 2008 年，最小值 0.42 出现在 2007 年，极差为 0.09，极差比为 1.21，若集中度比多年平均值小，则年蒸发量比较分散，反之，则年蒸发量相对集中；1980—2020 年，该站年蒸发量集中度有 19 年大于均值，说明蒸发量分配一般集中，集中度越大蒸发量越集中，容易出现河流水位下降。

由图 6-33 可知，1980—2020 年 41 年内党河水库站水面蒸发量年内分配不均匀系数呈减小趋势，倾向率为 0.045/10 年。不均匀系数变化范围为 0.53～0.90，多年平均值为

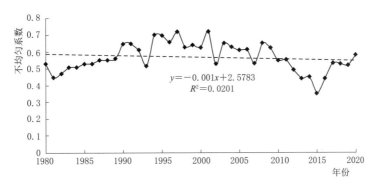

图 6-31 1980—2020 年党城湾站不均匀系数的年际变化图

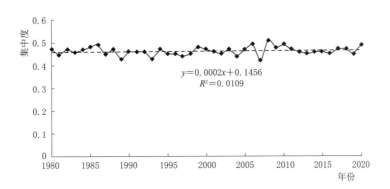

图 6-32 1980—2020 年党河水库站集中度的年际变化图

0.69，最大值 0.90 出现在 2001 年，最小值 0.53 出现在 2007 年。

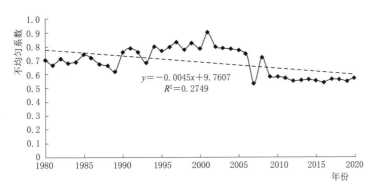

图 6-33 1980—2020 年党河水库站不均匀系数的年际变化图

6.10 水面蒸发模拟分析

6.10.1 昌马堡站

用 1980—2020 年昌马堡站实测水面蒸发量资料，构建 BP 神经网络预测模型，以 2017—2020 年为测试样本，预测 2021—2026 年水面蒸发量，预测结果见表 6-17，误差在 15% 以内。2021—2026 年昌马堡站水面蒸发量预测值分别为 965.70mm、958.21mm、956.67mm、956.36mm、956.30mm、956.28mm。

表 6-17　　　　　　　　　　　2021—2026 年昌马堡站年水面蒸发量预测结果

年份	实测值/mm	预测值/mm	误差/%	年份	实测值/mm	预测值/mm	误差/%
2017	1480	1473.75	0.42	2022		958.21	
2018	1450.7	1333.99	8.05	2023		956.67	
2019	1030	1121.55	8.89	2024		956.36	
2020	1094.8	1000.01	8.66	2025		956.30	
2021		965.70		2026		956.28	

6.10.2　双塔堡水库站

用 1980—2020 年双塔堡水库站实测水面蒸发量资料，构建 BP 神经网络预测模型，以 2017—2020 年为测试样本，预测 2021—2026 年水面蒸发量，预测结果见表 6-18，误差在 15% 以内。2021—2026 年双塔堡水库站水面蒸发量预测值分别为 1292.34mm、1074.30mm、967.19mm、936.42mm、929.09mm、927.42mm。

表 6-18　　　　　　　　　　2021—2026 年双塔堡水库站年水面蒸发量预测结果

年份	实测值/mm	预测值/mm	误差/%	年份	实测值/mm	预测值/mm	误差/%
2017	1570.2	1570.97	0.05	2022		1074.30	
2018	1556.7	1561.69	0.32	2023		967.19	
2019	1567.5	1542.64	1.59	2024		936.42	
2020	1428.3	1473.84	3.19	2025		929.09	
2021		1292.34		2026		927.42	

6.10.3　党城湾站

用 1980—2020 年党城湾站实测水面蒸发量资料，构建 BP 神经网络预测模型，以 2017—2020 年为测试样本，预测 2021—2026 年水面蒸发量，预测结果见表 6-19，误差在 15% 以内。2021—2026 年党城湾站水面蒸发量预测值分别为 1205.24mm、1207.11mm、1207.86mm、1208.16mm、1208.28mm、1208.33mm。

表 6-19　　　　　　　　　　2021—2026 年党城湾站年水面蒸发量预测结果

年份	实测值/mm	预测值/mm	误差/%	年份	实测值/mm	预测值/mm	误差/%
2017	1107.9	1165.11	5.16	2022		1207.11	
2018	1050.8	1171.95	11.53	2023		1207.86	
2019	1052.4	1189.9	13.07	2024		1208.16	
2020	1237.8	1200.62	3.00	2025		1208.28	
2021		1205.24		2026		1208.33	

6.10.4　党河水库站

用 1980—2020 年党河水库站实测水面蒸发量资料，构建 BP 神经网络预测模型，以

2017—2020 年为测试样本，预测 2021—2026 年水面蒸发量，预测结果见表 6 - 20，误差在 15% 以内。2021—2026 年党河水库站水面蒸发量预测值分别为 1210.706mm、1210.618mm、1210.601mm、1210.5983mm、1210.5977mm、1210.5976mm。

表 6 - 20　　　　　　　　　**2021—2026 年党河水库站水面蒸发量预测结果**

年份	实测值/mm	预测值/mm	误差/%	年份	实测值/mm	预测值/mm	误差/%
2017	1304.9	1263.35	3.18	2022		1210.618	
2018	1262.4	1225.29	2.94	2023		1210.601	
2019	1220.5	1213.62	0.56	2024		1210.5983	
2020	1213.8	1211.17	0.22	2025		1210.5977	
2021		1210.706		2026		1210.5976	

6.11　小　　结

根据疏勒河昌马堡站、双塔堡水库站、党城湾站、党河水库站 1980—2020 年逐月、逐年水面蒸发量数据，采用气候倾向率法、M-K 趋势检验法、小波分析法、R/S 分析法、BP 神经网络法，从不同时间尺度研究水面蒸发量变化趋势、突变状况、周期性、未来变化趋势、持续性并对蒸发量作出预测，分析结果如下：

（1）疏勒河流域昌马堡站、双塔堡水库站、党城湾站、党河水库站多年平均水面蒸发量分别为 1745.51mm、1996.61mm、1374.98mm、1748.85mm，年水面蒸发量分别以 32.979mm/年、187.12mm/年、29.993mm/年、178.21mm/年的速率减少，41 年内分别减少了 135.21mm、767.19mm、122.97mm、730.66mm。

（2）疏勒河流域昌马堡站 20 世纪 90 年代和 21 世纪 00 年代水面蒸发量较高，20 世纪 80 年代和 21 世纪 10 年代水面蒸发量较低；双塔堡水库站 20 世纪 80 年代至 21 世纪 00 年代水面蒸发量较高，21 世纪 10 年代较低；党城湾站 20 世纪 90 年代和 21 世纪 00 年代水面蒸发量较高，20 世纪 80 年代和 21 世纪 10 年代水面蒸发量较低；党河水库站 20 世纪 80 年代至 21 世纪 00 年代水面蒸发量较高，21 世纪 10 年代较低。

（3）疏勒河流域昌马堡站、双塔堡水库站、党城湾站、党河水库站均表现为夏季水面蒸发量减少对年水面蒸发量减少的贡献最大。

（4）疏勒河流域年水面蒸发量总体由北向南呈先增加后减少趋势，由西向东呈先减后增趋势。四季水面蒸发量总体均由南向北呈先增加后减少趋势，由西向东呈先减后增趋势。

（5）疏勒河昌马堡站、双塔堡水库站、党城湾站、党河水库站的年水面蒸发量和四季水面蒸发量多数在 20 世纪 80 年代初或 21 世纪 10 年代末发生突变，20 世纪 80 年代初发生突变后，水面蒸发量主要表现为增加趋势，21 世纪 10 年代末发生突变后，水面蒸发量主要表现为减少趋势。

（6）流域内昌马堡站全年和春季水面蒸发量表现为增加趋势，夏、秋、冬季表现为减少趋势，增加、减少趋势均不显著；双塔堡水库站、党城湾站、党河水库站全年及四季水面蒸发量均表现为减少趋势，其中党城湾站全年、春季、夏季、冬季水面蒸发量减少趋势不显著，其余季节各站减少趋势均十分显著。

（7）除党河水库站年、夏季水面蒸发量外，昌马堡站、双塔堡水库站、党城湾站年与四季水面蒸发量以及党河水库站春、秋、冬水面蒸发量均具有多时间特征尺度周期，其中昌马堡站第一主周期多以 20 年为主，双塔堡水库站第一主周期多以 10 年为主，党城湾站第一主周期各有不同，党河水库站第一主周期以 30 年为主。

（8）疏勒河流域昌马堡站、双塔堡水库站、党城湾站、党河水库站全年及四季水面蒸发量的 Hurst 指数均大于 0.5，流域 4 个站均表现为正持续性特征，这表明未来流域水面蒸发量将会出现减少趋势。

（9）疏勒河昌马堡站、双塔堡水库站、党城湾站、党河水库站的年蒸发量的不均匀系数、集中度等年内分配指标均呈下降趋势，表明年内分配过程逐渐趋向均匀。

（10）通过 BP 神经网络模型预测，疏勒河年水面蒸发量总体在未来 2023—2026 年继续呈下降趋势，其中昌马堡站预测值分别为 956.67mm、956.36mm、956.30mm、956.28mm；双塔堡水库站预测值分别为 967.19mm、936.42mm、929.09mm、927.42mm；党城湾站预测值分别为 1207.86mm、1208.16mm、1208.28mm、1208.33mm；党河水库站预测值分别为 1210.601mm、1210.5983mm、1210.5977mm、1210.5976mm。

第7章

疏勒河流域输沙率时空演变
与模拟研究

选取疏勒河流域内昌马堡站和潘家庄站 1956—2020 年、党城湾站 1972—2020 逐月、逐年输沙率数据,采用气候倾向率、累积距平、滑动平均、M-K趋势检验法、R/S分析法、小波分析等方法,分析了疏勒河流域输沙率年变化、年代际变化、季节变化和空间变化特征,并分析了输沙率突变性、趋势性、周期性、持续性、不均匀性和集中度变化。

7.1 输沙率年变化特征与规律

7.1.1 昌马堡站

昌马堡站 1956—2020 年多年平均输沙率为 1282.69kg/s,整体呈现增加趋势,趋势方程为 $y=14.673x+821.23$,年输沙率以 146.73kg/s/10 年的速率增加,65 年内增加了 953.75kg/s,增加趋势显著。该站年输沙率年际变化大,最大值为 2002 年的 5092.79kg/s,最小值为 1956 年的 165.73kg/s,相差 4927.06kg/s,最大、最小年输沙率比值 30.73。从该站年输沙率变化的 5 年滑动平均曲线(图 7-1)可以看出,年输沙率呈现增加—减小—增加波动变化趋势,呈现多段上升—下降—上升变化过程。从该站年输沙率累积距平变化曲线(图 7-2)可以看出,年输沙率 1956—1998 年呈现下降变化趋势,1999—2020 年呈现上升变化趋势。

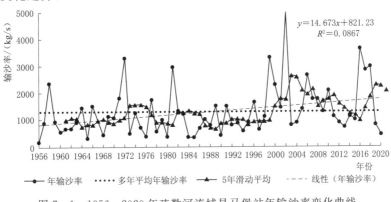

图 7-1 1956—2020 年疏勒河流域昌马堡站年输沙率变化曲线

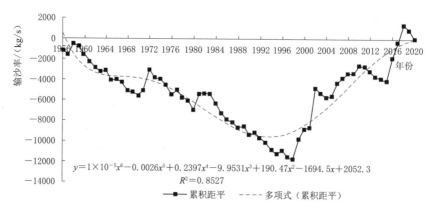

$$y=1\times10^{-5}x^6-0.0026x^5+0.2397x^4-9.9531x^3+190.47x^2-1694.5x+2052.3$$
$$R^2=0.8527$$

图 7-2　1956—2020 年疏勒河流域昌马堡站年输沙率累积距平变化曲线

7.1.2　潘家庄站

潘家庄站 1956—2020 年多年平均输沙率为 807.71kg/s，整体呈现增加趋势，趋势方程为 $y=5.181x+639.08$，年输沙率以 51.81kg/s/10 年的速率增加，65 年内增加了 336.77kg/s，增加趋势显著。该站年输沙率年际变化大，最大值为 1981 年的 5600.12kg/s，最小值为 2020 年的 59.373kg/s，两者相差 5540.747kg/s，最大、最小输沙率比值 94.32。从该站年输沙率变化的 5 年滑动平均曲线（图 7-3）可以看出，年输沙率呈现增加—减小—增加波动变化趋势，呈现多段上升—下降—上升变化过程。从该站年输沙率累积距平变化曲线（图 7-4）可以看出，年输沙率 1956—1979 年、1982—1997 年和 2011—2020 年呈下降变化趋势，1980—1981 年和 1998—2010 年呈现上升变化趋势。

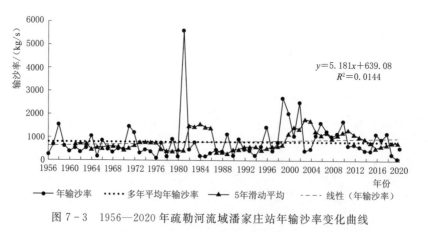

$$y=5.181x+639.08$$
$$R^2=0.0144$$

图 7-3　1956—2020 年疏勒河流域潘家庄站年输沙率变化曲线

7.1.3　党城湾站

党城湾站 1972—2020 年多年平均输沙率为 249.19kg/s，整体呈现略微下降趋势，趋势方程 $y=-0.8128x+268.12$，年输沙率以 8.128kg/s/10 年的速率下降，49 年内下降了 39.83kg/s，下降趋势显著。该站年输沙率年际变化较大，最大值为 1999 年的 632.23kg/s，最小值为 2009 年的 38.206kg/s，两者相差 594.024kg/s，最大、最小年输沙率比值 16.55。从该站年输沙率变化的 5 年滑动平均曲线（图 7-5）可以看出，年输沙

图 7-4 1956—2020 年疏勒河流域潘家庄站年输沙率累积距平变化曲线

率呈现增加—减小—增加波动变化趋势，呈现多段上升—下降—上升变化过程。从该站年输沙率累积距平变化曲线（图 7-6）可以看出，1972—1981 年、1990—2005 年和 2011—2020 年呈现下降变化趋势，1982—1989 年和 2006—2010 年呈现上升变化趋势。

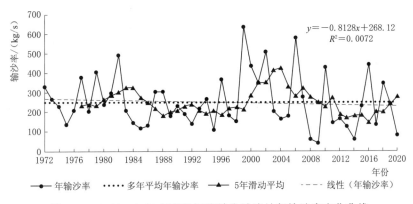

图 7-5 1972—2020 年疏勒河流域党城湾站年输沙率变化曲线

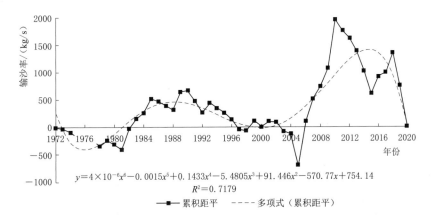

图 7-6 1972—2020 年疏勒河流域党城湾站年输沙率累积距平变化曲线

7.2　输沙率年代际变化特征与规律

7.2.1　昌马堡站

由表 7-1 可知，过去 65 年疏勒河流域昌马堡站 20 世纪 50—90 年代输沙率较低，分别为 1090.68kg/s、860.31kg/s、1230.80kg/s、1063.08kg/s 和 1180.63kg/s，比多年平均值分别低 192.01kg/s、422.38kg/s、51.89kg/s、219.61kg/s 和 102.06kg/s；21 世纪 00—10 年代输沙率相对较高，分别为 1944.66kg/s 和 1608.65kg/s，比多年平均值分别高 661.97kg/s 和 325.96kg/s。

表 7-1　　　　　　　疏勒河流域昌马堡站年代际平均输沙率统计结果

时　　段	平均值 /(kg/s)	最大值		最小值		最大值/最小值
		数值/(kg/s)	年份	数值/(kg/s)	年份	
1956—1959 年	1090.68	2373.37	1958	165.73	1956	14.32
1960—1969 年	860.31	1511.40	1966	294.89	1965	5.13
1970—1979 年	1230.80	3290.03	1972	368.14	1976	8.94
1980—1989 年	1063.08	2955.36	1981	359.02	1985	8.23
1990—1999 年	1180.63	3315.83	1999	409.60	1990	8.10
2000—2009 年	1944.66	5092.79	2002	806.93	2003	6.31
2010—2020 年	1608.65	3632.06	2016	451.75	2020	8.04
1956—2020 年	1282.69	5092.79	2002	165.73	1956	30.73

该站 20 世纪 50 年代年均输沙率为 1090.68kg/s，最大值为 1958 年的 2373.37kg/s，最小值为 1956 年的 165.73kg/s，两者相差 2207.64kg/s，最大、最小年输沙率比值 14.32；20 世纪 60 年代年均输沙率 860.31kg/s，最大值为 1966 年的 1511.40kg/s，最小值为 1965 年的 294.89kg/s，两者相差 1216.51kg/s，最大、最小年输沙率比值 5.13；20 世纪 70 年代年均输沙率 1230.80kg/s，最大值为 1972 年的 3290.03kg/s，最小值为 1976 年的 368.14kg/s，两者相差 2921.89kg/s，最大、最小年输沙率比值 8.94；20 世纪 80 年代年均输沙率 1063.08kg/s，最大值为 1981 年的 2955.36kg/s，最小值为 1985 年的 359.02kg/s，两者相差 2596.34kg/s，最大、最小年输沙率比值 8.23；20 世纪 90 年代年均输沙率 1180.63kg/s，最大值为 1999 年的 3315.83kg/s，最小值为 1990 年的 409.60kg/s，两者相差 2906.23kg/s，最大、最小年输沙率比值 8.10；21 世纪 00 年代年均输沙率 1944.66kg/s，最大值为 2002 年的 5092.79kg/s，最小值为 2003 年的 806.93kg/s，两者相差 4285.86kg/s，最大、最小年输沙率比值 6.31；21 世纪 10 年代以来年均输沙率 1608.65kg/s，最大值为 2016 年的 3632.06kg/s，最小值为 2020 年的 451.75kg/s，两者相差 3180.31kg/s，最大、最小年输沙率比值 8.04。

7.2.2　潘家庄站

由表 7-2 可知，过去 65 年疏勒河流域潘家庄站 20 世纪 50—70 年代和 21 世纪 10 年代输沙率相对较低，分别为 766.45kg/s、528.86kg/s、626.11kg/s 和 712.61kg/s，比多年平均值分别低 41.26kg/s、278.85kg/s、181.60kg/s 和 95.10kg/s；20 世纪 80—90 年代和 21 世纪 00 年代输沙率相对较高，分别为 956.66kg/s、808.70kg/s 和 1254.58kg/s，比多年平均值分别高 148.95kg/s、0.99kg/s 和 446.87kg/s。

表 7-2   疏勒河流域潘家庄站年代际平均输沙率统计结果

时　段	平均值 /(kg/s)	最大值		最小值		最大值/最小值
		数值/(kg/s)	年份	数值/(kg/s)	年份	
1956—1959 年	766.45	1541.65	1958	236.08	1956	6.53
1960—1969 年	528.86	1055.75	1964	167.22	1965	6.31
1970—1979 年	626.11	1473.46	1971	94.61	1976	15.57
1980—1989 年	956.66	5600.12	1981	140.67	1980	39.81
1990—1999 年	808.70	2700.41	1999	187.12	1990	14.43
2000—2009 年	1254.58	2503.14	2002	405.45	2003	6.17
2010—2020 年	712.61	1687.86	2010	59.37	2020	28.43
1956—2020 年	807.71	5600.12	1981	59.37	2020	94.32

该站 20 世纪 50 年代年均输沙率 766.45kg/s，最大值为 1958 年的 1541.65kg/s，最小值为 1956 年的 236.08kg/s，两者相差 1305.57kg/s，最大、最小年输沙率比值 6.53；20 世纪 60 年代年均输沙率 528.86kg/s，最大值为 1964 年的 1055.75kg/s，最小值为 1965 年的 167.22kg/s，两者相差 888.53kg/s，最大、最小年输沙率比值 6.31；20 世纪 70 年代年均输沙率 626.11kg/s，最大值为 1971 年的 1473.46kg/s，最小值为 1976 年的 94.61kg/s，两者相差 1378.85kg/s，最大、最小年输沙率比值 15.57；20 世纪 80 年代年均输沙率 956.66kg/s，最大值为 1981 年的 5600.12kg/s，最小值为 1980 年的 140.67kg/s，两者相差 5459.45kg/s，最大、最小年输沙率比值 39.81；20 世纪 90 年代年均输沙率 808.70kg/s，最大值为 1999 年的 2700.41kg/s，最小值为 1990 年的 187.12kg/s，两者相差 2513.29kg/s，最大、最小年输沙率比值 14.43；21 世纪 00 年代年均输沙率 1254.58kg/s，最大值为 2002 年的 2503.14kg/s，最小值为 2003 年的 405.45kg/s，两者相差 2097.69kg/s，最大、最小年输沙率比值 6.17；21 世纪 10 年代年均输沙率 712.61kg/s，最大值为 2010 年的 1687.86kg/s，最小值为 2020 年的 59.37kg/s，两者相差 1628.49kg/s，最大、最小年输沙率比值 28.43。

7.2.3 党城湾站

由表 7-3 可知，过去 49 年疏勒河流域党城湾站 20 世纪 80—90 年代和 21 世纪 10 年代输沙率较低，分别为 239.52kg/s、245.91kg/s 和 216.34kg/s，比多年平均值分别低 9.67kg/s、3.28kg/s 和 32.85kg/s；20 世纪 70 年代和 21 世纪 00 年代输沙率相对较高，分别为 266.94kg/s 和 277.25kg/s，比多年平均值分别高 17.75kg/s 和 28.06kg/s。

该站 20 世纪 70 年代年均输沙率 266.94kg/s，最大值为 1979 年的 404.48kg/s，最小值为 1975 年的 133.84kg/s，两者相差 270.64kg/s，最大、最小年输沙率比值 3.02；20 世纪 80 年代年均输沙率 239.52kg/s，最大值为 1982 年的 489.54kg/s，最小值为 1985 年的 114.04kg/s，两者相差 375.50kg/s，最大、最小年输沙率比值 4.29；20 世纪 90 年

表 7 - 3　　　　　　　疏勒河流域党城湾站年代际平均输沙率统计结果

时　段	平均值/(kg/s)	最大值		最小值		最大值/最小值
		数值/(kg/s)	年份	数值/(kg/s)	年份	
1972—1979 年	266.94	404.48	1979	133.84	1975	3.02
1980—1989 年	239.52	489.54	1982	114.04	1985	4.29
1990—1999 年	245.91	632.23	1999	105.77	1995	5.98
2000—2009 年	277.25	576.96	2006	38.21	2009	15.10
2010—2020 年	216.34	438.90	2016	58.11	2014	7.55
1972—2020 年	249.19	632.23	1999	38.21	2009	16.55

代年均输沙率 245.91kg/s，最大值为 1999 年的 632.23kg/s，最小值为 1995 年的 105.77kg/s，两者相差 526.46kg/s，最大、最小年输沙率比值 5.98；21 世纪 00 年代年均输沙率 277.25kg/s，最大值为 2006 年的 576.96kg/s，最小值为 2009 年的 38.21kg/s，两者相差 538.75，最大、最小年输沙率比值 15.10；21 世纪 10 年代以来年均输沙率 216.34kg/s，最大值为 2016 年的 438.90kg/s，最小值为 2014 年的 58.11kg/s，两者相差 380.79kg/s，最大、最小年输沙率比值 7.55。

7.3　输沙率季节变化特征与规律

7.3.1　昌马堡站

从昌马堡站输沙率季节距平变化和季节变化（表 7 - 4 和图 7 - 7）可知，该站春、冬两个季节均表现出输沙率减少趋势，但两个季节的下降速率略有差异。通过对比分析：该站春季下降速率较高，1956—2020 年下降 1.82kg/s，线性下降幅度 0.28kg/(s·10 年)；冬季次之，1956—2020 年下降 1.5275kg/s，线性下降幅度 0.235kg/(s·10 年)；夏、秋两个季节分别增加 923.59kg/s 和 33.48kg/s，线性增加幅度分别为 142.09kg/(s·10 年)和 5.15kg/(s·10 年)；表明该站夏季输沙率增加对平均输沙率增加的贡献最大。

表 7 - 4　　　　　　　　昌马堡站输沙率季节距平变化表　　　　　　　　单位：kg/s

年　代	春季	夏季	秋季	冬季
20 世纪 50 年代	−137.08	−737.46	18.66	−3.12
20 世纪 60 年代	23.69	−5121.38	−223.40	10.95
20 世纪 70 年代	−5.86	−5891.60	−163.37	4.42
20 世纪 80 年代	96.59	−8223.40	−365.23	12.19
20 世纪 90 年代	−130.05	−9397.68	−207.26	7.17
21 世纪 00 年代	117.10	−3395.29	−77.31	20.04
21 世纪 10 年代	43.65	764.19	42.86	2.97

①春季：平均输沙率距平值 20 世纪 60 年代和 80 年代、21 世纪 00—10 年代为正，20 世纪 50 年代、70 年代、90 年代为负；20 世纪 50 年代平均输沙率最少，21 世纪 00 年

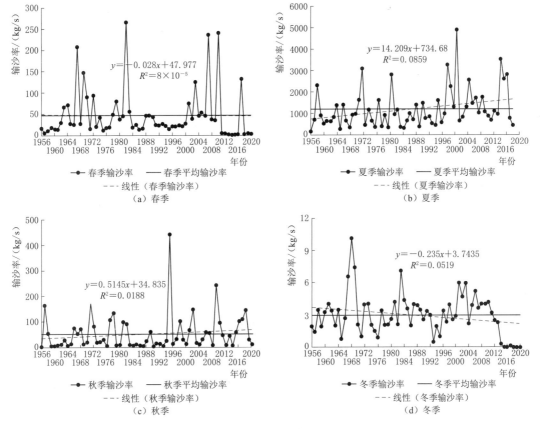

图 7-7 昌马堡站输沙率季节变化图

代最多。②夏季：平均输沙率距平值 21 世纪 10 年代为正，20 世纪 50—90 年代、21 世纪 00 年代为负；20 世纪 90 年代平均输沙率最少，21 世纪 10 年代最多。③秋季：平均输沙率距平值 20 世纪 50 年代、21 世纪 10 年代为正，20 世纪 60—90 年代、21 世纪 00 年代为负；20 世纪 80 年代平均输沙率最少，21 世纪 10 年代最多。④冬季：平均输沙率距平值 20 世纪 50 年代为负，其余年代都为正；20 世纪 50 年代平均输沙率最少，21 世纪 00 年代最多。

7.3.2 潘家庄站

从潘家庄站输沙率季节距平变化和季节变化（表 7-5 和图 7-8）可知，该站春、冬两个季节均表现出输沙率减少趋势，但两个季节的下降速率略有差异。通过对比分析：该站春季下降速率较高，1956—2020 年下降 37.06kg/s，线性下降幅度 5.701kg/(s·10年)；冬季次之，1956—2020 年下降 10.38kg/s，线性下降幅度 1.597kg/(s·10 年)；夏、秋两个季节分别增加 372.53kg/s 和 11.67kg/s，线性增加幅度分别为 57.313kg/(s·10 年) 和 1.795kg/(s·10 年)；表明该站夏季输沙率增加对平均输沙率增加的贡献最大。

①春季：平均输沙率距平值，20 世纪 90 年代为负，20 世纪 60—80 年代、21 世纪 00—10 年代为正；20 世纪 90 年代平均输沙率最少，20 世纪 60 年代最多。②夏季：平均输沙率距平值 21 世纪 00 年代、10 年代为正，20 世纪 50—90 年代为负；20 世纪 70 年代平均输沙率最少，21 世纪 00 年代最多。③秋季：平均输沙率距平值 20 世纪 50—70 年

代、21 世纪 10 年代为正，20 世纪 80—90 年代、21 世纪 00 年代为负；20 世纪 90 年代平均输沙率最少，20 世纪 50 年代最多。④冬季：平均输沙率距平值 20 世纪 50 年代为负，其余年代都为正；20 世纪 50 年代平均输沙率最少，21 世纪 00 年代最多。

表 7 - 5　　　　　　　　　　潘家庄站输沙率季节距平变化表　　　　　　　　　　单位：kg/s

年　代	春季	夏季	秋季	冬季
20 世纪 50 年代	248.88	−697.99	247.76	−3.12
20 世纪 60 年代	449.41	−3621.14	131.48	10.95
20 世纪 70 年代	390.69	−5339.47	43.63	4.42
20 世纪 80 年代	168.63	−3398.41	−219.37	12.19
20 世纪 90 年代	−111.79	−2885.28	−435.70	7.17
21 世纪 00 年代	145.19	919.91	−34.61	20.04
21 世纪 10 年代	40.59	666.60	38.01	2.97

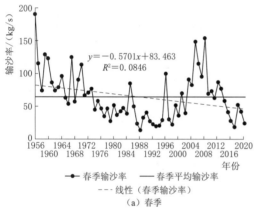

（a）春季

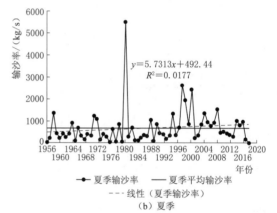

（b）夏季

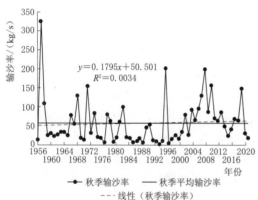

（c）秋季

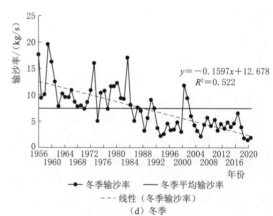

（d）冬季

图 7 - 8　潘家庄站输沙率季节变化图

7.3.3　党城湾站

从党城湾站输沙率季节距平变化和季节变化（图 7 - 9 和表 7 - 6）可知，该站春、冬两个季节均表现出输沙率减少趋势，但两个季节的下降速率略有差异。通过对比分析：该

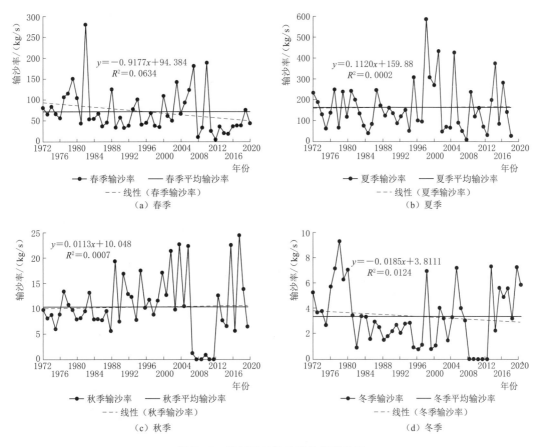

图 7-9 党城湾站输沙率季节变化图

表 7-6 党城湾站输沙率季节距平变化表 单位：kg/s

年 代	春季	夏季	秋季	冬季
20 世纪 70 年代	152.82	152.82	152.82	152.82
20 世纪 80 年代	285.28	−212.56	−14.20	11.88
20 世纪 90 年代	105.76	−55.03	−0.60	1.34
21 世纪 00 年代	264.04	73.56	13.36	−4.96
21 世纪 10 年代	29.66	137.78	4.00	−2.47

站春季下降速率较高，1972—2020 年下降 44.97kg/s，线性下降幅度 9.177kg/(s·10 年)；冬季次之，1972—2020 年下降 0.91kg/s，线性下降幅度 0.185kg/(s·10 年)；夏、秋两个季节分别增加 5.49kg/s 和 0.55kg/s，线性增加幅度分别为 1.120kg/(s·10 年) 和 0.113kg/(s·10 年)；表明该站夏季输沙率增加对平均输沙率增加的贡献最大，春季最小。

①春季：平均输沙率距平值全为正；21 世纪 10 年代平均输沙率最少，21 世纪 00 年代最多。②夏季：平均输沙率距平值 20 世纪 70 年代，21 世纪 00 年代、10 年代为正，20 世纪 80 年代、90 年代为负；20 世纪 80 年代平均输沙率最少，20 世纪 70 年代最多。③秋季：平均输沙率距平值 20 世纪 70 年代、21 世纪 00—10 年代为正，20 世纪 80—90 年代为负；20 世纪 80 年代平均输沙率最少，20 世纪 70 年代最多。④冬季：平均输沙率

距平值 21 世纪 00—10 年代为负，其余年代都为正；20 世纪 00 年代平均输沙率最少，20 世纪 70 年代最多。

7.4　输沙率空间变化特征与规律

从图 7-10 疏勒河流域输沙率空间变化图可以看出，昌马堡站和潘家庄站输沙率的倾向率均为正值，站点输沙率略有增加趋势；党城湾为负值，站点输沙率略有减少趋势。其

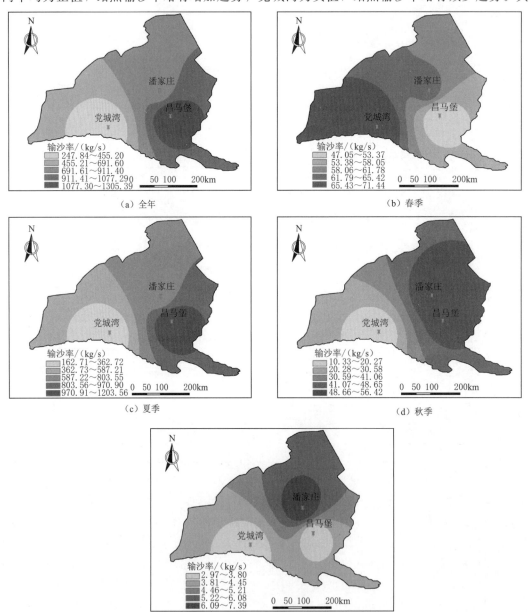

图 7-10　疏勒河流域输沙率空间变化图

中党城湾站输沙率下降趋势最大，年输沙率以 0.81kg/s 的速率下降；潘家庄输沙率增加趋势最小，年输沙率以 5.18kg/s/年的速率增加；昌马堡站干流上的输沙率增加趋势明显，年均输沙率以 14.67kg/s/年的速率增加。从实测输沙量分析，昌马堡站多年平均输沙率最大，党城湾站最小，其中：昌马堡站多年平均输沙率为 1282.69kg/s，潘家庄站多年平均输沙率为 807.71kg/s，党城湾站多年平均输沙率为 249.19kg/s。

整体来看，疏勒河流域输沙率自西向东递增，全年输沙率表现出昌马堡站明显大于其余水文站；春季输沙率表现出党城湾站＞潘家庄站＞昌马堡站；夏季输沙率表现出昌马堡站大于其他站，分布与全年一致；秋季、冬季输沙率表现出潘家庄站＞昌马堡站＞党城湾站。

7.5 输沙率突变性分析

7.5.1 昌马堡站

（1）从图 7-11（a）可知，昌马堡站全年输沙率除 1962 年外其余年份 U_{fk} 均为正值，平均输沙率呈现增加趋势，特别是 21 世纪 00 年代以后，输沙率增加趋势超过 95％临界线（$U_{0.05} = 1.96$），表明昌马堡站平均输沙率在这一时段上升趋势显著。U_{fk} 和 U_{bk} 主要相交于 1972 年、1994 年，且交点在临界线（±1.96）之间，说明昌马堡站平均输沙率在 1972 年、1994 年发生突变，1972 年、1994 年为突变点，因此，昌马堡站全年平均输沙率划分为 1956—1972 年、1973—1994 年和 1995—2020 年 3 个时段。

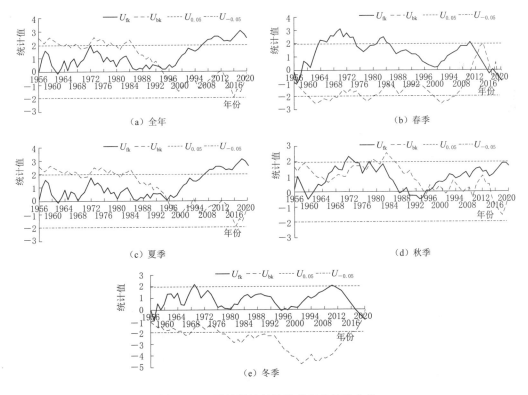

图 7-11 昌马堡站年输沙率突变检验曲线

（2）从图 7-11（b）可知，昌马堡站春季输沙率在 20 世纪 50 年代后期至 21 世纪 10 年代前期 U_{fk} 均为正值，平均输沙率呈现增加趋势，特别是 20 世纪 60 年代前期至 70 年代中期，输沙率增加趋势超过 95％临界线（$U_{0.05}=1.96$），表明昌马堡站平均输沙率在这一时段上升趋势显著。U_{fk} 和 U_{bk} 主要相交于 2012 年、2018 年，且交点在临界线（±1.96）之间，说明昌马堡站平均输沙率在 2012 年、2018 年发生突变，2012 年、2018 年为突变点，因此，昌马堡站春季平均输沙率划分为 1956—2012 年、2013—2018 年、2019—2020 年 3 个时段。

（3）从图 7-11（c）可知，昌马堡站夏季输沙率除 1962 年外，在 20 世纪 50 年代至 21 世纪 10 年代 U_{fk} 均为正值，平均输沙率呈现增加趋势，特别是 21 世纪 00 年代中期以后，输沙率增加趋势超过 95％临界线（$U_{0.05}=1.96$），表明昌马堡站平均输沙率在这一时段上升趋势显著。U_{fk} 和 U_{bk} 主要相交于 1995 年，且交点在临界线（±1.96）之间，说明昌马堡站平均输沙率在 1995 年发生突变，1995 年为突变点，因此，昌马堡站夏季平均输沙率划分为 1956—1995 年和 1996—2020 年两个时段。

（4）从图 7-11（d）可知，昌马堡站秋季输沙率除 1959—1962 年、1987 年和 1990—1995 年外，其余年份 U_{fk} 均为正值，平均输沙率呈现增加趋势，特别是 1972 年前后，输沙率增加趋势超过 95％临界线（$U_{0.05}=1.96$），表明昌马堡站平均输沙率在这一时段上升趋势显著。U_{fk} 和 U_{bk} 主要相交于 1965 年、1977 年和 1997 年左右，且交点在临界线（±1.96）之间，说明昌马堡站平均输沙率在 1965 年、1977 年和 1997 年左右发生突变，1965 年、1977 年和 1997 年左右为突变点，因此，昌马堡站秋季平均输沙率划分为 1956—1965 年、1966—1977 年、1978—1997 年、1998—2020 年 4 个时段。

（5）从图 7-11（e）可知，昌马堡站冬季输沙率在 20 世纪 50 年代后期和 21 世纪 10 年代后期 U_{fk} 为负值，之后转为正值，说明在冬季输沙率呈现先减后增再减的变化趋势。U_{fk} 和 U_{bk} 主要相交于 2019 年，且交点在临界线（±1.96）之间，说明昌马堡站平均输沙率在 2019 年发生突变，2019 年为突变点，因此，昌马堡站冬季平均输沙率划分为 1956—2019 年和 2020 年两个时段。

7.5.2　潘家庄站

（1）从图 7-12（a）可知，潘家庄站全年输沙率在 20 世纪 60 年代前期和后期，20 世纪 70—90 年代为负值，其余年份 U_{fk} 均为正值，平均输沙率呈现增加趋势，特别是 21 世纪 10 年代以后，输沙率增加趋势超过 95％临界线（$U_{0.05}=1.96$），表明潘家庄站平均输沙率在这一时段上升趋势显著。U_{fk} 和 U_{bk} 主要相交于 1994 年左右，且交点在临界线（±1.96）之间，说明潘家庄站平均输沙率在 1994 年左右发生突变，1994 年左右为突变点，因此，潘家庄站全年平均输沙率划分为 1956—1994 年和 1995—2020 年两个时段。

（2）从图 7-12（b）可知，潘家庄站春季输沙率在 20 世纪 50—90 年代、21 世纪 00—10 年代 U_{fk} 均为负值，平均输沙率呈现下降趋势。尤其是 1972—2012 年，输沙率下降趋势超过 95％临界线（$U_{0.05}=1.96$），表明潘家庄站平均输沙率在这一时段下降趋势显著。U_{fk} 和 U_{bk} 主要相交于 1962 年左右、2005 年左右和 2013 年左右，且 1962 年和 2013 年交点在临界线（±1.96）之间，说明潘家庄站平均输沙率在 1962 年左右、2005 年左右

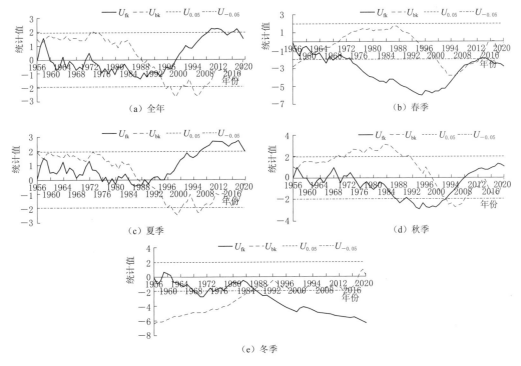

图 7-12 潘家庄站输沙率突变检验曲线

和 2013 年左右发生突变，1962 年左右、2005 年左右和 2013 年左右为突变点，因此，潘家庄站全年平均输沙率划分为 1956—1962 年、1963—2005 年、2006—2013 年和 2014—2020 年 4 个时段。

（3）从图 7-12（c）可知，潘家庄站夏季输沙率在 1956—1976 年、1981—1984 年和 1989—1994 年和 1995 年以后 U_{fk} 均为正值，平均输沙率呈现增加趋势，特别是 2006 年以后，输沙率增加趋势超过 95% 临界线（$U_{0.05}=1.96$），表明潘家庄站平均输沙率在这一时段上升趋势显著。U_{fk} 和 U_{bk} 主要相交于 1988 年左右和 1990 年左右，且交点在临界线（±1.96）之间，说明潘家庄站平均输沙率在 1988 年左右和 1990 年左右发生突变，1988 年左右和 1990 年左右为突变点，因此，潘家庄站全年平均输沙率划分为 1956—1988 年、1989—1990 年和 1991—2020 年 3 个时段。

（4）从图 7-12（d）可知，潘家庄站秋季输沙率在 20 世纪 50 年代后期、20 世纪 60 年代后期、20 世纪 70 年代前期、21 世纪 00 年代后期以后 U_{fk} 均为正值，平均输沙率呈现增加趋势。在 20 世纪 80 年代后期至 21 世纪 00 年代前期，输沙率减少趋势超过 95% 临界线（$U_{0.05}=1.96$），表明潘家庄站平均输沙率在这一时段下降趋势显著。U_{fk} 和 U_{bk} 主要相交于 2002 年左右，且交点在临界线（±1.96）之间，说明潘家庄站平均输沙率在 1957 年和 2002 年左右发生突变，2002 年左右为突变点，因此，潘家庄站全年平均输沙率划分为 1956—2002 年和 2003—2020 年两个时段。

（5）从图 7-12（e）可知，潘家庄站冬季输沙率除 20 世纪 50 年代后期和 60 年代前期外，其余年份 U_{fk} 均为负值，平均输沙率呈现减少趋势，特别是 1970 年前后和 1987 年

219

以后，输沙率减少趋势超过 95% 临界线（$U_{0.05} = -1.96$），表明潘家庄站平均输沙率在这两个时段下降趋势显著。U_{fk} 和 U_{bk} 主要相交于 1987 年左右，且交点在临界线（± 1.96）之间，说明潘家庄站平均输沙率在 1987 年左右发生突变，1987 年左右为突变点，因此，潘家庄站全年平均输沙率划分为 1956—1987 年和 1988—2020 年两个时段。

7.5.3 党城湾站

（1）从图 7-13（a）可知，党城湾站全年输沙率在 20 世纪 70 年代后期、20 世纪 80 年代前期、20 世纪 00 年代前期和后期 U_{fk} 均为正值，平均输沙率呈现增加趋势。U_{fk} 和 U_{bk} 主要相交于 1978 年左右、1990 年左右、2005 年左右和 2017 年左右，且交点在临界线（± 1.96）之间，说明党城湾站平均输沙率在 1978 年左右、1990 年左右、2005 年左右和 2017 年左右发生突变，1978 年左右、1990 年左右、2005 年左右和 2017 年左右为突变点，因此，党城湾站全年平均输沙率划分为 1972—1978 年、1979—1990、1991—2005 年、2006—2017 年、2018—2020 年 5 个时段。

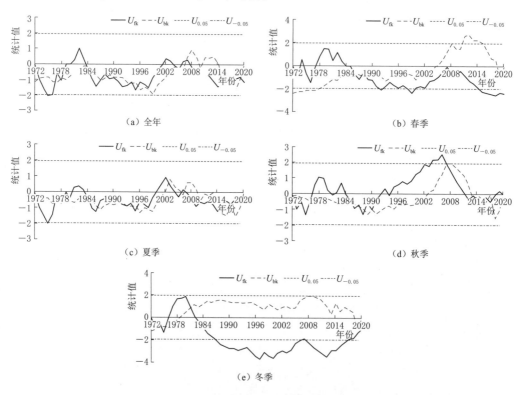

图 7-13 党城湾站输沙率突变检验曲线

（2）从图 7-13（b）可知，党城湾站春季输沙率在 21 世纪 00 年代左右和 21 世纪 10 年代中期以后 U_{fk} 均为负值，平均输沙率呈现降低趋势。U_{fk} 和 U_{bk} 主要相交于 1986 年左右和 1988 年左右，且交点在临界线（± 1.96）之间，说明党城湾站平均输沙率在 1986 年左右和 1988 年左右发生突变，1986 年左右和 1988 年左右为突变点，因此，党城湾站全年平均输沙率划分为 1972—1986 年、1987—1988 年和 1989—2020 年 3 个时段。

（3）从图7-13（c）可知，党城湾站夏季输沙率在1981—1983年、2000—2004年和2006—2007年U_{fk}均为正值，平均输沙率呈现增加趋势。U_{fk}和U_{bk}主要相交于1978年左右、1993年左右、2006年左右、2017年左右，且交点位于临界线（±1.96）之间，说明党城湾站平均输沙率在1978年左右、1993年左右、2006年左右、2017年左右发生突变，1978年左右、1993年左右、2006年左右、2017年左右为突变点，因此，党城湾站全年平均输沙率划分为1972—1978年、1979—1993年、1994—2006年、2007—2017年、2018—2020年5个时段。

（4）从图7-13（d）可知，党城湾站秋季输沙率在20世纪70年代后期、80年代前期、90年代中后期和21世纪00年代U_{fk}均为正值，平均输沙率呈现增加趋势，特别是2008年前后，输沙率增加趋势超过95%临界线（$U_{0.05}=1.96$），表明党城湾站平均输沙率在这一时段上升趋势显著。U_{fk}和U_{bk}主要相交于1976年左右、1987年左右、2007年左右、2017年左右，且交点在临界线（±1.96）之间，说明党城湾站平均输沙率在1976年左右、1987年左右、2007年左右、2017年左右发生突变，1976年左右、1987年左右、2007年左右、2017年左右为突变点，因此，党城湾站全年平均输沙率划分为1972—1976年、1977—1987年、1988—2007年、2008—2017年、2018—2020年5个时段。

（5）从图7-13（e）可知，党城湾站冬季输沙率在20世纪70年代后期和80年代前期U_{fk}均为正值，平均输沙率呈现增加趋势。U_{fk}和U_{bk}主要相交于1981年左右，且交点在临界线（±1.96）之间，说明党城湾站平均输沙率在1981年左右发生突变，1981年左右为突变点，因此，党城湾站全年平均输沙率划分为1972—1981年和1982—2020年两个时段。

7.6 输沙率趋势性分析

7.6.1 昌马堡站

昌马堡站65年全年及春、夏、秋、冬四季输沙率变化趋势的分析结果见表7-7。从表7-7中可以看出，全年及春、夏、秋、冬四季输沙率的Sen's指标除春、冬两季外均为正值，有增加的趋势，其中全年和夏季分别以14.673/年和14.209/年的速率增长，根据M-K趋势检验法计算得Z值分别为2.51和2.61，采用信度为95%的显著性检验发现$|Z|>1.96$，通过了显著性检验，增长趋势显著；而春季、秋季、冬季分别以-0.028/年、0.515/年和-0.024/年的速率增长，通过M-K趋势检验法计算得$|Z|<1.96$，均未通过显著性检验，变化趋势不显著。

表7-7 昌马堡站输沙率变化趋势的分析结果

项目	线性回归系数	Sen's指标	M-K趋势检验 Z 值	趋势	显著程度
全年	14.673	10.838	2.51	上升	显著
春季	−0.028	−0.172	−0.85	下降	不显著
夏季	14.209	9.906	2.62	上升	显著

项目	线性回归系数	Sen's 指标	M－K 趋势检验 Z 值	趋势	显著程度
秋季	0.515	0.249	1.68	上升	不显著
冬季	−0.024	−0.013	−1.01	下降	不显著

7.6.2　潘家庄站

潘家庄站 65 年全年及春、夏、秋、冬四季输沙率变化趋势的分析结果见表 7－8。从表 7－8 中可以看出全年及夏、秋、冬三季输沙率的 Sen's 指标除春季和冬季外均为正值，有增加的趋势，其中全年和夏季、秋季分别以 5.181/年、5.731/年、和 0.180/年的速率增长，根据 M－K 趋势检验计算得 Z 值，采用信度为 95% 的显著性检验发现 $|Z| < 1.96$，除夏季外均未通过显著性检验，增长趋势不显著；而春季和冬季输沙率的 Sen's 指标为负值，有降低的趋势，分别以 0.570/年和 0.160/年的速率降低，通过 M－K 趋势检验计算得 $|Z| > 1.96$，均通过显著性检验，降低趋势显著。

表 7－8　　　　　　　　　　潘家庄站输沙率变化趋势的分析结果

项目	线性回归系数	Sen's 指标	M－K 趋势检验 Z 值	趋势	显著程度
全年	5.181	4.183	1.48	上升	不显著
春季	−0.570	−0.690	−2.79	下降	显著
夏季	5.731	4.866	2.00	上升	显著
秋季	0.180	0.238	1.04	上升	不显著
冬季	−0.160	−0.147	−6.34	下降	显著

7.6.3　党城湾站

党城湾站 49 年全年及春、夏、秋、冬四季输沙率变化趋势的分析结果见表 7－9。从表 7－9 中可以看出全年及春、夏、秋、冬四季输沙率的 Sen's 指标均为正值，有增加的趋势，其中夏季和秋季分别以 0.112/年和 0.011/年的速率增长，根据 M－K 趋势检验计算得 Z 值分别为 3.00 和 3.14，采用信度为 95% 的显著性检验发现 $|Z| > 1.96$，通过了显著性检验，增长趋势显著；而全年、春季和冬季分别以 0.813/年、0.918/年和 0.019/年的速率下降，根据 M－K 趋势检验计算得 Z 值分别为 2.70、1.81 和 2.34，采用信度为 95% 的显著性检验发现除春季外 $|Z| > 1.96$，均通过显著性检验，下降趋势显著。

表 7－9　　　　　　　　　　党城湾站输沙率变化趋势的分析结果

项目	线性回归系数	Sen's 指标	M－K 趋势检验 Z 值	趋势	显著程度
全年	−0.813	3.584	2.70	下降	显著
春季	−0.918	0.929	1.81	下降	不显著
夏季	0.112	2.309	3.00	上升	显著
秋季	0.011	0.195	3.14	上升	显著
冬季	−0.019	0.046	2.34	下降	显著

7.7 输 沙 率 周 期 性 分 析

7.7.1 昌马堡站

采用小波分析法计算昌马堡站近 65 年来年全年和四季输沙率小波分析变换系数,并作出小波实部图和小波方差图。结合图 7-14(a)可知,昌马堡站全年输沙率的小波实部图主要存在 47~55 年、27~33 年和 10~15 年三个特征时间尺度;小波方差图表明全年输沙率存在三个明显的峰值,其第一主周期为 51 年,第二主周期为 30 年,第三主周期为 12 年。

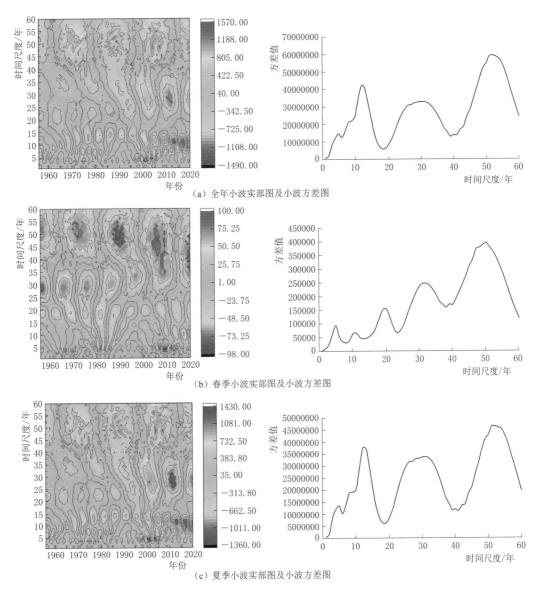

(a)全年小波实部图及小波方差图

(b)春季小波实部图及小波方差图

(c)夏季小波实部图及小波方差图

图 7-14(一) 昌马堡站全年及四季输沙率小波周期性分析结果(参见文后彩图)

223

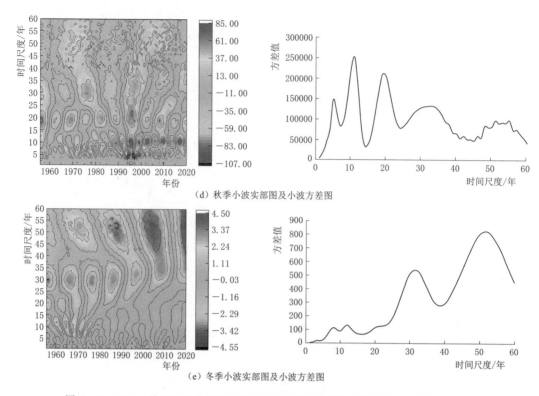

（d）秋季小波实部图及小波方差图

（e）冬季小波实部图及小波方差图

图 7-14（二）　昌马堡站全年及四季输沙率小波周期性分析结果（参见文后彩图）

由图 7-14（b）可知，昌马堡站春季输沙率的小波实部图主要存在 47～55 年、27～33 年和 3～8 年三个特征时间尺度；小波方差图表明春季输沙率存在四个明显的峰值，其第一主周期为 50 年，第二主周期为 32 年，第三主周期为 19 年，第四主周期为 5 年。

由图 7-14（c）可知，昌马堡站夏季输沙率的小波实部图主要存在 47～55 年、27～33 年、10～15 年和 3～8 年四个特征时间尺度；小波方差图表明夏季输沙率存在四个明显的峰值，其第一主周期为 51 年，第二主周期为 31 年，第三主周期为 13 年，第四主周期为 5 年。

由图 7-14（d）可知，昌马堡站秋季输沙率的小波实部图主要存在 17～16 年、10～13 年和 3～8 年三个特征时间尺度；小波方差图表明秋季输沙率存在四个明显的峰值，其第一主周期为 34 年，第二主周期为 19 年，第三主周期为 11 年，第四主周期为 5 年。

由图 7-14（e）可知，昌马堡站冬季输沙率的小波实部图主要存在 50～55 年、27～35 年和 7～13 年三个特征时间尺度；小波方差图表明夏季输沙率存在四个明显的峰值，其第一主周期为 52 年，第二主周期为 32 年，第三主周期为 11 年，第四主周期为 8 年。

7.7.2　潘家庄站

采用小波分析法计算潘家庄站近 65 年来全年和四季输沙率小波分析变换系数，并作出小波实部图和小波方差图。结合图 7-15（a）可知，潘家庄站全年输沙率的小波实部图主要存在 50～55 年、13～18 年和 3～8 年三个特征时间尺度；小波方差图表明全年输沙率存在三个明显的峰值，其第一主周期为 53 年，第二主周期为 14 年，第三主周期为 5 年。

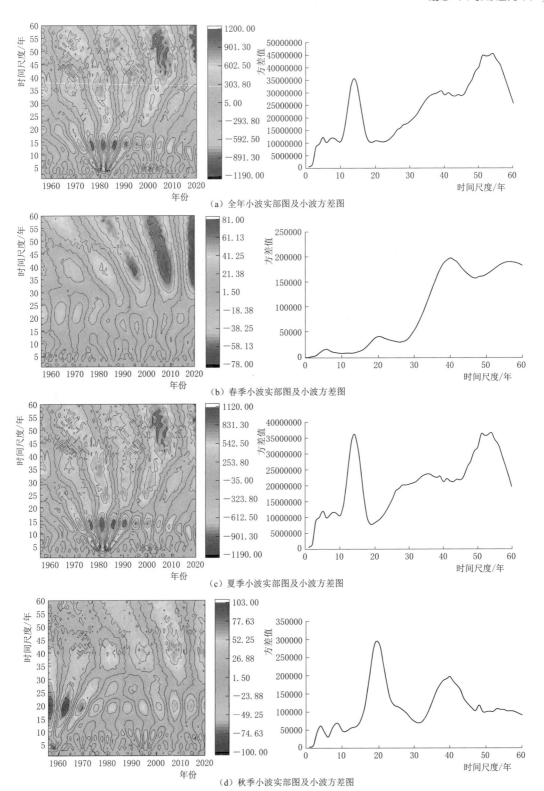

（a）全年小波实部图及小波方差图

（b）春季小波实部图及小波方差图

（c）夏季小波实部图及小波方差图

（d）秋季小波实部图及小波方差图

图 7-15（一） 潘家庄站全年及四季输沙率小波周期性分析结果（参见文后彩图）

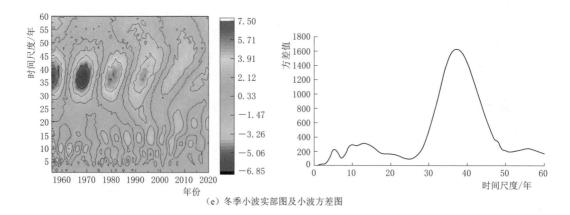

（e）冬季小波实部图及小波方差图

图 7-15（二） 潘家庄站全年及四季输沙率小波周期性分析结果（参见文后彩图）

由图 7-15（b）可知，潘家庄站春季输沙率的小波实部图主要存在 37～43 年一个特征时间尺度；小波方差图表明春季输沙率存在三个明显的峰值，其第一主周期为 41 年，第二主周期为 19 年，第三主周期为 6 年。

由图 7-15（c）可知，潘家庄站夏季输沙率的小波实部图主要存在 52～56 年、37～38 年、12～16 年和 3～8 年四个特征时间尺度；小波方差图表明夏季输沙率存在四个明显的峰值，其第一主周期为 54 年，第二主周期为 36 年，第三主周期为 14 年，第四主周期为 5 年。

由图 7-15（d）可知，潘家庄站秋季输沙率的小波实部图主要存在 37～42 年、17～16 年和 3～8 年三个特征时间尺度；小波方差图表明秋季输沙率存在四个明显的峰值，其第一主周期为 40 年，第二主周期为 20 年，第三主周期为 8 年，第四主周期为 4 年。

由图 7-15（e）可知，潘家庄站冬季输沙率的小波实部图主要存在 36～42 年一个特征时间尺度；小波方差图表明夏季输沙率存在两个明显的峰值，其第一主周期为 38 年，第二主周期为 5 年。

7.7.3 党城湾站

采用小波分析法计算党城湾站近 49 年来全年和四季输沙率小波分析变换系数，并作出小波实部图和小波方差图。结合图 7-16（a）可知，党城湾站全年输沙率的小波实部图主要存在 26～32 年和 5～11 年两个特征时间尺度；小波方差图表明全年输沙率存在四个明显的峰值，其第一主周期为 29 年，第二主周期为 13 年，第三主周期为 9 年，第四主周期为 5 年。

由图 7-16（b）可知，党城湾站春季输沙率的小波实部图主要存在 33～38 年和 3～8 年两个特征时间尺度；小波方差图表明春季输沙率存在三个明显的峰值，其第一主周期为 36 年，第二主周期为 21 年，第三主周期为 5 年。

由图 7-16（c）可知，党城湾站夏季输沙率的小波实部图主要存在 27～32 年和 5～11 年两个特征时间尺度；小波方差图表明夏季输沙率存在四个明显的峰值，其第一主周期为 30 年，第二主周期为 13 年，第三主周期为 8 年，第四主周期为 5 年。

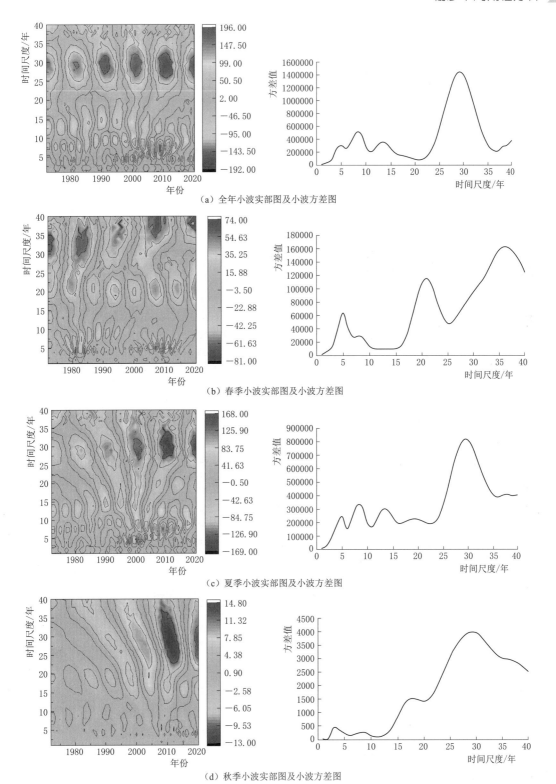

图 7-16（一） 党城湾站全年及四季输沙率小波周期性分析结果（参见文后彩图）

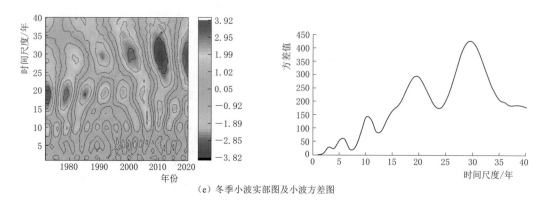

(e) 冬季小波实部图及小波方差图

图 7-16（二） 党城湾站全年及四季输沙率小波周期性分析结果（参见文后彩图）

由图 7-16（d）可知，党城湾站秋季输沙率的小波实部图主要存在 27~33 年一个特征时间尺度；小波方差图表明秋季输沙率存在三个明显的峰值，其第一主周期为 29 年，第二主周期为 18 年，第三主周期为 3 年。

由图 7-16（e）可知，党城湾站冬季输沙率的小波实部图主要存在 27~33 年、17~16 年和 7~13 年三个特征时间尺度；小波方差图表明夏季输沙率存在四个明显的峰值，其第一主周期为 30 年，第二主周期为 20 年，第三主周期为 10 年，第四主周期为 6 年。

7.8 输沙率持续性分析

7.8.1 昌马堡站

昌马堡站全年及春、夏、秋、冬四季输沙率的 Hurst 指数计算结果见图 7-17 和表 7-10。结合计算结果可知，该站全年及春、夏、秋、冬四季输沙率的 Hurst 指数分别为 0.6609、0.5824、0.6552、0.5418、0.5828，均大于 0.5，这表明未来输沙率量将与过去 65 年的变化趋势相同，即表现出持续性特征，故可预测未来一段时间该站输沙率量将出现增加趋势。其中夏季的 Hurst 指数最大为 0.6552，秋季的 Hurst 指数最小为 0.5418，都表现出较强的持续性。

表 7-10 昌马堡站全年及四季输沙率的 Hurst 指数计算结果表

项目	全年	春季	夏季	秋季	冬季
Hurst 指数	0.6609	0.5824	0.6552	0.5418	0.5828
R^2	0.8717	0.9160	0.8519	0.9571	0.9209

7.8.2 潘家庄站

潘家庄站全年及春、夏、秋、冬四季输沙率的 Hurst 指数计算结果见图 7-18 和表 7-11。结合计算结果可知，该站全年及春、夏、秋、冬四季输沙率的 Hurst 指数分别为 0.5314、0.9811、0.5540、0.6789、0.9480，均大于 0.5，即表现出持续性特征，故可预测未来一段时间该站输沙率量将出现上升趋势。其中春季的 Hurst 指数最大为 0.9811，夏季的 Hurst 指数最小为 0.5540，都表现出很强的持续性。

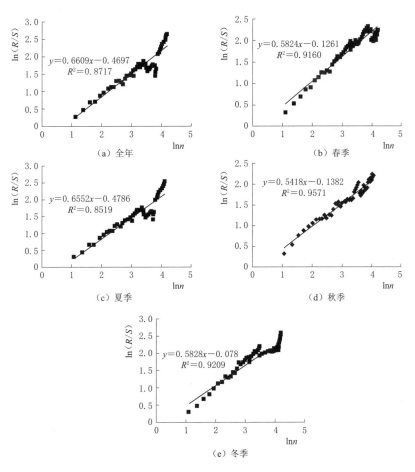

图 7-17　昌马堡站全年及四季输沙率的 Hurst 指数计算结果图

表 7-11　　　　　　潘家庄站全年及四季输沙率的 Hurst 指数计算结果表

项目	全年	春季	夏季	秋季	冬季
Hurst 指数	0.5314	0.9811	0.5540	0.6789	0.9480
R^2	0.9015	0.9839	0.9392	0.9273	0.9279

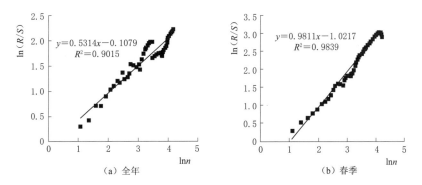

图 7-18（一）　潘家庄站全年及四季输沙率的 Hurst 指数计算结果图

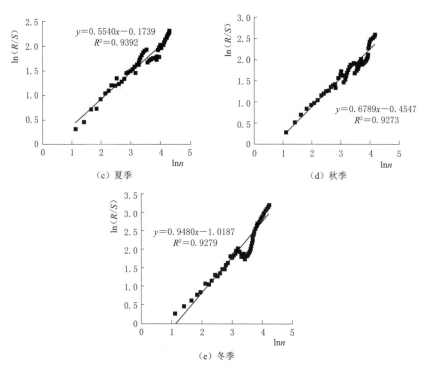

图 7-18（二）　潘家庄站全年及四季输沙率的 Hurst 指数计算结果图

7.8.3　党城湾站

党城湾站全年及春、夏、秋、冬四季输沙率的 Hurst 指数计算结果见图 7-19 和表 7-12。结合计算结果可知，该站全年及春、夏、秋、冬四季输沙率的 Hurst 指数分别为 0.6672、0.6563、0.6622、0.8678、0.8718，均大于 0.5，这表明未来输沙率量将与过去 49 年的变化趋势相同，即表现出持续性特征，故可预测未来一段时间该站输沙率量将出现上升趋势。其中冬季的 Hurst 指数最大为 0.8718，春季的 Hurst 指数最小为 0.6563，都表现出较强的持续性。

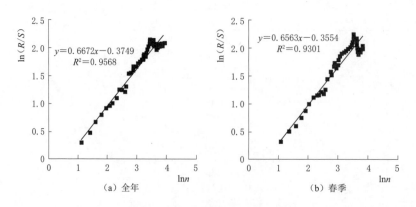

图 7-19（一）　党城湾站全年及四季输沙率的 Hurst 指数计算结果图

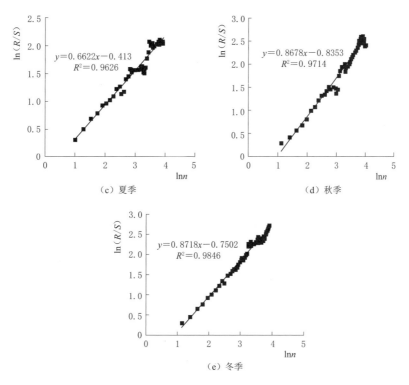

图 7-19（二） 党城湾站全年及四季输沙率的 Hurst 指数计算结果图

表 7-12　　　　　　　党城湾站全年及四季输沙率的 Hurst 指数计算结果表

项目	全年	春季	夏季	秋季	冬季
Hurst 指数	0.6672	0.6563	0.6622	0.8678	0.8718
R^2	0.9568	0.9301	0.9626	0.9714	0.9846

7.9　输沙率集中度与不均匀性变化分析

7.9.1　昌马堡站

　　昌马堡站输沙率集中度的年际变化如图 7-20 所示。昌马堡站输沙率集中度的多年平均值为 0.89，变化范围为 0.78~0.97，最大值 0.97 出现在 2016 年，最小值 0.78 出现在 2003 年，极差值为 0.19，极差比为 1.25。昌马堡站输沙率集中度呈现微弱的上升趋势，倾向率为 0.006/10 年。如果集中度的值比多年平均值小，则年输沙率较分散；反之，集中度比多年平均值大，则年输沙率相对集中。1956—2020 年，昌马堡站输沙率集中度有 41 年大于多年平均值，说明输沙率分配较集中，集中度越大输沙率越集中，越容易出现灾情。

　　从图 7-21 可以看出，昌马堡站 65 年输沙率年内分配不均匀系数的多年平均值为 0.70，变化范围为 0.57~0.81，最大值 0.81 出现在 1996 年，最小值 0.57 出现在 2003 年。昌马堡站 65 年以来输沙率不均匀系数呈递增趋势，倾向率为 0.004/10 年。

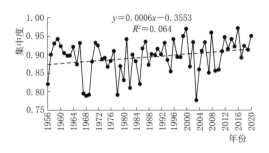 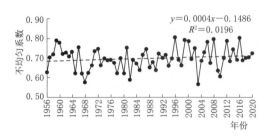

图 7-20　昌马堡站输沙率集中度的年际变化图　　图 7-21　昌马堡站输沙率不均匀系数的年际变化图

7.9.2　潘家庄站

潘家庄站输沙率集中度的年际变化如图 7-22 所示。潘家庄站输沙率集中度的多年平均值为 0.72，变化范围为 0.21~0.98 最大值 0.98 出现在 1981 年，最小值 0.21 出现在 1980 年，极差值为 0.76，极差比为 4.56。潘家庄站输沙率集中度呈现上升趋势，倾向率为 0.031/10 年。如果集中度的值比多年平均值小，则年输沙率较分散；反之，集中度比多年平均值大，则年输沙率相对集中。1956—2020 年，潘家庄站输沙率集中度有 40 年大于多年平均值，说明输沙率分配较集中，集中度越大输沙率越集中，越容易出现灾情。

从图 7-23 可以看出，潘家庄站 6 年输沙率年内分配不均匀系数的多年平均值为 0.62，变化范围为 0.33~0.87，最大值 0.87 出现在 1981 年，最小值 0.33 出现在 1965 年。潘家庄站 65 年以来输沙率不均匀系数呈递增趋势，倾向率为 0.013/10 年。

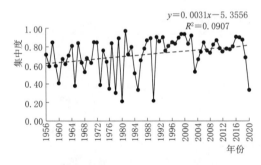 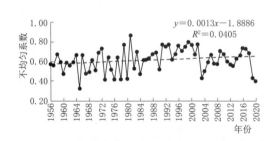

图 7-22　潘家庄站输沙率集中度的年际变化图　　图 7-23　潘家庄站输沙率不均匀系数的年际变化图

7.9.3　党城湾站

党城湾站输沙率集中度的年际变化如图 7-24 所示。党城湾站输沙率集中度的多年平均值为 0.70，变化范围为 0.50~0.92，最大值 0.92 出现在 2012 年，最小值 0.50 出现在 2013 年，极差值为 0.42，极差比为 1.84。党城湾站输沙率集中度呈现上升趋势，倾向率为 0.007/10 年。如果集中度的值比多年平均值小，则年输沙率较分散；反之，集中度比多年平均值大，则年输沙率相对集中。1972—2020 年，党城湾站输沙率集中度有 23 年大于多年平均值，说明输沙率分配较集中，集中度越大输沙率越集中，容易出现灾情。

从图 7-25 可以看出，党城湾站 49 年输沙率年内分配不均匀系数的多年平均值为 0.55，变化范围为 0.34~0.82，最大值 0.82 出现在 2009 年，最小值 0.34 出现在 2014 年。党城湾站 49 年以来输沙率不均匀系数呈递增趋势，倾向率为 0.004/10 年。

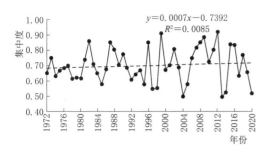 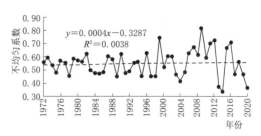

图 7 - 24 党城湾站输沙率集中度的年际变化图　　图 7 - 25 党城湾站输沙率不均匀系数的年际变化图

7.10 小 结

基于疏勒河昌马堡站、潘家庄站 1956—2020 年，党城湾站 1972—2020 的月、年平均输沙数据，研究输沙率时空变化特征，分析结果如下：

（1）疏勒河昌马堡站、潘家庄站和党城湾站多年平均输沙率分别为 1282.69kg/s、807.71kg/s、249.19kg/s；昌马堡站和潘家庄站的年输沙率分别以 146.73/10 年，51.81/10 年的趋势增加，而党城湾站以 8.128/10 年的速率下降，65 年、65 年、49 年分别增加和减少了 953.75kg/s，336.77kg/s 和 39.83kg/s。

（2）疏勒河流域昌马堡站 20 世纪 50—90 年代输沙率较低，21 世纪 00—10 年代输沙率相对较高；潘家庄站 20 世纪 50—70 年代和 21 世纪 10 年代输沙率相对较低，20 世纪 80—90 年代和 21 世纪 00 年代输沙率相对较高；党城湾站 20 世纪 80—90 年代和 21 世纪 10 年代输沙率较低，20 世纪 70 年代和 21 世纪 00 年代输沙率相对较高。

（3）疏勒河流域昌马堡站、潘家庄站、党城湾站均呈现夏季输沙率增加对平均输沙率增加的贡献最大，春季最小。

（4）疏勒河流域输沙率空间变化呈现自西向东递增，全年输沙率表现出昌马堡站明显大于其余水文站；春季输沙率表现出党城湾站＞潘家庄站＞昌马堡站；夏季输沙率表现出昌马堡站大于其他站，分布与全年一致；秋季、冬季输沙率表现出潘家庄站＞昌马堡站＞党城湾站。

（5）对昌马堡站、潘家庄站和党城湾站实测输沙率数据进行突变检验分析，得到昌马堡站平均输沙率在 1972 年、1994 年发生突变；潘家庄站平均输沙率在 1994 年左右发生突变；党城湾站平均输沙率在 1978 年、1990 年、2005 年和 2017 年左右发生突变。

（6）疏勒河流域昌马堡站全年及夏、秋两季输沙率均呈现上升趋势，其中，全年和夏季增加趋势显著，秋季节增加趋势不显著，春季、冬季呈现下降趋势，下降趋势都不显著；潘家庄站全年和夏季、秋季均呈现上升趋势，春季和冬季呈现下降趋势，全年和秋季上升趋势不显著，秋季显著，春季和冬季下降趋势均显著；党城湾站全年及春季、冬季输沙率均呈现下降趋势，其中，全年和冬季下降趋势显著，春季不显著，夏季和秋季呈现上升趋势，增加趋势显著。

（7）疏勒河昌马堡站全年输沙率的第一主周期为 51 年，潘家庄站第一主周期为 53

年，党城湾站第一主周期为 29 年。昌马堡站春、夏、冬三季输沙率的第一主周期为 51 年左右，秋季第一主周期为 34 年；潘家庄站春、秋、冬三季输沙率的第一主周期为 40 年左右，夏季为 54 年；党城湾站夏、秋、冬三季输沙率的第一主周期为 30 年左右，春季为 36 年。

（8）疏勒河流域昌马堡站、潘家庄站和党城湾站全年及四季输沙率的 Hurst 指数计算结果都表现出较强的正持续性特征，未来输沙率将出现增长趋势。

（9）疏勒河昌马堡站、潘家庄站、党城湾站年输沙率的不均匀系数、集中度等年内分配指标均呈上升趋势。

第8章

疏勒河流域潜在蒸散发时空演变研究

选取疏勒河流域及周边 10 个气象站点 1984—2019 年的气象观测资料（包括气温、相对湿度、降水、风速、日照等），采用 1998 年联合国粮农组织（FAO）修正后的 Penman-Monteith 公式计算潜在蒸散量，分析了疏勒河流域潜在蒸散发年变化、年代际变化、季节变化和空间变化特征，并分析了潜在蒸散发突变性、持续性、不均匀性和集中度变化。

8.1 潜在蒸散发年变化规律

疏勒河流域 1984—2019 年多年平均潜在蒸散发（ET_0）时间序列整体呈现显著的上升趋势，线性倾向变化率 2.92mm/年，M-K 统计量 Z 为 3.45，达到 0.05 显著性水平，2017 年 ET_0 为 1266.58mm 是时间序列的极大值，1993 年 ET_0 为 1038.89mm 是极小值，ET_0 围绕多年平均水平 1128.03mm 呈波动上升变化，ET_0 年变化特征曲线如图 8-1 所示。疏勒河流域地处河西走廊最西端，属于典型大陆干旱气候，年降雨量小，蒸发强烈，是甘肃省干旱程度最严重的地区之一，全流域 ET_0 均在 1000mm 以上。

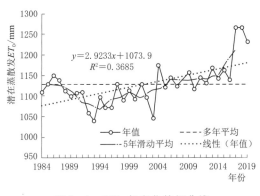

$y = 2.9233x + 1073.9$
$R^2 = 0.3685$

图 8-1 ET_0 年变化特征曲线

8.2 潜在蒸散发年际变化空间分布特征

ET_0 线性变化率空间分布结果如图 8-2 所示。线性变化率空间分布与 ET_0 检验统计量 Z 空间分布大体一致，高值区位于敦煌东部、瓜州中部、肃北县北部一带，线性变化率为 2.51～4.51mm/年，由高值区向四周过渡延伸到低值区，低值区位于玉门市等地，线性变化率为 -2.29mm/年，高值区呈显著上升趋势（$Z > 1.96$），低值区呈显著下降趋势（$Z < -1.96$），流域其他区域变化不明显，不同区域 ET_0 变化率存在差异。

基于反距离权重法插值得到 M-K 检验 ET_0 统计量 Z 的空间分布结果如图 8-3 所示。信度 90％、95％的置信区间临界值分别为 1.28、1.96，｜Z｜大于该临界值表示达到了 0.1、0.05 显著性水平。流域各站点 M-K 检验 ET_0 统计量 Z 的计算结果显示，除青海大柴旦站 Z 值 0.36，未达到 0.1 显著性水平，疏勒河其他区域｜Z｜值均大于 1.28，通过了信度 90％的显著性检验，由于 Z 值存在正负值，正负高值之间插值产生中间值区域，流域 ET_0 年际变化基本都达到 0.1 显著水平，变化趋势显著的站点占比 90％。

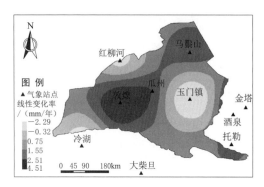

图 8-2　ET_0 线性变化率空间分布图

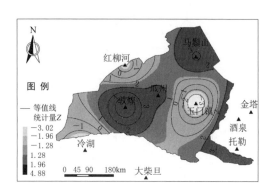

图 8-3　ET_0 统计量 Z 的空间分布图

8.3　潜在蒸散发季节变化规律

1984—2019 年疏勒河流域 ET_0 春、夏、秋、冬四季 ET_0 年际变化分别如图 8-4、图 8-5、图 8-6、图 8-7 所示。流域春季、夏季、秋季、冬季的 ET_0 均值分别为 346.55mm、489.15mm、214.56mm、77.77mm，夏季 ET_0 最大，其次春季、秋季，冬季最小，且夏季与冬季之比是 6.29 倍，春季与秋季之比是 1.62 倍，年内分布不均匀，四季分别占比 30.72％、43.36％、19.02％、6.90％。春季、夏季、秋季线性变化率分别为 1.1144mm/年、1.3266mm/年、0.4494mm/年，整体呈现增加变化，冬季变化不显著，在均值周围波动。

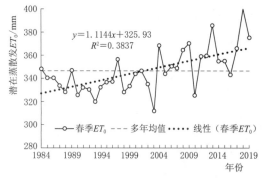

图 8-4　春季 ET_0 年际变化图

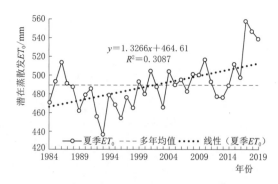

图 8-5　夏季 ET_0 年际变化图

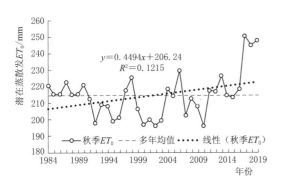

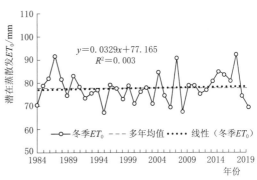

图 8-6　秋季 ET_0 年际变化图　　　　　图 8-7　冬季 ET_0 年际变化图

8.4　潜在蒸散发空间变化特征与规律

疏勒河流域多年平均 ET_0 由东南向西北呈现增加的趋势，波动范围为 764.07～1452.57mm。ET_0 低值区位于青海省天峻县，最小值介于 764.07～923.37mm 之间；中

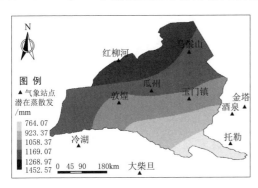

图 8-8　ET_0 年值空间变化图

值区位于肃北县南部、瓜州县南部、敦煌市以东、玉门市，ET_0 处于 923.37～1169.07mm 之间；流域高值区位于肃北县北部、瓜州县北部、敦煌市西部、阿克塞县西部，ET_0 在 1169.07～1452.57mm 之间变化，ET_0 年值空间变化图如图 8-8 所示。区域地理环境差异导致 ET_0 空间分布差异，流域从南到北横跨了南部祁连山、中部走廊平原、北部马鬃山，气候类型依次为高寒半干旱湿润区、温凉干旱区、温暖干旱区，不同的气候类型及地形条件，使降水量、温度、蒸发量等都存在地理差异。

春、夏、秋、冬四季 ET_0 空间分布整体上基本一致，如图 8-9、图 8-10、图 8-11 和图 8-12 所示。ET_0 由东南向西北逐渐递增，与 ET_0 年值空间分布一致。ET_0 低值区分布在青海省天峻县、肃北东南部一带，春、夏、秋、冬四季变化区间分别为 235.80～310.45mm、327.63～440.68mm、154.04～194.68mm、67.44～74.42mm；高值区位于流域西北部肃北县、瓜州、敦煌以北，春、夏、秋、冬四季变化区间分别为 361.96～425.41mm、527.74～657.68mm、226.91～272.69mm、79.51～82.91mm，北部马鬃山地区、敦煌、瓜州为流域下游荒漠地带，降水大部分集中在南部祁连山区，西北部降水少，蒸发强烈，且与库姆塔格沙漠连接。

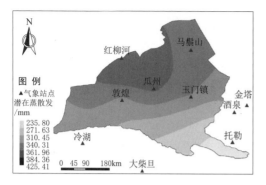

图 8 - 9　春季 ET_0 空间分布图

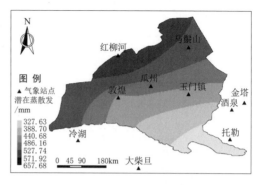

图 8 - 10　夏季 ET_0 空间分布图

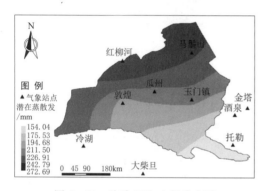

图 8 - 11　秋季 ET_0 空间分布图

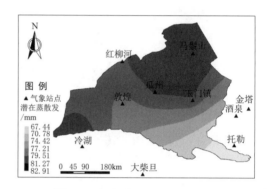

图 8 - 12　冬季 ET_0 空间分布图

8.5　潜在蒸散发突变性分析

1984—2019 年疏勒河流域 ET_0 时间序列 M - K 突变检验结果显示，在 2003 年发生突变，1984—2003 年呈减少变化（$U_{fk} < 0$），均值 1098.77mm，2004—2019 年呈增加变化（$U_{fk} > 0$），均值 1164.61mm，2004—2019 年较 1984—2003 年年均增加 5.99%，M - K 突变检验曲线见图 8 - 13。ET_0 累积距平变化曲线图（图 8 - 14）与 M - K 突变检验结果一致。1984—2003 年潜在蒸散发低于多年平均值，2004—2019 年高于多年平均值，总体呈上升趋势。

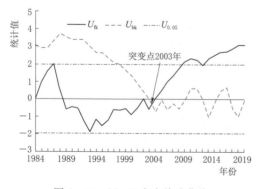

图 8 - 13　M - K 突变检验曲线

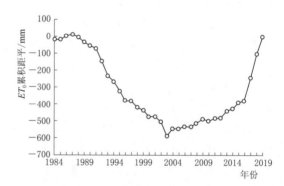

图 8 - 14　ET_0 累积距平变化曲线

8.6 潜在蒸散发持续性分析

Hurst 指数可以定量表征时间序列的长期相关性，其值大小可作为时间序列是否存在趋势性成分的依据，一般通过 R/S 分析计算 Hurst 指数值。疏勒河 ET_0 年值时间序列 Hurst 指数为 0.334，属于 $0 \leqslant H < 0.5$ 范畴，表明未来疏勒河流域 ET_0 在均值附近波动，变化趋势不显著，具体如图 8-15 所示。

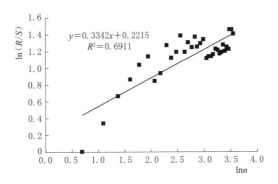

图 8-15 ET_0 时间序列的 Hurst 指数计算结果图

8.7 潜在蒸散发集中度与不均匀性变化分析

1984—2019 年疏勒河流域 ET_0 月均变化曲线如图 8-16 所示。月均 ET_0 在 4—8 月总占比 67.40%，各月占比均在 10% 以上；7 月占比最大 15.16%，12 月占比最小 1.83%。

基尼系数（Gini coefficient，Gini）是一个衡量居民内部收入分配差异程度的指标，实质是对分布均匀度的量化分析，将其用于分析 ET_0 年内分布均匀度。Gini 取值介于 0~1 之间。Gini 值在 0.2 以下，ET_0 年内分配绝对平均；在 0.2~0.3 之间，相对平均；0.3~0.4 之间表示比较合理；0.4~0.5 差距偏大；0.5 以上为高度不平均。Gini 值越小，ET_0 年内分配越均匀；反之，则越不均匀。ET_0 Gini 值为 0.335，介于 0.3~0.4 之间，表明 ET_0 年内分布比较合理。

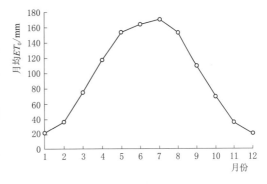

图 8-16 1984—2019 年疏勒河流域 ET_0 月均变化曲线

集中指数（Concentration Index，CI）引入到 ET_0 年内分配分析中，CI 取值介于 8.33~100。当 $CI = 8.33$ 时，年 ET_0 均匀分配在 12 个月内；$8.33 < CI < 10$ 时，差异不

大；$10 \leqslant CI \leqslant 20$，$ET_0$ 年内呈季节性变化；$CI > 20$ 时，ET_0 月际变化显著；$CI = 100$ 时，ET_0 全部集中在 1 个月内。ET_0 的 CI 为 11.251，介于 11～20，ET_0 年内呈季节性变化，主要集中在春季和夏季，分别占比 30.72%、43.36%。

8.8　小　　结

基于疏勒河流域 10 个气象站点数据，研究流域潜在蒸散发变化特征，分析结果如下：

（1）疏勒河流域 1984—2019 年年均 ET_0 时间序列整体呈现显著的上升趋势，线性倾向变化率为 2.92mm/年。

（2）疏勒河流域 ET_0 线性变化率空间分布高值区位于敦煌东部、瓜州中部、肃北县北部一带，由高值区向四周过渡延伸到低值区；低值区位于玉门市等地，流域其他区域变化不明显，不同区域 ET_0 变化率存在差异。

（3）疏勒河流域 ET_0 四季中夏季 ET_0 最大，其次春季、秋季，冬季最小；春季、夏季、秋季线性变化率分别为 1.11mm/年、1.33mm/年、0.45mm/年，整体呈现增加变化；冬季变化不显著，在均值周围波动。

（4）疏勒河流域多年平均 ET_0 由东南向西北呈现增加的趋势，波动范围为 764.07～1452.57mm。

（5）疏勒河流域 ET_0 时间序列 M－K 检验法计算结果显示，在 2003 年发生突变，2003 年为突变年份。

（6）疏勒河 ET_0 年值时间序列 Hurst 指数 0.334，属于 $0 \leqslant H < 0.5$ 范畴，表明未来疏勒河流域 ET_0 在均值附近波动，变化趋势不显著。

（7）疏勒河流域 ET_0 Gini 值为 0.335，介于 0.3～0.4 之间，表明 ET_0 年内分布比较合理。流域 ET_0 CI 值为 11.251，介于 11～20，ET_0 年内呈季节性变化，主要集中在春季和夏季，分别占比 30.72% 和 43.36%。

第9章

结 论 与 展 望

9.1 结 论

9.1.1 疏勒河流域气温的时空演变特征与模拟研究

采用疏勒河流域敦煌站、瓜州站 1951—2020 年和玉门站 1953—2020 年逐月气温实测资料，采用多种方法，分析了气温的时空演变特性，并进行了模拟研究，主要结论如下：

（1）疏勒河流域敦煌站、瓜州站、玉门站多年平均气温分别为 9.77℃、9.08℃、7.30℃，不同站点呈现不同变化速率。总体上，疏勒河流域年气温呈现不同程度的增加趋势，气温均呈现不同时段升降变化过程。

（2）疏勒河流域不同站点气温呈现不同年代际变化规律。总体上，疏勒河流域气温年代际呈现 20 世纪 70 年代和 80 年代均低于多年平均值，21 世纪 00 年代和 10 年代均高于多年平均值。

（3）敦煌站、玉门站呈现春季气温增加对平均气温增加的贡献最大，瓜州站呈现冬季气温增加对平均气温增加的贡献最大。疏勒河流域三个气象站全年、春季、夏季、秋季、冬季从东往西气温依次增加，从南到北先减少后增加。

（4）疏勒河流域敦煌站、瓜州站、玉门站全年和不同季节气温表现不同程度突变，呈现不同时间突变点。

（5）疏勒河流域敦煌站全年及四季气温均呈现上升趋势，且增加趋势显著；瓜州站全年及四季气温均呈现上升趋势，其中全年、春季、秋季、冬季增加趋势显著，夏季增加趋势不显著；玉门站全年及四季气温均呈现上升趋势，且增加趋势显著；流域不同站点全年及四季气温周期性呈现不同变化特征和变化规律。

（6）疏勒河流域敦煌站、瓜州站、玉门站全年及四季气温的 Hurst 指数总体上均大于 0.5，表明这三个站表现出正持续性特征，未来气温将出现增长趋势。流域年气温的不均匀系数、集中度等年内分配指标均呈下降趋势，表明年内分配过程逐渐趋向均匀。通过 BP 神经网络模型预测，疏勒河年气温总体在未来 6 年继续呈上升趋势，各个站预测结果不同。

9.1.2 疏勒河流域降水的时空演变特征与模拟研究

采用疏勒河流域昌马堡站 1956—2020 年、潘家庄站 1959—2020 年和双塔堡水库站、党城湾站、党河水库站 1960—2020 年逐月降水量实测资料，采用多种方法，分析了降雨的时空演变特性，并进行了模拟研究变化规律，主要结论如下：

（1）疏勒河流域昌马堡站、潘家庄站、双塔堡水库站、党城湾站、党河水库站多年平均降水量分别为 96.4mm、51.4mm、52.43mm、61.3mm 和 51.8mm，不同站点呈现不同变化速率。总体上，疏勒河流域年降水量呈现不同程度的增加趋势，降水量均呈现不同时段升降变化过程。

（2）疏勒河流域不同站点降水量呈现不同年代际变化规律。总体上，疏勒河流域降水量年代际呈现 20 世纪 60 年代和 90 年代均低于多年平均值，20 世纪 70 年代和 21 世纪 10 年代均高于多年平均值。

（3）昌马堡站、双塔堡水库站和党城湾站分别呈现夏季降水量增加对平均降水量增加的贡献最大，潘家庄站和党河水库站秋季降水量增加对平均降水量增加的贡献最大。疏勒河流域全年、春季、夏季、秋季五个水文站从东往西降水量依次减少，从南到北也依次减少，冬季从西南往东北降水量依次减少。

（4）疏勒河流域昌马堡站、潘家庄站、双塔堡水库站、党城湾站和党河水库站年平均和不同季节降水量表现不同程度突变，呈现不同时间突变点。

（5）疏勒河流域昌马堡站全年及四季降水均呈现上升趋势，其中，全年和春季增加趋势显著，其他几个季节增加趋势不显著；潘家庄站、双塔堡水库站和党河水库站全年和夏季、秋季、冬季均呈现上升趋势，春季呈现下降趋势，全年及四季上升下降趋势均不显著；党城湾站全年及四季降水均呈现上升趋势，其中，全年和夏季增加趋势显著，其他几个季节增加趋势不显著。流域不同站点全年及四季降水量周期性呈现不同变化特征和变化规律。

（6）疏勒河流域昌马堡站、潘家庄站、双塔堡水库站、党城湾站、党河水库站全年及四季降水的 Hurst 指数总体上均大于 0.5，表明这 5 个站表现出正持续性特征，未来降水量将出现增长趋势。流域年降水量的不均匀系数、集中度等年内分配指标均呈下降趋势，表明年内分配过程逐渐趋向均匀。通过 BP 神经网络模型预测，疏勒河流域年降水量总体在未来 5 年继续呈上升趋势，各个站呈现不同预测结果。

9.1.3 疏勒河流域径流的时空演变特征与模拟研究

采用疏勒河流域昌马堡站 1956—2020 年、潘家庄站 1959—2020 年和双塔堡水库站 1956—2020 年、党城湾站 1966—2020 年、党河水库站 1977—2020 年逐月径流量实测资料，采用多种方法，分析了径流的时空演变特性，并进行了模拟研究，主要结论如下：

（1）疏勒河流域昌马堡站、潘家庄站、双塔堡水库站、党城湾站、党河水库站多年平均径流量分别为 10.22 亿 m^3、2.89 亿 m^3、3.21 亿 m^3、3.65 亿 m^3 和 3.46 亿 m^3，不同站点呈现不同变化速率。总体上，疏勒河流域年径流量呈现不同程度的增加趋势，径流量均呈现不同时段升降变化过程。

（2）疏勒河流域不同站点径流量呈现不同年代际变化规律。总体上，疏勒河流域径流量年代际呈现 20 世纪 60—90 年代均低于多年平均值，21 世纪 00 年代和 10 年代均高于多年平均值。

(3) 昌马堡站、潘家庄站、党城湾站和党河水库分别呈现夏季径流量增加对平均径流量增加的贡献最大,双塔堡水库站冬季径流量增加对平均径流量增加的贡献最大。

(4) 疏勒河流域昌马堡站、潘家庄站、双塔堡水库站、党城湾站和党河水库站年平均和不同季节径流量表现不同程度突变,呈现不同时间突变点。

(5) 疏勒河流域昌马堡站、双塔堡水库站、党城湾站和党河水库站全年和四季均呈现上升趋势;潘家庄站除冬季外,其他季节和全年径流呈上升趋势。流域不同站点全年及四季径流周期性呈现不同变化特征和变化规律。

(6) 疏勒河流域昌马堡站、潘家庄站、双塔堡水库站、党城湾站、党河水库站全年及四季径流的 Hurst 指数总体上均大于 0.5,表明这 5 个站表现出正持续性特征,未来径流量将出现增长趋势。流域内昌马堡站和双塔堡水库站径流量的不均匀系数、集中度等年内分配指标均呈下降趋势,表明年内分配过程逐渐趋向均匀,潘家庄站、党城湾站和党河水库站径流量的不均匀系数、集中度等年内分配指标均呈略微上升趋势,表明年内分配过程逐渐趋向不均匀。通过灰色模型预测,疏勒河年径流量总体在未来 10 年继续呈上升趋势,各个站呈现不同预测结果。

9.1.4 疏勒河流域水面蒸发的时空演变特征与模拟研究

采用昌马堡站、双塔堡水库站、党城湾站、党河水库站 1980—2020 年逐月、逐年水面蒸发实测资料,采用多种方法,分析了水面蒸发的时空演变特性,并进行了模拟研究,主要结论如下:

(1) 疏勒河流域昌马堡站、双塔堡水库站、党城湾站、党河水库站多年平均水面蒸发量分别为 1745.51mm、1996.61mm、1374.98mm、1748.85mm,各站点变化率略有不同。总体上,疏勒河流域年水面蒸发量呈现不同程度减少变化趋势。

(2) 疏勒河流域不同站点水面蒸发量年代际变化呈现不同变化规律。总体上,流域 21 世纪 10 年代水面蒸发量低于多年平均值;20 世纪 90 年代和 21 世纪 00 年代水面蒸发量高于多年平均值。

(3) 疏勒河流域昌马堡站、双塔堡水库站、党城湾站、党河水库站均表现为夏季水面蒸发量减少对年水面蒸发量减少的贡献最大。流域年水面蒸发量总体由北向南呈先增加后减少趋势,由西向东呈先减后增趋势,四季水面蒸发量总体均由南向北呈先增加后减少趋势,由西向东呈先减后增趋势。流域不同站点全年及四季水面蒸发周期性差异较大。

(4) 流域内全年及四季水面蒸发量呈现不同时间点突变,突变时间点集中在 20 世纪 80 年初、21 世纪 10 年代末。

(5) 流域内昌马堡站全年和春季水面蒸发量表现为增加趋势,夏季、秋季、冬季表现为减少趋势,增加、减少趋势均不显著;双塔堡水库站、党城湾站、党河水库站全年及四季水面蒸发量均表现为减少趋势,其中党城湾站全年、春季、夏季、冬水面蒸发量减少趋势不显著,其余减少趋势均十分显著。

(6) 疏勒河流域昌马堡站、双塔堡水库站、党城湾站、党河水库站全年及四季水面蒸发量的 Hurst 指数均表现为正持续性特征,这表明未来流域水面蒸发量整体将会出现减少趋势。疏勒河流域各站点集中度与不均匀系数均呈下降趋势,蒸发量年内逐渐均匀化。

通过 BP 神经网络模型预测，疏勒河水面蒸发量总体在未来 4 年继续呈下降趋势，各个站呈现不同预测结果。

9.1.5 疏勒河流域泥沙的时空演变与模拟研究

采用昌马堡站和潘家庄站 1956—2020 年、党城湾站 1972—2020 年逐月、逐年输沙率实测资料，采用多种方法，分析了输沙率的时空演变特性，并进行了模拟研究，主要结论如下：

（1）疏勒河流域昌马堡站、潘家庄站和党城湾站多年平均输沙率分别为 1282.69kg/s、807.71kg/s、249.19kg/s，不同站点呈现不同变化速率。总体上，疏勒河流域年泥沙量呈现不同的升降趋势。

（2）疏勒河流域不同站点输沙率呈现不同年代际变化规律。总体上，疏勒河流域输沙率年代际呈现不同变化特征。

（3）疏勒河流域昌马堡站、潘家庄站、党城湾站都是夏季输沙率增加对平均输沙率增加的贡献最大，春季最小。疏勒河流域输沙率空间变化自西向东递增，全年输沙率表现出昌马堡站明显大于其余水文站。

（4）疏勒河流域昌马堡站、潘家庄站、党城湾站年平均和不同季节输沙率表现不同程度突变，呈现不同时间突变点。

（5）疏勒河流域昌马堡站全年及夏、秋两季泥沙均呈现上升趋势，其中，全年和夏季增加趋势显著，秋季节增加趋势不显著，春季、冬季呈现下降趋势，下降趋势都不显著；潘家庄站全年和夏季、秋季均呈现上升趋势，春季和冬季呈现下降趋势，全年和秋季上升趋势不显著，秋季显著，春季和冬季下降趋势均显著；党城湾站全年及春季、冬季泥沙均呈现下降趋势，其中，全年和冬季下降趋势显著，春季不显著，夏季和秋季呈现上升趋势，增加趋势显著。流域不同站点全年及四季输沙率周期性呈现不同变化特征和变化规律。

（6）疏勒河流域昌马堡站、潘家庄站和党城湾站全年及四季输沙率 Hurst 指数计算结果都表现出较强的持续性，未来泥沙量将出现增长趋势。三个站的年输沙率的不均匀系数、集中度等年内分配指标均呈上升趋势。

9.1.6 疏勒河流域潜在蒸散发的时空演变特征

基于疏勒河流域 10 个气象站点数据，研究流域潜在蒸散发的时空演变特征，主要结论如下：

（1）疏勒河流域 1984—2019 年年均 ET_0 时间序列整体呈现显著的上升趋势，线性倾向变化率为 2.92mm/年；多年平均 ET_0 由东南向西北呈现增加的趋势，波动范围为 764.07～1452.57mm；四季中夏季 ET_0 最大，其次春季、秋季，冬季最小；春季、夏季、秋季整体呈现增加变化；冬季变化不显著，在均值周围波动。

（2）疏勒河流域 ET_0 线性变化率空间分布高值区位于敦煌东部、瓜州中部、肃北县北部一带，由高值区向四周过渡延伸到低值区；低值区位于玉门市等地，流域其他区域变化不明显，不同区域 ET_0 变化率存在差异。

（3）疏勒河流域 ET_0 时间序列 M-K 突变检验显示 2003 年为突变年份。

（4）疏勒河 ET_0 年值时间序列 Hurst 指数为 0.334，表明未来疏勒河流域 ET_0 在均值附近波动，变化趋势不显著；Gini 值为 0.335，表明 ET_0 年内分布比较合理；CI 为 11.251，表明 ET_0 年内呈季节性变化，主要集中在春季和夏季。

9.2 展　　望

变化环境下水文气象要素受到多方面因素影响，涉及领域广泛，且过程纷繁复杂。本书运用水文气象相关统计方法，分析了各水文气象要素演变规律和变化特征，并对相关要素进行了模拟预测，取得了一定成果，得出了相关结论，但仍存在诸多不足之处，有待进一步研究与探讨：

（1）限于当前研究方法与技术水平，水文气象要素的归因分析均是基于气候因素与人为因素相互独立的假定下进行的，尚不能综合考虑气候变化和人类活动的双重影响，未来应继续深入研究其两者的耦合作用。

（2）本书虽然系统地讨论了气温、降水、径流、水面蒸发、泥沙、潜在蒸散发等水文气象要素的变化规律和演变特征以及突变性、趋势性、周期性、持续性等方面的研究内容，但并未量化各水文气象要素之间的相互关联性，亟待建立水文气象要素相关关系变异诊断体系，后续研究中应加强不同水文气象要素相关关系诊断方法体系研究，加强各要素之间相互作用机制和影响研究。

（3）随着气候变化和人类活动不断加剧，区域性的水文极端事件频发，其所造成的灾难性后果难以预估。本书并未对变化环境下极端水文气象要素的变化特征进行研究，因此在后续研究中，利用多概率拟合模型对极端水文气象要素进行频率分析，找出最适合该流域的分布函数，计算得到极端水文气象要素的重现期等特征；同时利用相关模拟软件或模型进一步计算水文气象要素之间的联合重现期和同现重现期，以期能够为相关部门在应对极端气候方面提供一定的科学指导与相关预警。

（4）本书利用相关模拟模型对流域水文气象要素进行了模拟预测，但没有充分考虑不同要素的影响和研究区下垫面变化的影响，后续研究需采用包含物理机制的区域模型来充分研究下垫面变化，并进一步评估其对未来水文气象要素变化的影响。同时由于水文模型和全球气候模式均存在一定的不确定性，各种不同模型的适用范围等方面有一定要求，需要更进一步对预测结果的可靠性、模型精度加强研究，更需要加强不同水文气象要素耦合模型的开发和研究，后续研究中将基于 CMIP5/CMIP6 的气候模式，通过耦合水文气象模型和降尺度模型，生成未来气候情景数据，模拟流域未来气候变化下的水文气象响应过程。

（5）人类活动、流域下垫面特征以及气候环境等为影响流域泥沙变化的主要因素，对于同一流域其年际面积变化保持相对稳定，而人类活动与降雨因素通常可发生变化。地表产沙的主要驱动力为流域降水，地表产水产沙与流域的时空分布状态密切相关，而流域下垫面特征在土地利用、水土保持等人类活动下可发生显著变化，从而改变了流域产汇流机制，因此可认为导致流域水沙量变化的直接与根本原因为降水和人类活动。后续研究中需加强人类活动影响下流域水沙关系、流域泥沙变化情况预测研究、泥沙变化主要影响因素和作用机制研究以及泥沙连通性等方面的研究。

参 考 文 献

鲍振鑫，张建云，严小林等，2014. 环境变化背景下海河流域水文特征演变规律 [J]. 水电能源科学，32 (10)：1-5.

曹春号，杨启良，李加念，等，2019. 脉冲式蒸发器水面蒸发量手机在线检测装置研制 [J]. 农业工程学报，35 (01)：106-113.

常继青，牛最荣，2014. 甘肃黄河流域与疏勒河流域降水径流变化特性对比分析 [J]. 水文，34 (5)：94-96.

陈宏，尉英华，王颖，等，2017. 基于 VIC 水文模型的滦河流域径流变化特征及其影响因素 [J]. 干旱气象，35 (5)：776-783.

陈华，郭生练，郭海晋，等，2006. 汉江流域 1951-2003 年降水气温时空变化趋势分析 [J]. 长江流域资源与环境 (3)：340-345.

陈利群，刘昌明，郝芳华，等，2006. 黄河源区气候对径流的影响分析 [J]. 地学前缘 (5)：321-329.

陈乾，陈添宇，1993. 用 NOAA 卫星气象资料计算复杂地形下的流域蒸散 [J]. 地理学报 (1)：61-69.

陈钟望，2017. 气候变化下我国径流的时空演变 [D]. 北京：清华大学.

陈忠升，2016. 中国西北干旱区河川径流变化及归因定量辨识 [D]. 上海：华东师范大学.

程炳岩，丁裕国，何卷雄，等，2003，全球变暖对区域极端气温出现概率的影响 [J]. 热带气象学报，19 (4)：429-434.

程玉菲，程文举，胡想全，等，2019. 疏勒河流域极端水文事件对极端气候的响应 [J]. 高原气象，38 (3)：583-592.

丁海舟，2020. 岷江上游流域水文气象要素的非平稳性研究 [D]. 成都：电子科技大学.

段亮亮，满秀玲，俞正祥，等，2017. 森林干扰对大兴安岭北部森林小流域径流情势的影响 [J]. 生态学报，37 (5)：1421-1430.

杜勤勤，张明军，王圣杰，等，2018. 中国气温变化对全球变暖停滞的响应 [J]. 地理学报，73 (9)：1748-1764.

范文波，吴普特，韩志全，等，2012. 玛纳斯河流域 ET_0 影响因子分析及对 Hargreaves 法的修正 [J]. 农业工程学报，28 (8)：19-24.

樊晶晶，2016. 变化环境下水文要素变异研究 [D]. 西安：西安理工大学.

冯家豪，赵广举，穆兴民，等，2020. 黄河中游区间干支流径流变化特征与归因分析 [J]. 水力发电学报，39 (8)：90-103.

冯钦.2015. 利用小型蒸发器观测水面蒸发量的常见问题 [J]. 水利科技与经济，21 (3)：90-91.

冯雅茹，李占玲，王杰，2020.GCM 预测模式下黑河流域潜在蒸散发的演变分析 [J]. 北京师范大学学报 (自然科学版)，56 (2)：150-159.

傅抱璞，1981. 论陆面蒸发的计算 [J]. 大气科学，5 (1)：25-33.

付瑾，2018. 疏勒河泥沙演变规律及变化趋势浅析 [J]. 地下水，40 (4)：140-142.

葛朝霞，薛梅，宋颖玲，2009. 多因子逐步回归周期分析在中长期水文预报中的应用 [J]. 河海大学学报 (自然科学版)，37 (3)：255-257.

郭爱军，畅建霞，黄强，等，2014. 渭河流域气候变化与人类活动对径流影响的定量分析 [J]. 西北农林科技大学学报 (自然科学版)，42 (8)：212-220.

郭爱军，畅建霞，王义民，等，2015. 近 50 年径河流域降雨-径流关系变化及驱动因素定量分析 [J].
　农业工程学报，31 (14)：165-171.

郭生练，郭家力，侯雨坤，等，2015. 基于 Budyko 假设预测长江流域未来径流量变化 [J]. 水科学进
　展，26 (2)：151-160.

何萍，敖成寅，2022. 云南高原楚雄市近 50 年气温、降水变化特征分析 [J]. 楚雄师范学院学报，37
　(3)：101-107.

郝芳华，杨桂莲，刘昌明，等，2003. 基于 SWAT 模型的基流估算及评价——以洛河流域为例 [J]. 地
　理科学进展 (5)：463-471.

何灼伦，2020. 青海湖流域河流泥沙变化及影响分析 [J]. 人民黄河，42 (10)：23-28.

贾悦，崔宁博，魏新平，等，2016. 考虑辐射改进 Hargreaves 模型计算川中丘陵区参考作物蒸散量 [J].
　农业工程学报，32 (21)：152-160.

贾玲，张百祖，牛最荣，等，2022b. 疏勒河上游径流变化与预测分析 [J]. 干旱区研究，39 (5)：1588-
　1597.

贾玲，孙栋元，牛最荣，等．2022b. 疏勒河流域最高、最低气温变化规律 [J]. 水土保持研究，29 (1)：
　281-287.

贾文雄，何元庆，王旭峰，等，2009. 祁连山及河西走廊潜在蒸发量的时空变化 [J]. 水科学进展，20
　(2)：159-167.

金凯，王飞，韩剑桥，等，2020.1982—2015 年中国气候变化和人类活动对植被 NDVI 变化的影响 [J].
　地理学报，75 (5)：961-974.

鞠琴，高慧滨，王国庆，等，2022. 基于能量平衡原理的潜在蒸散发模型构建 [J]. 水科学进展，33
　(5)：794-804.

李斌，李丽娟，覃驭楚，等，2011. 基于 Budyko 假设评估洮儿河流域中上游气候变化的径流影响 [J].
　资源科学，33 (1)：70-76.

李晨，李王成，董亚萍，等，2021. 宁夏地区潜在蒸散发变化特征及成因分析 [J]. 排灌机械工程学报，
　39 (2)：186-192.

李二辉，穆兴民，赵广举，2014.1919—2010 年黄河上中游区径流量变化分析 [J]. 水科学进展，25
　(2)：155-163.

李夫星，陈东，汤秋鸿，2015. 黄河流域水文气象要素变化及与东亚夏季风的关系 [J]. 水科学进展，
　26 (4)：481-490.

李洪源，赵求东，吴锦奎，等，2019. 疏勒河上游径流组分及其变化特征定量模拟 [J]. 冰川冻土，41
　(4)：907-917.

李梦楠，于坤霞，张翔，等，2023. 无定河流域极端泥沙变化特征及其影响因素 [J]. 水土保持学报：
　37 (1)：114-122.

李宁，2017. 水面蒸发影响因素的风洞实验研究 [J]. 太阳能学报，38 (8)：2258-2263.

李培都，司建华，冯起，等，2018. 疏勒河年径流量变化特征分析及模拟 [J]. 水资源保护，34 (2)：
　52-60.

黎清霞，李佩怡，何艳虎，等，2018. 澜沧江流域中下游主要水文气象要素变化相关性分析 [J]. 灌溉
　排水学报，37 (9)：100-107.

李新杰，李弘瑞，张红涛，等，2021. 黄河流域骨干枢纽泥沙调控利用潜力评价研究 [J]. 人民黄河，
　43 (11)：40-45，51.

李雅培，2021. 气候变化背景下疏勒河流域出山径流模拟与预测研究 [D]. 兰州：兰州交通大学.

李岳坦，李小雁，崔步礼，等，2010. 青海湖流域及周边地区浅层地温对全球变化的响应 [J]. 地球环
　境学报，1 (3)：219-225.

李云凤，2021. 黄河源区潜在蒸散发特征及其变化趋势 [D]. 西安：长安大学.

李云溪，任小锐，武琼，等，2022. 礼泉县秋季降水变化特征分析 [J]. 农业灾害研究，12 (4)：136 - 138.

李志强，齐述华，刘旗福，等，2018.1981—2013 年桃江流域径流与泥沙模拟研究 [J]. 水土保持通报，38 (1)：203 - 207，213.

刘波，马柱国，丁裕国，2006. 中国北方近 45 年蒸发变化的特征及与环境的关系 [J]. 高原气象 (5)：840 - 848.

刘纯.2021. 基于多方法的变化环境下渭河水文气象要素变异诊断 [D]. 邯郸：河北工程大学.

柳春，王守荣，梁有叶，等，2013.1961—2010 年黄河流域蒸发皿蒸发量变化及影响因子分析 [J]. 气候变化研究进展，9 (5)：327 - 334.

刘翠善，李海川，王国庆，等，2017. 澜沧江流域不同蒸发皿实测水面蒸发量之间的转换关系 [J]. 华北水利水电大学学报（自然科学版），38 (6)：72 - 77.

刘红国，2020. 疏勒河流域水文气象要素趋势分析 [J]. 地下水，42 (3)：184 - 185.

刘吉峰，李世杰，丁裕国，等，2006. 近几十年我国极端气温变化特征分区方法探讨 [J]. 山地学报，24 (3)：291 - 297.

刘剑宇，张强，顾西辉，2015. 水文变异条件下鄱阳湖流域的生态流量 [J]. 生态学报，35 (16)：5477 - 5485.

刘宁，孙鹏森，刘世荣，2012. 陆地水-碳耦合模拟研究进展 [J]. 应用生态学报，23 (11)：3187 - 3196.

刘朋，2019. 变化环境下岩溶区流域水文气象要素演变规律及径流影响研究 [D]. 南宁：广西大学.

刘文斐，粟晓玲，张更喜，等，2022. 中国西北地区未来潜在蒸散发集合预估及不确定性归因 [J]. 农业工程学报，38 (4)：123 - 132.

刘晓清，2019. 基于 HEC - HMS 模型的碧流河流域未来径流对气候变化响应研究 [D]. 太原：太原理工大学.

刘晓英，林而达，刘培军，2003. 干旱气候条件下 Priestley - Taylor 方法应用探讨 [J]. 水利学报 (9)：31 - 38.

刘学华，季致建，吴洪宝，等，2006. 中国近 40 年极端气温和降水的分布特征及年代际差异 [J]. 热带气象学报，22 (6)：618 - 623.

刘衍君，于洪军，曹建荣，等，2010. 黄河上游水文周期成分和突变特征的小波分析 [J]. 人民黄河，32 (6)：27 - 28.

刘艳丽，华悦，周惠成，等，2022.1470 年以来中国东部季风区降水变化规律及趋势预估 [J]. 水科学进展，33 (1)：1 - 14.

马亚丽，张芮，许健，等，2021. 黄河流域甘肃段潜在蒸散发时空变异规律及驱动因子分析 [J]. 节水灌溉 (10)：7 - 12.

马亚丽，牛最荣，张芮，等，2022. 疏勒河流域潜在蒸散发时空演变及驱动因素量化分析 [J]. 水土保持研究，29 (5)：350 - 357.

梅嘉洺，刘洋，岳朋芸，等，2020. 旬河流域景观格局变化对泥沙输出的影响 [J]. 水土保持研究，27 (3)：45 - 50，56.

闵骞，刘影，2006. 鄱阳湖水面蒸发量的计算与变化趋势分析（1955—2004 年）[J]. 湖泊科学 (5)：452 - 457.

莫崇勋，阮俞理，莫桂燕，等，2018. 基于弹性系数法的径流对气候变化与人类活动响应研究 [J]. 水文，38 (2)：41 - 45.

穆兴民，宋小燕，高鹏，等，2011. 哈尔滨站径流、输沙的多时间尺度特征 [J]. 自然资源学报，26 (1)：135 - 144.

宁怡楠，杨晓楠，孙文义，等，2021. 黄河中游河龙区间径流量变化趋势及其归因 [J]. 自然资源学报，36 (1)：256 - 269.

庞靖鹏，刘昌明，徐宗学，2010. 密云水库流域土地利用变化对产流和产沙的影响 [J]. 北京师范大学学报（自然科学版），46（3）：290-299.

祁晓凡，李文鹏，李海涛，等，2017. 基于 CMIPS 模式的干旱内陆河流域未来气候变化预估 [J]. 干旱区地理，40（5）：987-996.

齐天杰，李元，朱长军，等 . [2022-11-25]. 盐城市近 60 年降水变化规律研究 [J]. 环境保护科学：1-8.

钱宁，万兆惠，1983. 泥沙运动力学 [M]. 北京：科学出版社.

秦年秀，姜彤，许崇育，2005. 长江流域径流趋势变化及突变分析 [J]. 长江流域资源与环境（5）：589-594.

秦年秀，陈喜，薛显武，等，2009. 贵州蒸发皿蒸发量变化趋势及影响因素分析 [J]. 湖泊科学，21（3）：434-440.

秦小康，管丽晶，马子平，等，2022. 忻州市近 40 年气温、降水变化的时空分布特征 [J]. 江西农业学报，34（6）：119-125.

屈吉鸿，石红旺，李志岩，2015. 基于 SWAT 模型的青龙河流域气候变化径流响应研究 [J]. 水力发电学报，34（4）：8-15.

任福民，翟盘茂，1998.1951—1990 年中国极端气温变化分析 [J]. 大气科学，22（2）：217-223.

任国玉，郭军，2006. 中国水面蒸发量的变化 [J]. 自然资源学报（1）：31-44.

任丽莹，2021.1980—2018 年藏东南降水时空变化及其预估 [D]. 西安：陕西师范大学.

石欣荣，佘敦先，夏军，等，2022.1960—2019 年三北地区潜在蒸散发的变化及归因 [J]. 武汉大学学报（工学版），55（10）：973-984.

申双和，盛琼，2008.45 年来中国蒸发皿蒸发量的变化特征及其成因 [J]. 气象学报（3）：452-460.

宋阁庆，李计生，王若臣，2016. 近 50 年疏勒河流域降水空间分布规律研究 [J]. 地下水，38（1）：104-106.

孙栋元，金彦兆，胡想全，等，2017. 疏勒河流域中游绿洲生态环境需水研究 [M]. 郑州：黄河水利出版社.

孙栋元，胡想全，王忠静，等，2019. 疏勒河流域径流变化与预测研究 [J]. 水利规划与设计（9）：1-4，118.

孙栋元，齐广平，马彦麟，等，2020a. 疏勒河干流径流变化特征研究 [J]. 干旱区地理，43（3）：557-567.

孙栋元，齐广平，鄢继选，等，2020b. 疏勒河干流降水变化特征 [J]. 干旱区研究，37（2）：291-303.

孙美平，张磊，姚晓军，等，2022.1954—2016 年疏勒河上游径流变化特征及影响因素 [J]. 冰川冻土，44（2）：657-666.

孙倩，于坤霞，李占斌，等，2018. 黄河中游多沙粗沙区水沙变化趋势及其主控因素的贡献率 [J]. 地理学报，73（5）：945-956.

孙秀宝，2018. 基于 CMA-LSAT v1.0 数据集的近百年全球陆表气温变化研究 [D]. 南京：南京信息工程大学.

田晶，郭生练，刘德地，等，2020. 气候与上地利用变化对汉江流域径流的影响 [J]. 地理学报，75（11）：2307-2318.

田磊，2019. 变化环境下黄土高原水文气候要素数值模拟及未来预测 [D]. 杨凌：西北农林科技大学.

万浩，齐明臣，李红梅 .2022. 雅砻江流域降水时空变化特征分析 [J]. 水资源开发与管理，8（4）：34-42.

王冰，余锦华，林修栋，等 .2015. 烟台市蒸发量变化趋势及影响因子 [J]. 气象科技，43（6）：1127-1132，1141.

王春红，张讲社，延晓东，等，2009.1961—2004 年漠河年均温与持续极端气温频数的变化分析 [J]. 气候与环境研究，14（5）：546-551.

王冀，江志红，丁裕国，等，2008.21 世纪中国极端气温指数变化情况预估 [J]. 资源科学，30（7）：1084-1090.

王静，2022. 疏勒河干流平原区降水量年内分配及时序演变分析 [J]. 甘肃水利水电技术，58（6）：14-18.

王国庆，张建云，贺瑞敏，2006. 环境变化对黄河中游汾河径流情势的影响研究 [J]. 水科学进展（6）：853-858.

王岚，刘志辉，姚俊强，等，2015.1978—2011 年呼图壁河径流的变化趋势［J］. 水土保持通报，35（3）：62 - 67.

王素萍，张存杰，韩永翔，2010. 甘肃省不同气候区蒸发量变化特征及其影响因子研究［J］. 中国沙漠，30（3）：675 - 680.

王婷婷，2022. 塔里木河流域潜在蒸散发及干旱特征研究［D］. 上海：上海师范大学.

王小康，2022. 陕北黄土高原生态修复期典型小流域泥沙来源研究［D］. 杨凌：西北农林科技大学.

王学良，陈仁升，刘俊峰，等，2022.1956—2021 年疏勒河流域主要河流出山径流变化及成因分析［J］. 干旱区研究 .39（6）：1782 - 1792.

王亚迪，2020. 变化环境下黄河源区水文气象要素特征分析及径流变化驱动研究［D］. 西安：西安理工大学.

王玉洁，周炳江，黄郑雯，等，2021. 元江干热河谷林地内外潜在蒸散发量的变化及其驱动因素［J］. 生态学杂志，40（2）：501 - 511.

王兆礼，陈晓宏，杨涛，2010. 近 50a 东江流域径流变化及影响因素分析［J］. 自然资源学报，25（8）：1365 - 1374.

温煜华，吕越敏，李宗省，2021. 近 60a 祁连山极端降水变化研究［J］. 干旱区地理，44（5）：1199 -1212.

伍海，2020. 多种陆面潜在蒸散发估算方法在中国的适用性初步研究［D］. 西安：西北大学.

伍海，夏军，赵玲玲，等，2021. 变化环境下 12 种潜在蒸散发估算方法在不同干湿区的适用性［J］. 南水北调与水利科技，19（1）：1 - 11.

吴协保，黄俊威，宁小斌，等，2021. 珠江流域土地石漠化和河流泥沙含量的动态变化［J］. 水土保持通报，41（3）：22 - 30.

吴维臻，田杰，赵探，等，2013. 黑河上游水文气象变量变化趋势多尺度分析［J］. 海洋地质与第四纪地质，33（4）：37 - 44.

奚建梅，2020. 基于 SWAT 模型的黄河源区河流泥沙变化研究［D］. 呼和浩特：内蒙古大学.

向旬，王冀，王绪鑫，等，2008. 我国极端气温指数的时空变化与分区研究［J］. 气象，34（9）：73 - 79.

肖曼珍，朱春苗，宋小燕，等，2021. 我国南北过渡带水面蒸发的时空变化及趋势预测［J］. 南水北调与水利科技，19（2）：262 - 272.

谢睿恒，王爱慧，华维，2020.1961—2013 年中国蒸发皿蒸发量时空分布特征及其影响因素［J］. 气候与环境研究，25（5）：483 - 498.

熊玉琳，赵娜，2020. 海河流域蒸发皿蒸发量变化及其影响［J］. 南水北调与水利科技，18（2）：22 - 30.

徐继红，2016. 干旱区影响水面蒸发的气象因素多元回归分析［J］. 水利规划与设计（7）：62 - 64.

许晓艳，2015. 辽河水文要素演变规律分析［J］. 东北水利水电，33（10）：26 - 27.

徐宗学，张楠，2006. 黄河流域近 50 年降水变化趋势分析［J］. 地理研究，（1）：27 - 34.

薛笒笒，肖建辉，高英育，等，2022. 宁夏六盘山和周边地区 1980—2017 年降水变化特征［J］. 宁夏大学学报（自然科学版），43（4）：411 - 416.

颜明慧，张文春，刘刚，2022. 疏勒河干流降水时空分布研究［J］. 地下水，44（5）：197 - 200.

严宇红，黄维东，吴锦奎，等，2019. 疏勒河流域泥沙分布规律及水沙关系研究［J］. 干旱区地理，42（1）：47 - 55.

杨春利，蓝永超，王宁练，等，2017.1958—2015 年疏勒河上游出山径流变化及其气候因素分析［J］. 地理科学，37（12）：1894 - 1899.

杨大文，张树磊，徐翔宇，2015. 基于水热耦合平衡方程的黄河流域径流变化归因分析［J］. 中国科学（技术科学），45（10）：1024 - 1034.

杨俊，徐智，兰立军，等，2022. 黄土高原典型小流域降水变化特征研究［J］. 中国水土保持，（8）：25 - 28.

杨文瑞，2015. 大连茧场水文站 20cm 口径小型蒸发器水面蒸发折算系数的分析［J］. 科技创新与应用（14）：167.

杨涛，2017. 不同蒸发器水面蒸发量相互关系分析 [J]. 黑龙江水利科技，45 (4)：29 - 31.

姚天次，卢宏玮，于庆，等，2020. 近 50 年来青藏高原及其周边地区潜在蒸散发变化特征及其突变检验 [J]. 地球科学进展，35 (5)：534 - 546.

叶军，2021. 近 50 年新疆玛纳斯河流域径流、洪水、泥沙特征分析 [J]. 水利科技与经济，27 (2)：41 - 44.

尹云鹤，吴绍洪，戴尔阜，2010.1971—2008 年我国潜在蒸散时空演变的归因 [J]. 科学通报，55 (22)：2226 - 2234.

阴晓伟，吴一平，赵文智，等，2021. 西北旱区潜在蒸散发的气候敏感性及其干旱特征研究 [J]. 水文地质工程地质，48 (3)：20 - 30.

袁静，郜文旺，袁文博，2021. 典型对比小流域降水特征及其对径流泥沙的影响——以南小河沟流域为例 [J]. 中国水土保持 (9)：43 - 46.

俞金彪，冯芳，黄巧华，等，2022. 徐州城市化对区域降水变化影响分析 [J]. 国土与自然资源研究 (6)：77 - 80.

张爱静，王本德，曹明亮，2012. 气候变化与人类活动对径流影响贡献的研究概况 [J]. 东北水利水电，30 (1)：6 - 9，44，71.

张秉文 .2010. 河北省水文要素演变过程对水生态环境影响分析 [J]. 南水北调与水利科技，8 (1)：116 - 118，125.

张昌顺，2015. 疏勒河流域山前区降水量变化趋势分析 [J]. 地下水，37 (5)：158 - 159，165.

张建兴，2008. 黄土高原重点流域径流变化规律及预测研究 [D]. 杨凌：西北农林科技大学.

张建云，王国庆，金君良，等，2020.1956—2018 年中国江河径流演变及其变化特征 [J]. 水科学进展，31 (2)：153 - 161.

张静雯，付小莉，张洪，2023. 区域降水时序特征变化综合分析 [J]. 中国农村水利水电 (1)：41 - 51，61.

张国宏，王晓丽，郭慕萍，等，2013. 近 60a 黄河流域地表径流变化特征及其与气候变化的关系 [J]. 干旱区资源与环境，27 (7)：91 - 95.

张莉，杨鑫，张德佩，2021.FFZ - 01Z 型数字式水面蒸发器在丹江口水库蒸发站的应用 [J]. 河南科技，40 (13)：48 - 51.

张丽，2015. 疏勒河流域降水分布规律及变化趋势分析 [J]. 甘肃水利水电技术，51 (7)：1 - 4，21.

张丽梅，赵广举，穆兴民，等，2018. 基于 Budyko 假设的渭河径流变化归因识别 [J]. 生态学报，38 (21)：7607 - 7617.

张利茹，贺永会，唐跃平，等，2017. 海河流域径流变化趋势及其归因分析 [J]. 水利水运工程学报 (4)：59 - 66.

张宁，孙照渤，曾刚，等，2008.1955—2005 年中国极端气温的变化 [J]. 南京气象学院学报，31 (1)：123 - 128.

张鹏飞，赵广举，穆兴民，等，2019. 渭河流域蒸发皿蒸发量时空变化与驱动因素 [J]. 干旱区研究，36 (4)：973 - 979.

张田田，陈有超，李潜，等，2022. 土地利用变化对丹江流域径流和泥沙时空格局的影响 [J]. 长江流域资源与环境，31 (8)：1797 - 1811.

张调风，朱西德，王永剑，等，2014. 气候变化和人类活动对湟水河流域径流量影响的定量评估 [J]. 资源科学，36 (11)：2256 - 2262.

张文春，2019. 疏勒河干流中上游径流量变化趋势研究 [J]. 地下水，41 (2)：155 - 156，211.

张新潮，2020. 衡水湖新建漂浮水面蒸发场蒸发量分析 [J]. 地下水，42 (5)：197 - 198，294.

张彦增，秦建文，乔光建，2011. 河北省平原区水面蒸发量变化趋势及影响因素 [J]. 南水北调与水利科技，9 (4)：63 - 65.

张颖，郝兴明，花顶，等，2019. 潜在蒸散发估算的简化方法及其应用 [J]. 干旱区研究，36 (6)：

1431 – 1439.

张志高，张凯昭，蔡茂堂，等，2022.1960—2019 年河南省降水结构时空变化特征［J］. 水土保持研究，29（4）：159 – 166.

张薇，2008. 河套平原蒸发蒸腾量时空反演研究［D］. 北京：中国地质科学院.

赵长龙，刘毅，王金涛，等，2020. 不同材料蒸发皿及环境因素对水面蒸发测定的影响［J］. 灌溉排水学报，39（9）：110 – 117.

赵军，师银芳，王大为，等，2012.1961—2008 年中国大陆极端气温时空变化分析［J］. 干旱区资源与环境，26（3）：52 – 55.

赵晓松，李梅，王仕刚，等，2015. 鄱阳湖夏季水面蒸发与蒸发皿蒸发的比较［J］. 湖泊科学，27（2）：343 – 351.

郑祚芳，张秀丽，高华，等，2012. 北京气候变暖与主要极端气温指数的归因分析［J］. 热带气象学报，28（2）：277 – 282.

钟巧，焦黎，李稚，等，2019. 博斯腾湖流域潜在蒸散发时空演变及归因分析［J］. 干旱区地理，42（1）：103 – 112.

周国良，岳智慧，王琳，1998. 利用实时气象资料估算蒸发能力的研究与应用［J］. 水文（S1）：20 – 22.

周嘉欣，丁永建，吴锦奎，等，2019. 基流分割方法在疏勒河上游流域的应用对比分析［J］. 冰川冻土，41（6）：1456 – 1466.

周婷，温小虎，冯起，等，2022. 基于 BMA 多模型组合的疏勒河径流预测研究［J］. 冰川冻土，44（5）：1606 – 1619.

周妍妍，郭晓娟，郭建军，等，2019. 基于 SEBAL 模型的疏勒河流域蒸散量时空动态［J］. 水土保持研究.26（1）：168 – 177.

周莹，2016. 汾河上游水文气象要素演变特征及径流影响因素研究［D］. 太原：太原理工大学.

朱金凤，2021. 昕水河流域泥沙连通性的时空变化研究［D］. 北京：华北电力大学.

朱楠，马超，王云琦，等，2016. 基于 SWAT 模型的不同土地利用结构对流域水沙的影响［J］. 中国水土保持科学，14（4）：105 – 112.

朱晓华，2019. 基于 PenPan 模型的中国大陆地区蒸发皿蒸发量的时空变化及成因分析［D］. 杨凌：西北农林科技大学.

郑景云，刘洋，吴茂炜，等，2019. 中国中世纪气候异常期温度的多尺度变化特征及区域差异［J］. 地理学报，74（7）：1281 – 1291.

左洪超，鲍艳，张存杰，等，2006. 蒸发皿蒸发量的物理意义、近 40 年变化趋势的分析和数值试验研究［J］. 地球物理学报，49（3）：680 – 688.

ABOLVERDI J，FERDOSIFAR G，KHALILI D，et al，2015. Spatial and temporal changes of precipitation concentration in Fars province，southwestern Iran［J］. Meteorology and Atmospheric Physics，28（2）：181 – 196.

ADEBAYO J，2002. Height – area – storage functional models for evaporation – loss inclusion in reservoir – planning analysis［J］. Water，11（7）：16 – 18.

AGARWAL A，BABEL M S，MASKEY S，2014. Analysis of future precipitation in the Koshi river basin，Nepal［J］. Journal of Hydrology，513：422 – 434.

ALEXANDER L V，ARBLASTER J M，2017. Historical and projected trends in temperature and precipit – ation extremes in Australia in observations and CMIPS［J］. Weather and Climate Extremes，15：34 – 56.

ALIBUYOG N R，ELLA V B，REYES M R，et al，2009. Predicting the effects of land use change on runoff and sediment yield in manupali river subwatersheds using the SWAT model［J］. Internation al Agricultual Engineering Jounal，18（1）：15 – 25.

ALMAZROUI M，NAZRUL ISLAM M，et al，2017. Assessment of uncertainties in projected temperature and precipitation over the Arabian Peninsula using three categories of Cmip5 multimodel ensembles [J]. Earth Syst Environ, 1 (2): 1 – 20.

ANGELL J K, 1999. Comparison of Surface and Tropospheric Temperature Trends [J]. Geophysical Research Letters, 26 (17): 2761 – 2764.

BARNETT T P, 1999. Comparison of near – surface air temperature variability in 11 coupled global climate models [J]. Journal of Climate, 12 (2): 511 – 518.

BLANEY H F, CRIDDLE W D, 1950. Determining water requirements in irrigated are as from climatological and irrigation data [J]. US Department of Agriculture, Soil Conservation Service, 48.

BORMANN H, 2011. Sensitivity analysis of 18 different potential evapotranspiration models to observed climatic change at German climate stations [J]. Climatic Change, 104 (3 – 4): 729 – 753.

BOUCHET R J, 1963. Evapotranspiration Reelle at Potentielle, Signification Climatique [J]. IAHS Publication, 62: 134 – 142.

BRABSON BB, PALUTIKOF J P, 2002. The evolution of extreme temperatures in the central England temperature record [J]. Geophysical Research Letters, 29 (24): 2163 – 2166.

BRUTSAERT W, PARLANGE M B, 1998. Hydrologic cycle explains the evaporation paradox [J]. Nature, 396 (6706): 30.

BUSSI G, DADSON S J, PRUDHOMME C, et al, 2016. Modelling the future impacts of climate and land – use change on suspended sediment transport in the River Thames (UK) [J]. Journal of Hydrology, 542: 357 – 372.

CALOIERO, TOMMASO, 2014. Analysis of daily rainfall concentration in New Zealand [J]. Natural Hazards, 72 (2): 389 – 404.

CHEONG W K, TIMBAL B, GOLDING N, et al, 2018. Observed and modelled temperature and precipitation extremes over Southeast Asia from 1972 to 2010 [J]. International Journal of Climatology, 38 (7): 3013 – 3027.

CHIEW F H S, 2006. Estimation of rainfall elasticity of streamflow in Australia [J]. Hydrological Sciences Journal, 51 (4): 613 – 625.

COHEN S, IANETZ A, STANHILL G, 2002. Evaporative climate changes at Bet Dagan, Israel, 1964 – 1998 [J]. Agricultural and forest meteorology, 111 (2): 83 – 91.

COLLINS D B G, BRAS R L, 2008. Climatic control of sediment yield in dry lands following climate and land cover change [J]. Water Resources Research, 44 (10): 1029 – 2007.

COSCARELLI R, CALOIERO T, 2012. Analysis of daily and monthly rainfall concentration in Southern Italy (Calabria region) [J]. Journal of Hydrology, 416 – 417 (none): 145 – 156.

Daud M F B, Takamatsu K, Makino M, et al, 2018. Evaporation of droplets: the effect of interaction between droplets and the existence of obstacles [J]. Microsystem Technologies, 24 (1): 739 – 744.

DONOHUE R J, RODERICK M L, MC VICAR T R. 2011, Assessing the differences in sensitivities of runoff to changes in climatic conditions across a large basin [J]. Journal of Hydrology, 406 (3): 234 – 244.

EASTERLING D R, HORTON B, Jones P D, et al. 1997. Maximum and minimum temperature trends for the globe [J]. Science, 277 (S324): 364 – 367.

FRICH P, ALEXANDER L V, DELLA – MARTA P M, et al, 2002. Observed coherent changes in climatic extremes during the second half of the 20th century [J]. Climate Research, 19: 193 – 212.

GAO X, PENG S, WANG W, et al, 2016. Spatial and temporal distribution characteristics of reference evapotranspiration trends in Karst area: a case study in Guizhou Province, China [J]. Meteorology and Atmospheric Physics, 128 (5): 677 – 688.

GESSESSE B, BEWKET W, BRIUNING A. 2015. Model – based charactenization and monitoring of runoff and soil erosion in response to land use/land cover changes in the Modjo Watenshed Ethiopia [J]. Land Degradation & Development, 26 (7): 711 – 724.

GRIFFITHS G M, CHAMBERS L E, HAYLOCK M R, et al, 2005. Change in mean temperature as a predictor of extreme temperature change in the Asia – Pacific region [J]. International Journal of Climatology, 25 (10): 1301 – 1330.

GROTCH S L, MACCRACKEN M C, 1991. The Use of general circulation models to predict regional Climate change [J]. Journal of Climate, 4 (3): 286 – 303.

GRUZA G, RANKOVA E, RAZUVAEV V. 1999. Indicators of climate change for the Russian Federation [J]. Climate. Change, 42: 219 – 242.

HANSEN J, RUEDY R, SATO M, et al, 2010. Global Surface Temperature Change [J]. Reviews of Geophysics, 48: RG4004.

HAN J, WANG J, ZHAO Y, et al, 2018. Spatio – temporal variation of potential evapotranspiration and climatic drivers in the Jing – Jin – Ji region, North China [J]. Agricultural and Forest Meteorology, 256 – 257: 75 – 83.

HUI P H, TANG J P, WANG S Y, et al, 2015. Sensitivity of simulated extreme precipitation and temperature to convective parameterization using RegCM3 in China [J]. Theoretical and Applied Climatology, 122 (1 – 2): 315 – 335.

ISLAM A, SIKKA A K, SAHA B, et al, 2012. Streamflow Response to Climate Change in the Brahmani River Basin, India [J]. Water Resources Management, 26 (6): 1409 – 1424.

KARL T R, JONES P D, KNIGHT R W, et al, 1993. A new perspective on recent global warming: asymmetric trends of daily maximum and minimum temperature [J]. Bulletin of the American Meteorological Society, 74 (6): 1007 – 1023.

KEZER K, MATSUYAMA H. 2006. Decrease of river runoff in the Lake Balkhash basin in Central Asia [J]. Hydrological Processes, 20 (6): 1407 – 1423.

LACEBY J P, EVRARD O, SMITH H G, et al, 2017. The challenges and opportuniti es of addressing particle size effects in sediment source fingerprinting A review [J]. Earth – Science Reviews, 169: 85 – 103.

LI C, WU P T, LI X L, et al, 2017. Spatial and temporal evolution of climatic factors and its impacts on potential evapotranspiration in Loess Plateau of Northern Shaanxi, China [J]. Science of The Total Environment, 589: 165 – 172.

MANN M E, Lees J M, 1996. Robust estimation of background noise and signal detection in climate time series [J]. Climatic Change, 33, 409 – 445.

MANTON M J, DELLA – MARTA P M, HAYLOCK M R, et al, 2001. Trend in extreme daily rainfall and temperature in Southeast Asia and the South Pacific: 1961—1998 [J]. Int J Climatol, 21: 269 – 284.

MCVICAR T R, RODERICK M L, DONOHUE R J, et al, 2011. Global review and synthesis of trends in observed terrestrial near – surface wind speeds: Implications for evaporation [J]. Journal of Hydrology, 416: 182 – 205.

MEHMETUMIT T, CARLETON J N, WELLMAN M, 2011. Integrated model projections of climate change impacts on a North American lake [J]. Ecological Modelling, 222 (18): 3380 – 3393.

MICHAEL L R, GRAHAM D F, 2002. The cause of decreased pan evaporation over the past 50 years [J]. Science, 298: 1410 – 1411.

MILLIMAN J D, FARNSWORTH K L, JONES P D, et al, 2008. Climatic and anthropogenic factors affecting river discharge to the global ocean, 1951—2000 [J]. Global & Planetary Change, 62 (3/4): 187 – 194.

MISIR V，ARYA D S，MURUMKAR A R，2013. Impact of ENSO on River Flows in Guyana [J]. Water Resources Management，27 (13)：4611 – 4621.

MORTON F I，1983. Operational estimates of areal evapotranspiration and their significance to the science and practice of hydrology [J]. Journal of Hydrology，66 (1 – 4)：1 – 76.

NAJJAR R G，1999. The water balance of the Susquehanna River Basin and its response to climate change [J]. Journal of Hydrology，219：7 – 19.

NILAWAR A P，WAILAR M L，2018. Use of SWAT to determine the effects of climate and land use changes on streamflow and sediment concentration in the Purna River basin，India [J]. Environmental Earth Sciences，77 (23)：781 – 783.

NOSRATI K，GOVERS G，SEMMENS B X，et al，2014. A mixing model to incorporate uncertainty in sediment fingerprinting [J]. Geoderma，217/218：173 – 180.

NOZAWA T，NAGASHIMA T，SHIOGAMA H，et al，2005. Detecting natural influence on surface air temperature change in the early twentieth century [J]. Geophysical Research Letters，32 (20)：L20719.

OHMURA A，WILD M，2002. Climate change Is the hydrological cycle accelerating? [J] Science，298 (5597)：1345 – 1346.

PENMAN H L，1948. Natural evaporation from open water，bare soil and grass [J]. Proceedings of the Royal Society of London，A (193)：120 – 145.

PETERSON T C，GOLUBEV V S，GROISMAN P Y，1995. Evaporation losing its strength [J]. Nature，377 (6551)：687 – 688.

PLUMMER N，SALINGER M J，NICHOLLS N，et al，1999. Changes in climate extremes over the Australian region and New Zealand during the twentieth century [J]. Climate Change，42 (1)：183 – 202.

POLLACK H，HUANG S P，SHEN P Y，1998. Climate Change Record in Subsurface Temperatures：A Global Perspective [J]. Science，282 (5387)：279 – 281.

POWELL E J，KEIM B D. 2015. Trends in daily temperature and precipitation extremes for the southeastern United States：1948 – 2012 [J]. Journal of Climate，28 (4)：1592 – 1612.

PRIESTLEY C H B，TAYLOR R J，1972. On the Assessment of Surface Heat Flux and Evaporation Using Large – Scale Parameters [J]. Monthly Weather Review，100 (2)：81 – 92.

RAIMUNDO A M，GASPAR A R，OLIVEIRA A V M，et al，2014. Wind tunnel measurements and numerical simulations of water evaporation in forced convection airflow [J]. International Journal of Thermal Sciences，86：28 – 40.

RAYNER D P，2007. Wind run changes：the dominant factor affecting pan evaporation trends in Australia [J]. Journal of climate，20 (14)：3379 – 3394.

RODERICK M L，ROTSTAYN L D，FARQUHAR G D，et al，2007. On the attribution of changing pan evaporation [J]. Geophysical Research Letters，34：L17403，doi：10. 1029/2007GL031166.

RODERICK M L，FARQUHAR G D，2011. A simple framework for relating variations in runoff to variations in climatic conditions and catchment properties [J]. Water Resources Research，47 (12)，W00G07.

ROSE C W，WLIIAMS J R，SANDER C C，et al，1983. A mathematical model of soil erosion and deposition processes. I. Theory for a plane land element [J]. Soil Science Society of America Journal，47 (5)：991 – 995.

SIMPSON I R，JONES P D，2014. Analysis of UK precipitation extremes derived from Met Office gridded data [J]. International Journal of Climatology，34 (7)：2438 – 2449.

SIMONNEAUX V，CHEGGOURA，DESCHAMPSC，et al，2015. Land use and climate change effects on soil erosion in a semi – arid mountainous watershed（High Atlas，Morocco）[J]. Journal of Arid Environments，122（1）：64 – 75.

SWINBANK W C，1963. Long – wave radiation from clear skies [J]. Quarterly Journal of the Royal Meteorological Society，89（381）：339 – 348.

SUN S，ZHU L Y，HU K，et al，2022. Quantitatively distinguishing the factors driving sediment flux variations in the Daling River Basin，North China [J]. Catena，212，106094.

TENG J，CHIEW F H S，VAZE J，et al. 2012. Estimation of climate change impact on mean annual runoff across continental Australia using Budyko and Fu equations and hydrological models [J]. Journal of Hydrometeorology，13（3）：1094 – 1106.

THORNTHWAITE C W，1948. An Approach toward a Rational Classification of Climate [J]. Geographical Review，38（1）：55 – 94.

VAZE J，TENG J，2011. Future climate and runoff projections across New South Wales，Australia：results and practical applications [J]. Hydrological Processes，25（1）：18 – 35.

VYSHKVARKOVA E，VOSKRESENSKAYA E，MARTIN – VIDE J，2018. Spatial distribution of the daily precipitation concentration index in Southern Russia [J]. Atmospheric Research，203：36 – 43.

YADAV R K，KUMAR R K，RAJEEVAN M，2012. Characteristic features of winter precitation and its variability over Northwest India [J]. Journal of earth system sciences，121（3）：611 – 623.

YANG Y T，MICHAEL R，2019. Radiation，surface temperature and evaporation over wet surfaces [J]. Quarterly Journal of Royal Meteorological Society，145（720）：1118 – 1129.

YIN J，HE F，XIONG Y J，et al，2017. Effects of land use/land cover and climate changes on surface runoff in a semi – humid and semi – arid transition zone in northwest China [J]. Hydrology and Earth System Sciences，21（1）：183 – 196.

WOLMAN M G，1977. Changing needs and opportunities in the sediment yield [J]. Water Resources Research，117：50 – 54.

WILLIAMS J R，1975. Sediment routing for an agricultural watershed [J]. Water Resources Bulletin，11：965 – 974.

彩　　图

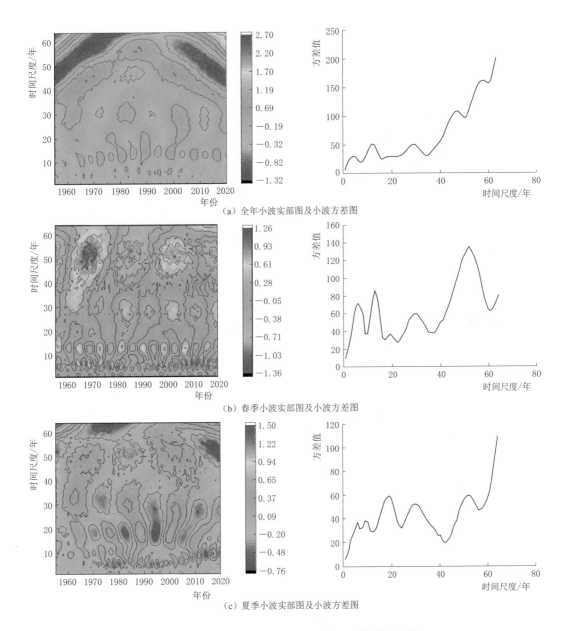

（a）全年小波实部图及小波方差图

（b）春季小波实部图及小波方差图

（c）夏季小波实部图及小波方差图

图 3-14（一）　敦煌站全年及四季气温周期性分析图

257

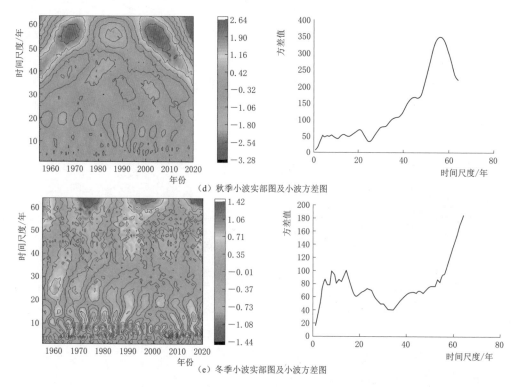

（d）秋季小波实部图及小波方差图

（e）冬季小波实部图及小波方差图

图 3-14（二） 敦煌站全年及四季气温周期性分析图

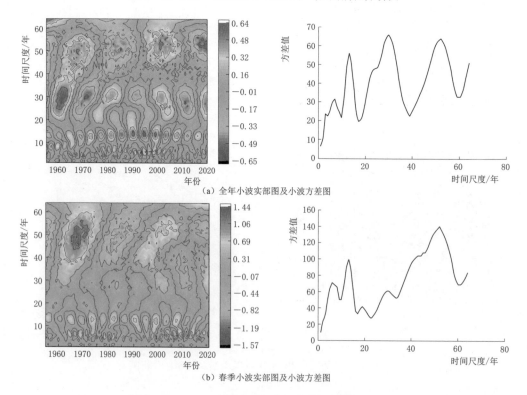

（a）全年小波实部图及小波方差图

（b）春季小波实部图及小波方差图

图 3-15（一） 瓜州站全年及四季气温周期性分析图

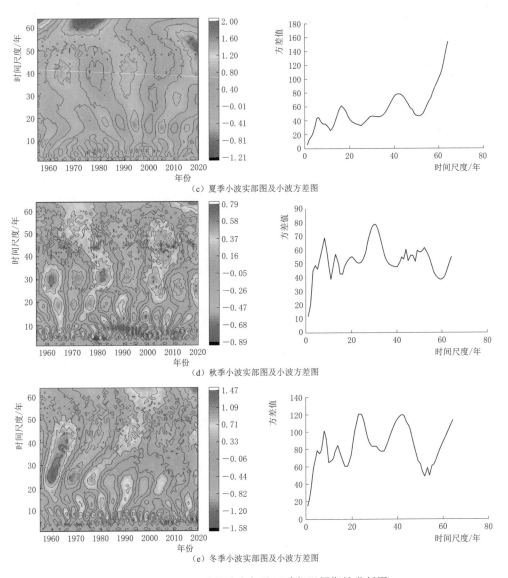

（c）夏季小波实部图及小波方差图

（d）秋季小波实部图及小波方差图

（e）冬季小波实部图及小波方差图

图 3-15（二）　瓜州站全年及四季气温周期性分析图

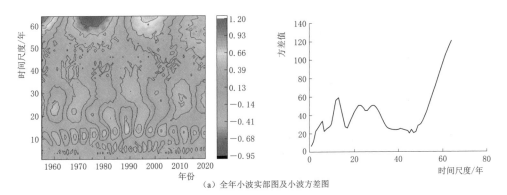

（a）全年小波实部图及小波方差图

图 3-16（一）　玉门站全年及四季气温周期性分析图

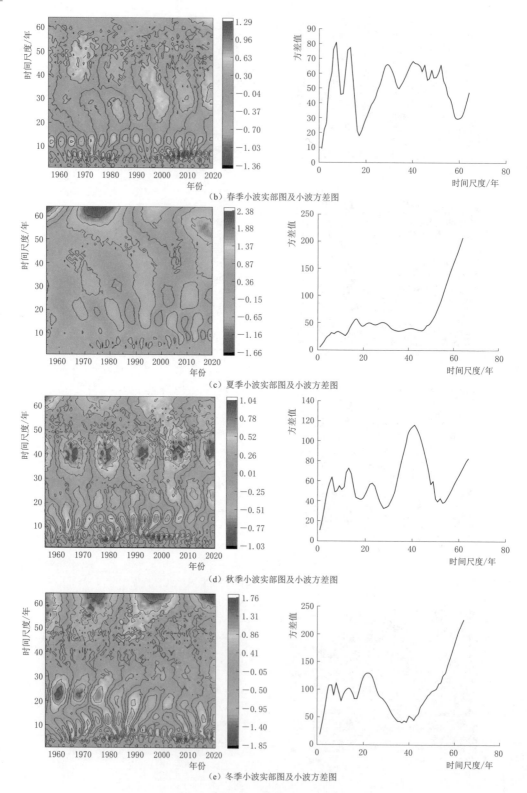

（b）春季小波实部图及小波方差图

（c）夏季小波实部图及小波方差图

（d）秋季小波实部图及小波方差图

（e）冬季小波实部图及小波方差图

图 3-16（二）　玉门站全年及四季气温周期性分析图

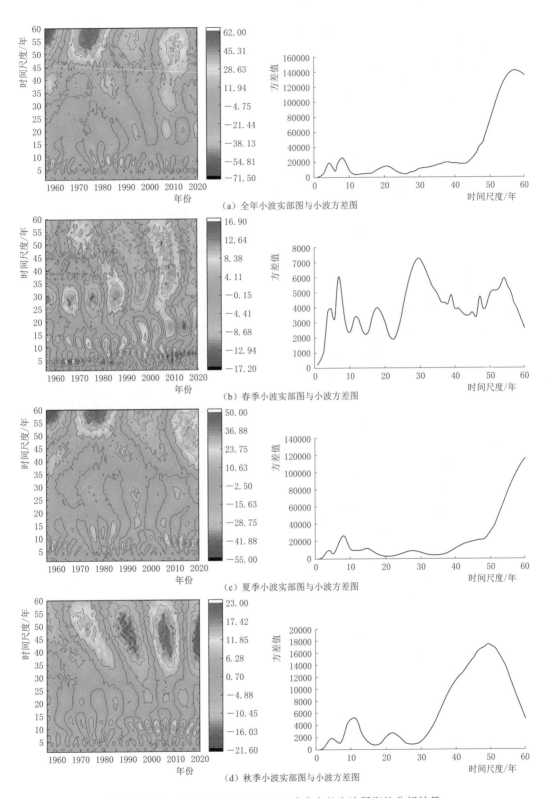

（a）全年小波实部图与小波方差图

（b）春季小波实部图与小波方差图

（c）夏季小波实部图与小波方差图

（d）秋季小波实部图与小波方差图

图 4 - 22 （一） 昌马堡站全年及四季降水的小波周期性分析结果

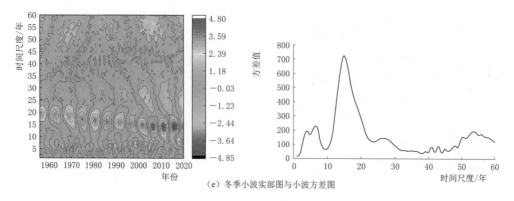

（e）冬季小波实部图与小波方差图

图 4-22（二） 昌马堡站全年及四季降水的小波周期性分析结果

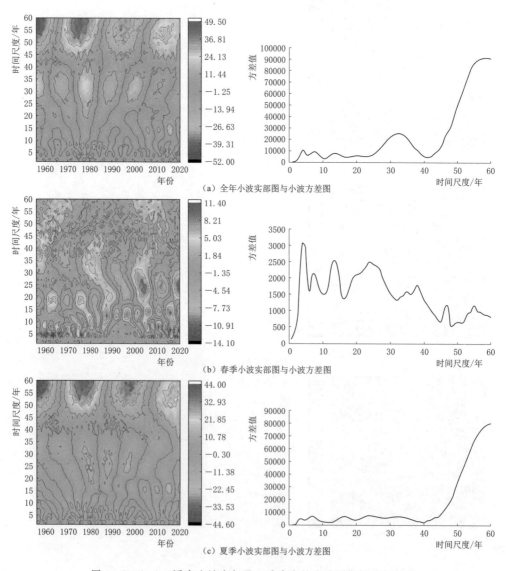

（a）全年小波实部图与小波方差图

（b）春季小波实部图与小波方差图

（c）夏季小波实部图与小波方差图

图 4-23（一） 潘家庄站全年及四季降水的小波周期性分析结果

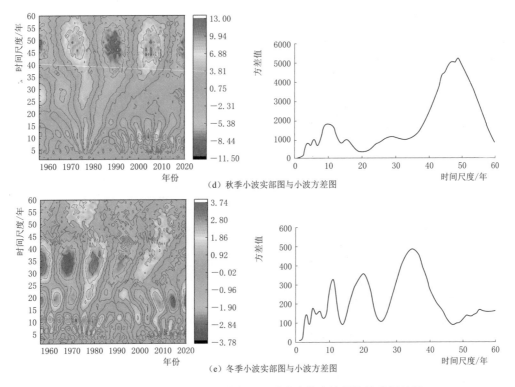

（d）秋季小波实部图与小波方差图

（e）冬季小波实部图与小波方差图

图 4-23（二） 潘家庄站全年及四季降水的小波周期性分析结果

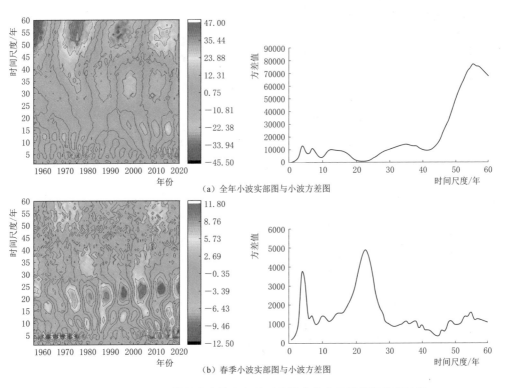

（a）全年小波实部图与小波方差图

（b）春季小波实部图与小波方差图

图 4-24（一） 双塔堡水库站全年及四季降水的小波周期性分析结果

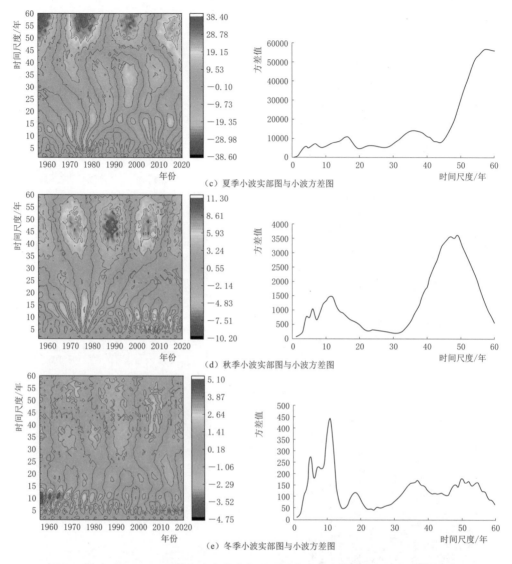

（c）夏季小波实部图与小波方差图

（d）秋季小波实部图与小波方差图

（e）冬季小波实部图与小波方差图

图 4-24（二） 双塔堡水库站全年及四季降水的小波周期性分析结果

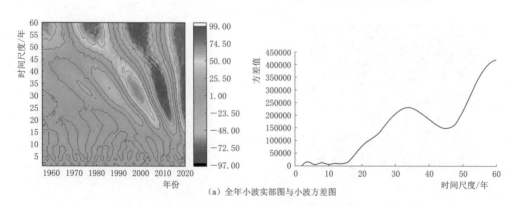

（a）全年小波实部图与小波方差图

图 4-25（一） 党城湾站全年及四季降水的小波周期性分析结果

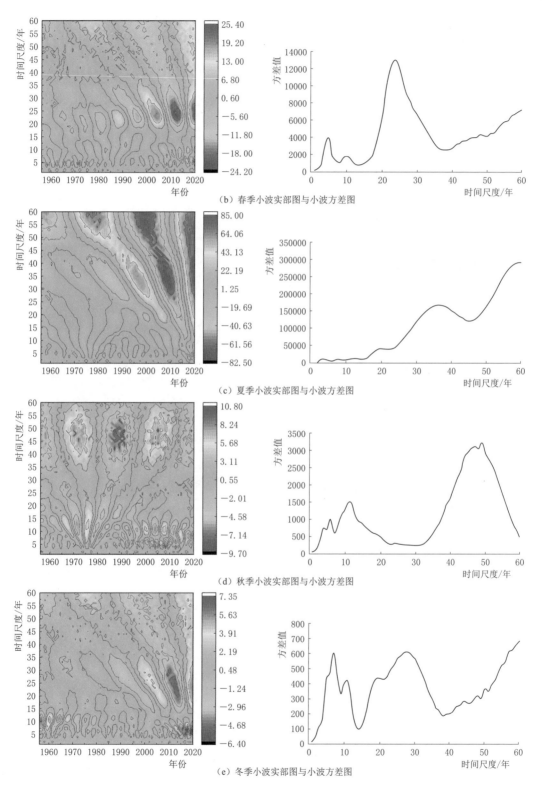

（b）春季小波实部图与小波方差图

（c）夏季小波实部图与小波方差图

（d）秋季小波实部图与小波方差图

（e）冬季小波实部图与小波方差图

图 4 - 25（二）　党城湾站全年及四季降水的小波周期性分析结果

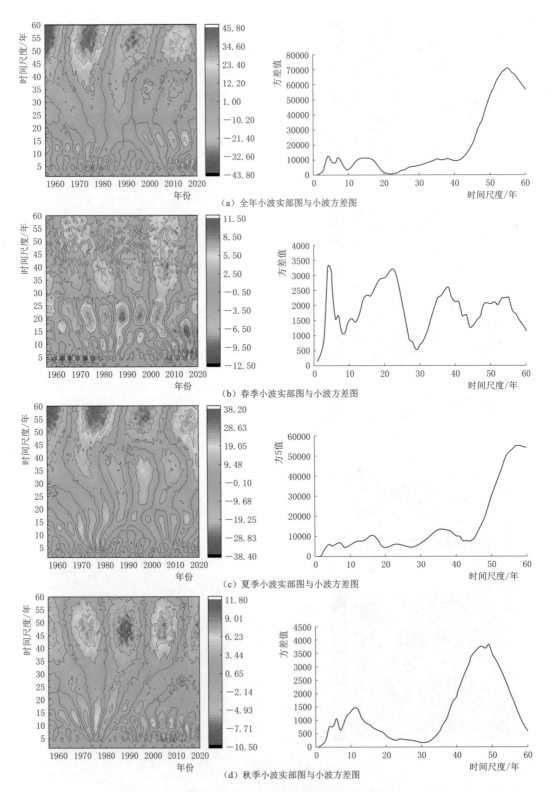

（a）全年小波实部图与小波方差图

（b）春季小波实部图与小波方差图

（c）夏季小波实部图与小波方差图

（d）秋季小波实部图与小波方差图

图 4-26（一）　党河水库站全年及四季降水的小波周期性分析结果

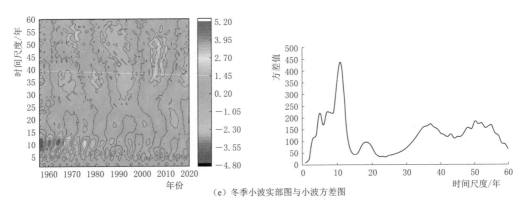

（e）冬季小波实部图与小波方差图

图 4-26（二） 党河水库站全年及四季降水的小波周期性分析结果

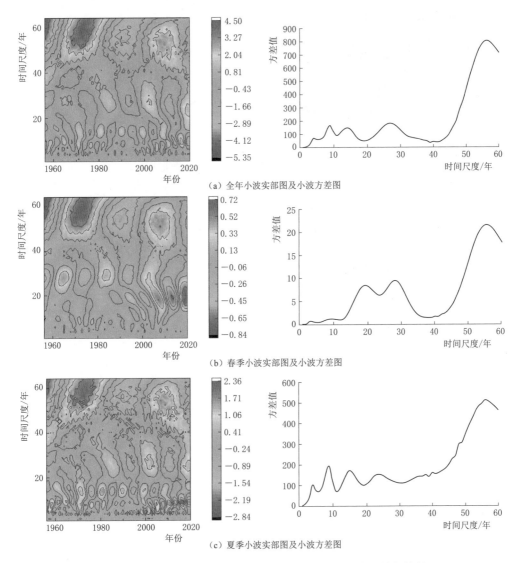

（a）全年小波实部图及小波方差图

（b）春季小波实部图及小波方差图

（c）夏季小波实部图及小波方差图

图 5-22（一） 昌马堡站全年及四季径流的小波周期性分析结果

267

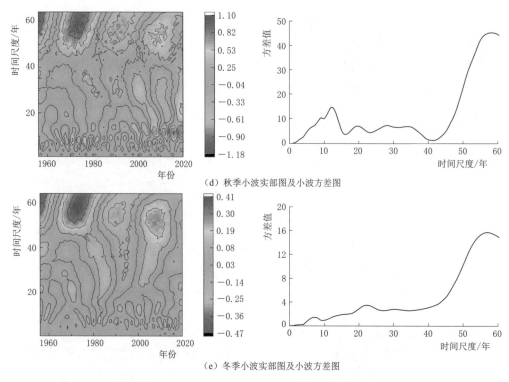

（d）秋季小波实部图及小波方差图

（e）冬季小波实部图及小波方差图

图 5-22（二）　昌马堡站全年及四季径流的小波周期性分析结果

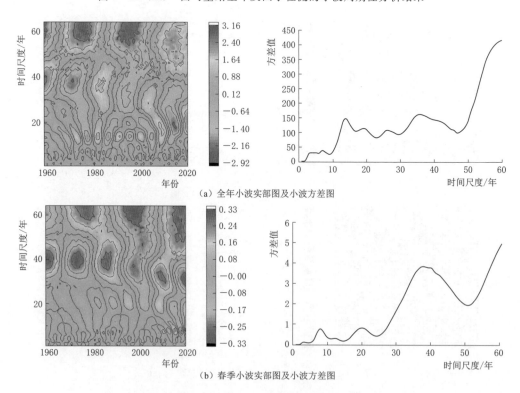

（a）全年小波实部图及小波方差图

（b）春季小波实部图及小波方差图

图 5-23（一）　潘家庄站全年及四季径流的小波周期性分析结果

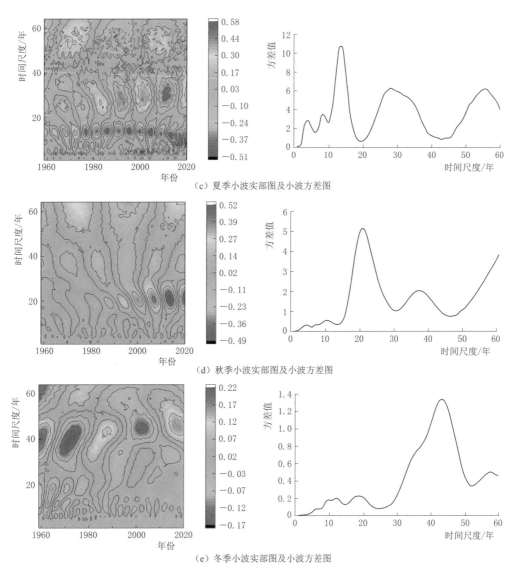

（c）夏季小波实部图及小波方差图

（d）秋季小波实部图及小波方差图

（e）冬季小波实部图及小波方差图

图 5-23（二） 潘家庄站全年及四季径流的小波周期性分析结果

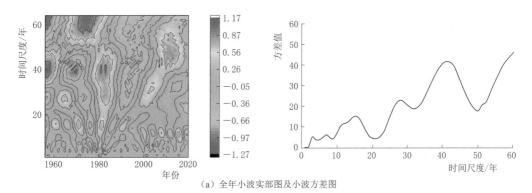

（a）全年小波实部图及小波方差图

图 5-24（一） 双塔堡水库站全年及四季径流的小波周期性分析结果

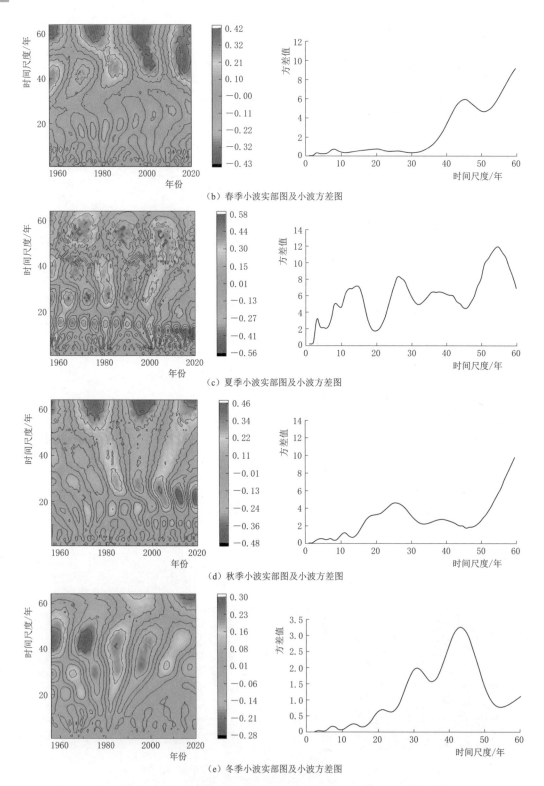

（b）春季小波实部图及小波方差图

（c）夏季小波实部图及小波方差图

（d）秋季小波实部图及小波方差图

（e）冬季小波实部图及小波方差图

图 5-24（二） 双塔堡水库站全年及四季径流的小波周期性分析结果

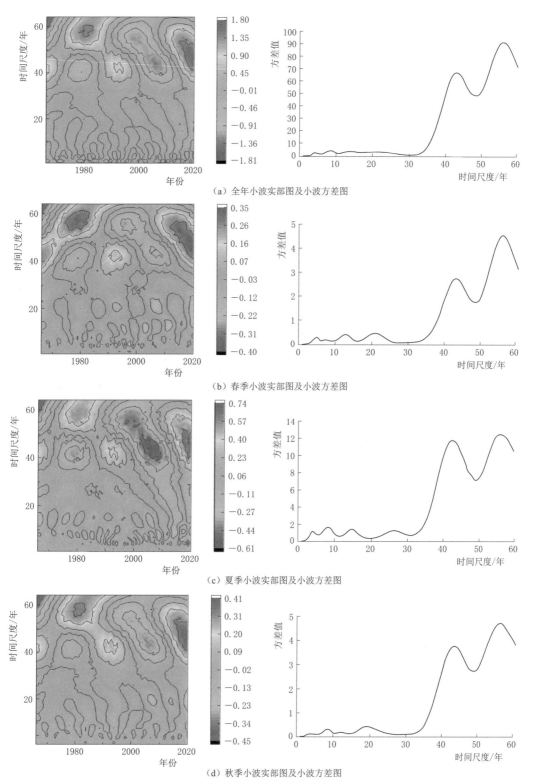

（a）全年小波实部图及小波方差图

（b）春季小波实部图及小波方差图

（c）夏季小波实部图及小波方差图

（d）秋季小波实部图及小波方差图

图 5-25（一） 党城湾站全年及四季径流的小波周期性分析结果

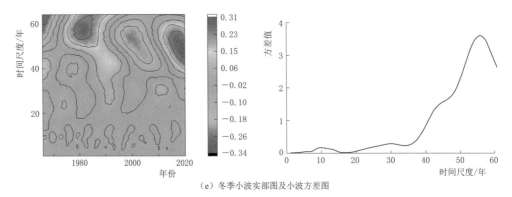

（e）冬季小波实部图及小波方差图

图 5-25（二）　党城湾站全年及四季径流的小波周期性分析结果

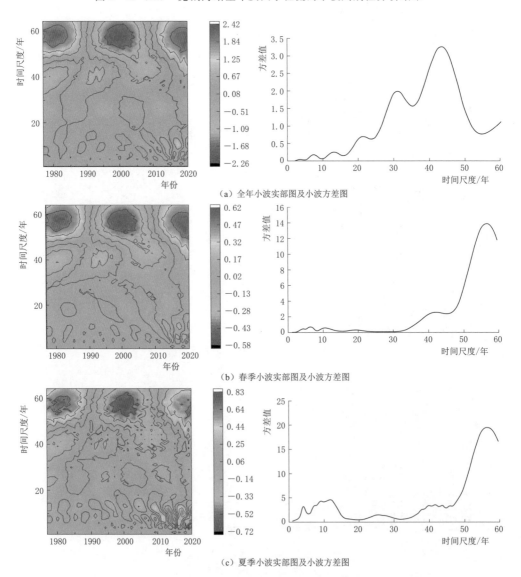

（a）全年小波实部图及小波方差图

（b）春季小波实部图及小波方差图

（c）夏季小波实部图及小波方差图

图 5-26（一）　党河水库站全年及四季径流的小波周期性分析结果

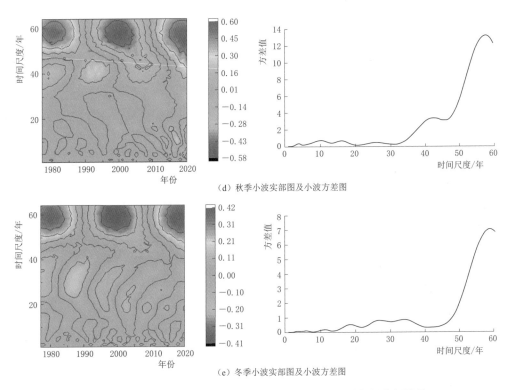

（d）秋季小波实部图及小波方差图

（e）冬季小波实部图及小波方差图

图 5-26（二） 党河水库站全年及四季径流的小波周期性分析结果

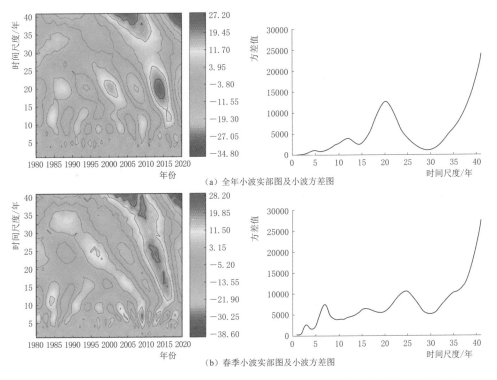

（a）全年小波实部图及小波方差图

（b）春季小波实部图及小波方差图

图 6-18（一） 1980—2020 年昌马堡站全年及四季水面蒸发量小波周期性分析结果

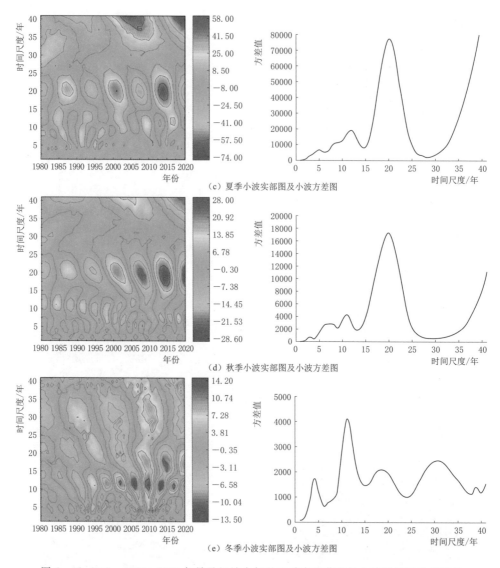

（c）夏季小波实部图及小波方差图

（d）秋季小波实部图及小波方差图

（e）冬季小波实部图及小波方差图

图 6-18（二） 1980—2020 年昌马堡站全年及四季水面蒸发量小波周期性分析结果

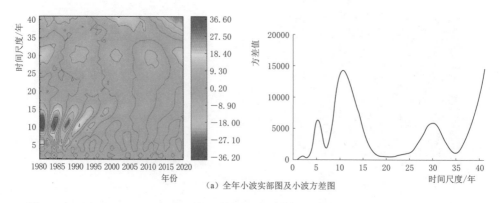

（a）全年小波实部图及小波方差图

图 6-19（一） 1980—2020 年双塔堡水库站全年及四季水面蒸发量小波周期性分析结果

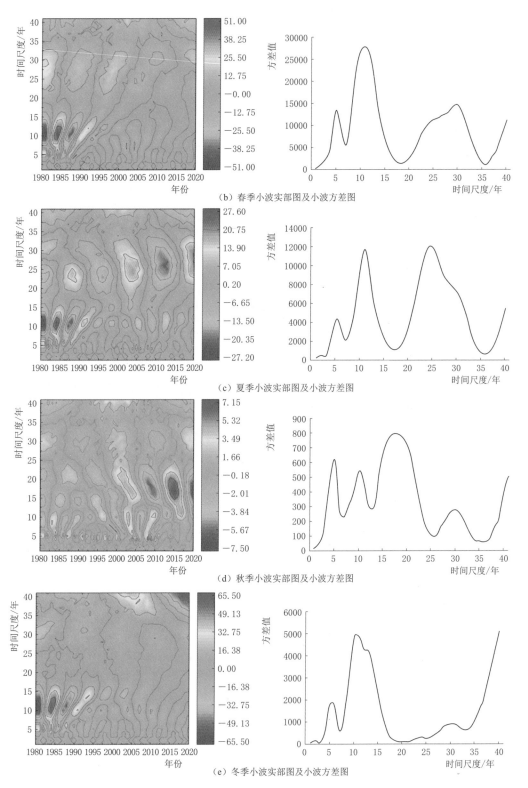

（b）春季小波实部图及小波方差图

（c）夏季小波实部图及小波方差图

（d）秋季小波实部图及小波方差图

（e）冬季小波实部图及小波方差图

图 6-19（二）　1980—2020 年双塔堡水库站全年及四季水面蒸发量小波周期性分析结果

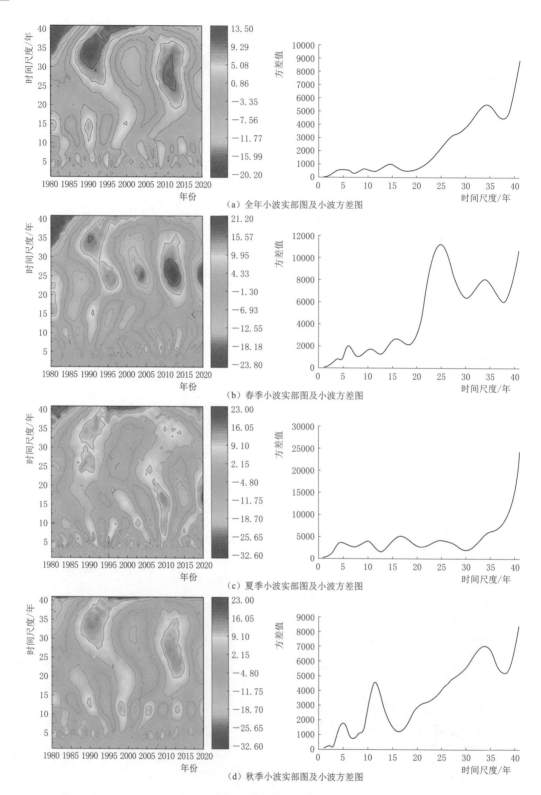

（a）全年小波实部图及小波方差图

（b）春季小波实部图及小波方差图

（c）夏季小波实部图及小波方差图

（d）秋季小波实部图及小波方差图

图 6-20（一）　1980—2020 年党城湾站全年及四季水面蒸发量小波周期性分析结果

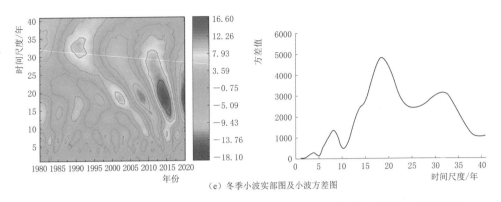

（e）冬季小波实部图及小波方差图

图 6-20（二）　1980—2020 年党城湾站全年及四季水面蒸发量小波周期性分析结果

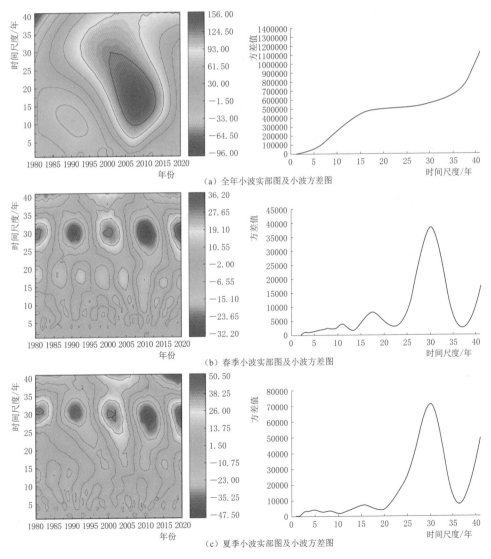

（a）全年小波实部图及小波方差图

（b）春季小波实部图及小波方差图

（c）夏季小波实部图及小波方差图

图 6-21（一）　1980—2020 年党河水库站全年及四季水面蒸发量小波周期性分析结果

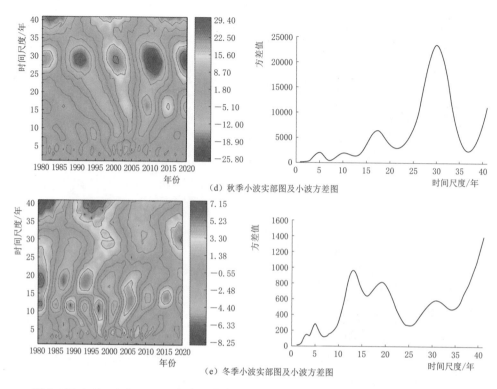

（d）秋季小波实部图及小波方差图

（e）冬季小波实部图及小波方差图

图 6-21（二）　1980—2020 年党河水库站全年及四季水面蒸发量小波周期性分析结果

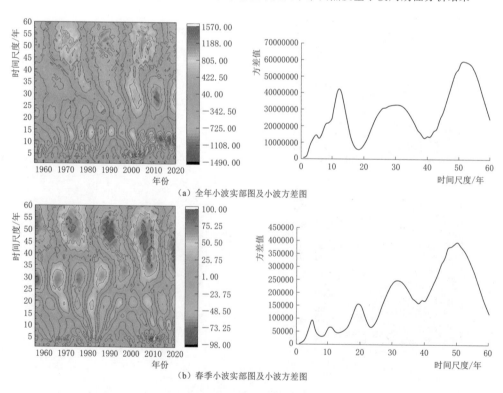

（a）全年小波实部图及小波方差图

（b）春季小波实部图及小波方差图

图 7-14（一）　昌马堡站全年及四季输沙率小波周期性分析结果

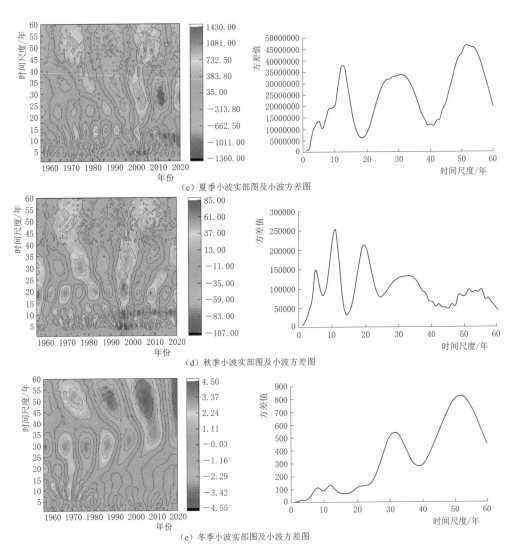

（c）夏季小波实部图及小波方差图

（d）秋季小波实部图及小波方差图

（e）冬季小波实部图及小波方差图

图 7-14（二） 昌马堡站全年及四季输沙率小波周期性分析结果

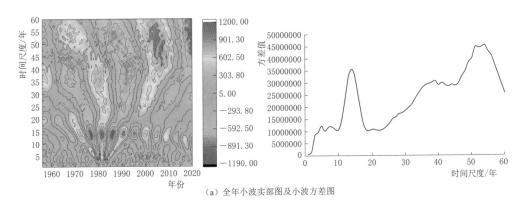

（a）全年小波实部图及小波方差图

图 7-15（一） 潘家庄站全年及四季输沙率小波周期性分析结果

279

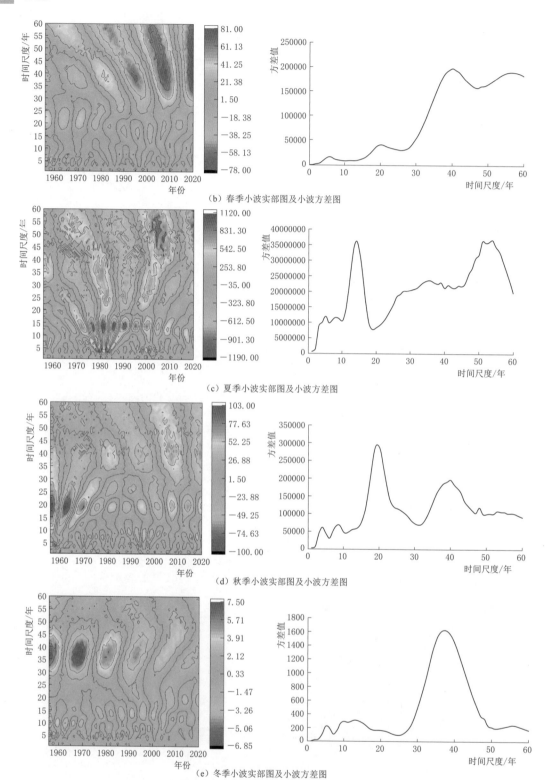

（b）春季小波实部图及小波方差图

（c）夏季小波实部图及小波方差图

（d）秋季小波实部图及小波方差图

（e）冬季小波实部图及小波方差图

图 7-15（二）　潘家庄站全年及四季输沙率小波周期性分析结果

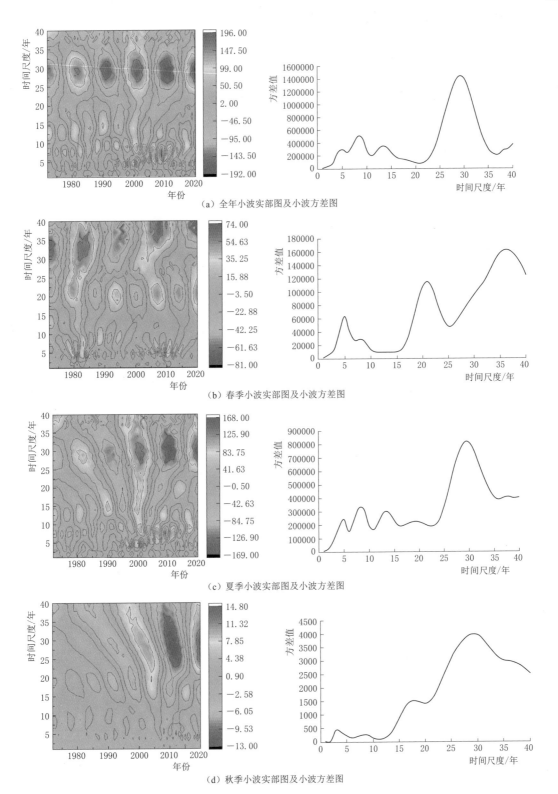

（a）全年小波实部图及小波方差图

（b）春季小波实部图及小波方差图

（c）夏季小波实部图及小波方差图

（d）秋季小波实部图及小波方差图

图 7-16（一） 党城湾站全年及四季输沙率小波周期性分析结果

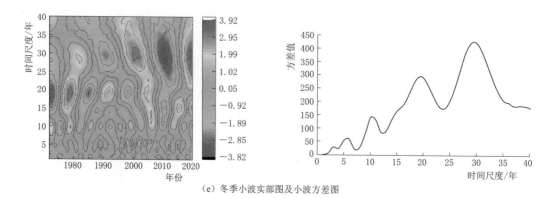

（e）冬季小波实部图及小波方差图

图 7－16（二） 党城湾站全年及四季输沙率小波周期性分析结果